高等学校数学类专业基础课教材

数值分析算法与 Python 实现

闫丽宏　任刚练　杨衍婷　编著

U0277497

西安电子科技大学出版社

内 容 简 介

本书在教材体系、内容和思考题的选择方面吸取了国内外优秀教材的优点，结合数值分析理论抽象性、逻辑严密性与应用广泛性等特点，深入浅出地讲述了数值分析相关的基本理论和思想方法。

本书主要内容包括：数值分析基础知识与 Python 软件介绍、线性方程组的数值解法、函数的多项式插值法、数值积分与数值微分、常微分方程初值问题的数值解法、非线性方程的数值解法等，以及相应算法的 Python 程序代码。

本书适合作为信息与计算科学和数学与应用数学专业本科生数值分析课程的教材或自学参考书，也可以作为物理学、计算机科学与技术等理工类专业及相关领域学者的参考用书。

图书在版编目(CIP)数据

数值分析算法与 Python 实现/闫丽宏，任刚练，杨衍婷编著. --西安：西安电子科技大学出版社，2023.9(2025.4 重印)
ISBN 978-7-5606-6978-6

Ⅰ. ①数… Ⅱ. ①闫… ②任… ③杨… Ⅲ. ①数值计算-程序设计 Ⅳ. ①O241②TP311.1

中国国家版本馆 CIP 数据核字(2023)第 142084 号

责任编辑 戚文艳
出版发行 西安电子科技大学出版社(西安市太白南路 2 号)
电　　话 (029)88202421　88201467　邮　　编 710071
网　　址 www.xduph.com　电子邮箱 xdupfxb001@163.com
经　　销 新华书店
印刷单位 陕西精工印务有限公司
版　　次 2023 年 9 月第 1 版　2025 年 4 月第 2 次印刷
开　　本 787 毫米×1092 毫米　1/16　印张 12.75
字　　数 298千字
定　　价 33.00 元
ISBN 978-7-5606-6978-6

XDUP 7280001-2

前 言

当前，智能计算和仿真模拟是计算数学和计算机科学领域的热门研究课题，相关研究成果已经应用于气象、航空航天、交通运输、机械制造、水利建筑等重要领域，这些计算性的科学和工程领域，又以数值分析作为其共性基础。数值分析是数学科学中最接近生活的部分，是理论联系实际的桥梁，也被称为计算方法或数值计算，其核心任务是构造求解科学和工程问题的计算方法，研究算法的数学机理，并通过科学计算软件在计算机上进行计算试验。

本书共分为六章，各章节的主要算法都给出了 Python 通用程序，具体内容如下：

第 1 章为预备知识，主要介绍了数值分析的对象、内容和特点，数值计算的误差及其定性分析，数值分析中的算法设计技术和数值分析的基本工具等，并对 Python 软件的数值计算基础进行了简要介绍，包括 Numpy 中的数组对象、矩阵与通用函数，以及 Matplotlib 数据可视化基础等。

第 2 章为线性方程组的数值解法，包括直接解法和迭代解法。直接解法中主要介绍了 Gauss 消元法、主元消元法、矩阵三角分解法、三对角方程组与追赶法、对称正定矩阵的 LL^T 分解与平方根法等。迭代解法部分主要介绍了迭代解法的基本概念、Jacobi 迭代法与 Gauss-Seidel 迭代法、超松弛迭代法等。

第 3 章为函数的多项式插值法，主要介绍了多项式插值问题的提出、几种插值方法、最小二乘拟合等内容。

第 4 章为数值积分与数值微分，主要介绍了插值型求积公式、Newton-Cotes 求积公式、复化求积公式、Romberg 求积公式、Gauss 求积方法和数值微分等内容。

第 5 章为常微分方程初值问题的数值解法，主要介绍了 Euler 方法、收敛性与稳定性、Runge-Kutta 方法、Adams 法、一阶方程组与高阶方程的数值解法等。

第 6 章为非线性方程的数值解法，主要介绍了逐步搜索法与二分法、不动点迭代法及其收敛性、Newton 法和弦截法等。

本书具有如下特点：

(1) 在教材体系、内容和思考题的选择方面吸取了国内外优秀教材的优点，汇集了编者多年的教学经验，对晦涩难懂的数学原理进行了深度挖掘，重构了教学内容，在基本理论和思想方法的讲述上做到了深入浅出，兼顾了逻辑上的严谨性与表达形式上的直观通俗性。

(2) 本书通过对数值计算最新科研成果的介绍，引导和启发学生发现并解决问题，突出了以应用为目的的教学思想。此外，本书还对核心算法给出了完备、高质量的 Python 程序代码。

(3) 为加深学生对所学知识的理解和巩固，每章均配备了一定数量的习题，分为理论习题和上机实验两个部分。通过解答习题，不仅有助于学生复习各章节涵盖的数值分析理论知识，而且可提升学生处理数值计算问题的能力，取得初步的计算经验。

(4) 引入诸如“课外拓展”等模块，将专业知识与思政元素的结合贯穿整个课程设计中，因势利导，有助于培养学生求实创新的科学精神。

本书第1～4章由闫丽宏编写，第5章由杨衍婷编写，第6章由任刚练编写。

本书的编写和出版得到了咸阳师范学院2020年教材建设项目和咸阳师范学院“学术骨干”项目(XSYXSGG202101)的资助。由于编者水平有限，疏漏和不妥之处在所难免，恳请专家和读者批评指正。

闫丽宏

2022年6月于陕西咸阳

目　录

第1章　预备知识

从远古时代开始，人类就不断通过发明各种工具来提高生产效率和生活水平，远至石器、青铜器的制造，近到航空航天器的诞生，无一不是人类智慧的结晶，彰显着科技的力量。数值算法是人类在当代提出的适合于用计算机实现的数值计算方法，各类算法的提出与改进，深刻地影响着科技的发展。数值分析以算法为核心，是科学研究与工程计算的基础。

本章简要介绍了数值分析的研究对象、内容和特点，讨论了误差、有效数字的基本概念，并且提出了在数值计算中应当普遍遵循的若干原则，还对利用 Python 软件进行数值计算的基本命令进行了简要说明。

1.1　数值分析基础

1.1.1　数值分析的对象、内容和特点

随着电子技术的发展与科学研究、生产实践的需要，计算机的使用已遍及各行各业。作为科学计算的主要工具，计算机会用到各种数值计算方法。为了更具体地说明数值计算方法的研究对象，我们将用计算机解决科学计算问题的一般过程用图 1.1 表示。

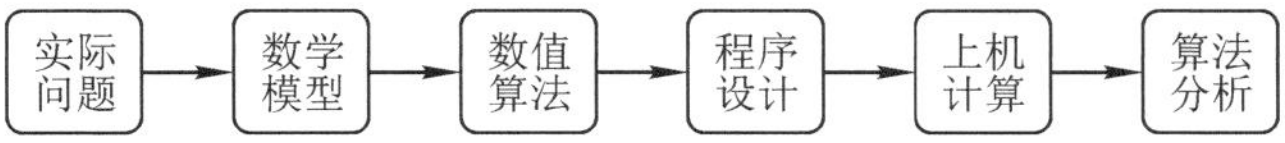

图 1.1　数值分析的一般过程

由实际问题应用有关科学知识和数学理论建立数学模型这一过程，通常是应用数学的任务，而根据数学模型提出求解的数值算法并编出程序上机计算出结果，进而对计算结果进行分析，这一过程则是计算数学的任务，也是数值计算方法的研究内容。因此，数值计算方法研究的即是用计算机解决数学问题的数值方法及其理论，它主要的内容包括误差理论、线性与非线性方程(组)的数值解、矩阵的特征值与特征向量计算、曲线拟合与函数逼近、插值方法、数值积分与数值微分、常微分方程与偏微分方程的数值解等。

数值计算方法与计算机的使用密切结合，实用性很强，它既具有纯数学的高度抽象性与严密科学性，又具有应用广泛性与数值实验技术性强的特点。例如，在考虑求线性方程组的解的相关问题时，通过线性代数只能得知解的存在唯一性，以及相关理论与精确解法，

用这些理论和方法还不能直接在计算机上求解。我们知道，用克拉默(Cramer)法则求解一个 n 阶线性方程组，要算 $n+1$ 个 n 阶行列式，总共需要 $(n-1)(n+1)n!$ 次乘法，当 n 充分大时，计算量是相当惊人的。如计算一个 25 阶不算太大的方程组大约要做 10^{25} 次乘法，这项计算工作即使用具有每秒百亿次计算能力的计算机去做，也要数万年才能完成，显然这是没有实际意义的。而如果用消元法考虑，求解一个 n 阶线性方程组则大约需要 $\frac{1}{3}n^3+n^2$ 次乘法，一个 25 阶的方程组即使用一台小型计算机也能很快解出来。这一简单的例子告诉我们，能否正确地设计合适的算法，是科学计算成败的关键。另外，要求解这类问题还应根据方程自身特点，研究适合计算机使用的、满足精度要求的、节省计算时间的有效算法及相关理论。而实现这些算法时，还要依赖于计算机的容量、字长、计算速度等硬件性能指标，研究具体的求解步骤与程序设计相关技巧。有的算法理论完整、结构严谨、推理正确，不失为理想算法，而有的算法理论上虽不够严密，但通过计算、对比分析之后，实践证明其是行之有效的方法，也应采用。这些都是数值计算方法固有的特点，概括起来有如下四点：

第一，面向计算机，要根据计算机的特点提供切实可行的有效算法，即算法只能包含加、减、乘、除运算，关系运算和逻辑运算，是计算机可以直接处理的。

第二，有可靠的理论分析，能任意逼近并达到要求的计算精度，对近似算法要保证收敛性和数值稳定性，并对误差进行分析，这些都建立在相关的数学理论基础上。

第三，要有好的计算复杂性，即好的时间复杂性和好的空间复杂性。时间复杂性好是指节省时间，空间复杂性好是指节省存储量。这也是建立算法时要思考的问题，它直接决定了算法能否在计算机上得以实现。

第四，要有数值实验，即任何一个算法除从理论上要满足上述三点外，还要通过数值实验证明其是行之有效的。

根据以上数值计算的特点，学习时首先要注意方法处理的技巧及其与计算机的结合，要重视误差分析、收敛性及稳定性的基本理论；其次要通过具体例子，学习使用各种数值方法解决实际计算问题的方法，提升实践动手能力。

1.1.2 数值计算的误差及其定性分析

在实际应用中，除极个别情况外，数值计算总是近似的计算，实际的计算结果与理论结果之间存在着误差。数值分析的任务之一是将误差控制在一定允许范围内或者至少对误差有所估计。本节将具体介绍误差的来源、概念与分类。

1. 误差的来源

利用计算机解决科学计算问题时首先要建立数学模型，这要通过对被描述的实际问题进行抽象、简化而得到，因而是近似的、有误差的。我们把数学模型转化为实际问题时出现的这种误差称为模型误差(Modeling Error)。只有实际问题提法正确，建立抽象的数学模型并进行合理简化，才能得到好的计算结果。由于这种误差抓住了建模时的主要因素而忽略了次要因素，难以用数量衡量，因此通常假定数学模型是合理的，这种误差可忽略不计，在数值计算方法中一般不予讨论。

在建模过程中，往往包含一些通过观测得到的物理量，如长度、温度、电压等，这些量受测量工具及手段的影响，测量的结果不可能绝对准确，由此产生的误差统称为测量误差(Measurement Error)。

在建立数学模型之后，如果不能得到精确解，通常要用数值方法求它的近似解，近似解与精确解之间的误差称为截断误差(Truncation Error)。例如，函数 $f(x)$ 在 $x=0$ 处用 Taylor 多项式

$$S_n(x)\big|_{x=0}=f(0)+f'(0)x+\frac{1}{2!}f''(0)x^2+\cdots+\frac{1}{n!}f^{(n)}(0)x^n \tag{1.1}$$

近似代替时，误差记为

$$R_n(x)=f(x)-S_n(x)=\frac{1}{(n+1)!}f^{(n+1)}(\xi)x^{n+1} \tag{1.2}$$

其中，$\xi\in[0, x)$，这是把无限的计算过程用有限的计算过程代替，由此产生的误差就是截断误差。

确定了求解数学问题的计算公式以后，接下来需要用计算机进行数值计算。由于计算机的字长是有限的，原始数据常常不属于计算机数系，通常情况是采用计算机数系中比较接近的数来表示它们，由此将产生误差，同时计算过程又可能产生新的误差，这些误差都称为舍入误差(Round-off Error)。例如，用 2.718 28 近似代替自然常数 e 产生的误差

$$E=\mathrm{e}-2.718\,28=0.000\,001\,828\,459\,045\cdots$$

便是舍入误差。

测量误差和原始数据的舍入误差就其来源而言是不同的，就其对计算结果的影响来看则完全一样。数学描述和实际问题之间的模型误差，往往是计算工作者不能独立解决的，甚至是尚待研究的。基于这些原因，在数值计算方法中所涉及的误差，一般指舍入误差(包括初始数据的误差)和截断误差。在数值分析中，我们通常讨论它们在计算过程中的传播以及对计算结果的影响，研究相应方法控制这类误差的影响以保证最终结果有足够的精度，从而达到解决数值问题的算法简便而有效，而且最终结果准确可靠的目的。

2. 绝对误差和相对误差

定义 1.1　对于精确值 x，其近似值为 x^*，则称

$$E(x)=x^*-x \tag{1.3}$$

为近似值 x^* 的绝对误差(Absolute Error)，简称误差。注意这样定义的误差 $E(x)$ 可正可负，当它为正时，近似值 x^* 偏大，称为强近似值；当它为负时，近似值 x^* 偏小，称为弱近似值。不难知道，精确值 x 一般是未知的，因而绝对误差 $E(x)$ 也是未知的，但往往可以估计出绝对误差的一个上界，即可以找出一个正数 η，使

$$|E(x)|\leqslant\eta \tag{1.4}$$

实际操作中，往往用 $|E(x)|$ 尽可能小的上界 $\varepsilon(x)$ 估计 x^* 的误差，称 $\varepsilon(x)$ 为 x^* 的绝对误差限(或误差限)。例如，已知 $\mathrm{e}=2.718\,281\,828\,459\,045\cdots$，若取 $\mathrm{e}^*=2.718\,28$，于是

$$|E(x)|\leqslant 0.000\,002$$

则 $\varepsilon(x)=0.000\,002$ 就可以作为用 e^* 近似表示 e 的绝对误差限。

显然，误差限 $\varepsilon(x)$ 总是正数，且

$$|E(x)| \leqslant \varepsilon(x) \tag{1.5}$$

即

$$x^* - \varepsilon(x) \leqslant x \leqslant x^* + \varepsilon(x)$$

上面这个不等式，在实际应用中常常采用如下写法：

$$x = x^* \pm \varepsilon(x)$$

例如，用毫米刻度的米尺测量一长度 ρ 时，如果该长度接近某一刻度 ρ^*，则 ρ^* 作为 ρ 的近似值时，若

$$|E(\rho)| = |\rho^* - \rho| \leqslant \frac{1}{2} = 0.5$$

则它的误差限是 $\varepsilon(\rho^*) = 0.5$ mm。如果读出的长度为 $\rho^* = 978$ mm，则有 $|978-\rho| \leqslant 0.5$ mm。但是从这个不等式中我们仍不能知道准确的 x 值，仅仅知道 $977.5 \leqslant \rho \leqslant 978.5$，即 ρ 在区间 $[977.5, 978.5]$ 内。

经过实践发现，绝对误差还不足以刻画近似值的精确程度。例如，有两个量 $x = 10 \pm 1$，$y = 1000 \pm 10$，虽然 x 的绝对误差限比 y 的绝对误差限小，但是 $\dfrac{\varepsilon(x)}{x^*} = \dfrac{1}{10} = 10\%$ 要比 $\dfrac{\varepsilon(y)}{y^*} = \dfrac{10}{1000} = 1\%$ 大，这说明 $y^* = 1000$ 作为 y 的近似值远比 $x^* = 10$ 作为 x 的近似值的近似程度要好得多。由此可见，误差的大小不足以刻画近似值的好坏。在实际使用中，除考虑误差的大小外，还应考虑准确值 x 本身的大小。

定义 1.2 把近似值的误差 $E(x)$ 与准确值 x 的比值作如下表示：

$$E_r(x) = \frac{E(x)}{x} = \frac{x^* - x}{x} \tag{1.6}$$

$E_r(x)$ 称为近似值 x^* 的相对误差(Relative Error)。

在实际计算中，由于真值 x 总是未知的，并且

$$\frac{E(x)}{x} - \frac{E(x)}{x^*} = \frac{E(x)(x^* - x)}{x \cdot x^*} = \frac{(E(x))^2}{x \cdot (x + E(x))} = \frac{(E_r(x))^2}{1 + E_r(x)}$$

是 $E_r(x)$ 的平方项，故当 $E_r(x)$ 较小时，常取

$$E_r(x) = \frac{E(x)}{x^*} = \frac{x^* - x}{x^*}$$

为相对误差。相对误差也可正可负，它的绝对值的上界称为该近似值的相对误差限，记作 $\varepsilon_r(x)$，即

$$|E_r(x)| \leqslant \frac{\varepsilon(x)}{|x^*|} = \varepsilon_r(x) \tag{1.7}$$

由定义可知，绝对误差与绝对误差限是有量纲的量，而相对误差和相对误差限则是无量纲的量。

3. 有效数字(Significant Figures)

如果近似值 x^* 的误差限是某一位的半个单位，该位到 x^* 的第一位非零数字共有 n 位，则称 x^* 有 n 位有效数字。例如，$e = 2.718\,281\,828\,459\,045\cdots$，若取 $e^* = 2.718$，则

$$|e^* - e| \leqslant 0.0003 < 0.0005$$

当 $e^*=2.718$ 作为 e 的近似值时，就有 4 位有效数字；而取 $e^*=2.71$ 时，有

$$|e^*-e|\leqslant 0.009<0.05=\frac{1}{2}\times 10^{-1}$$

当 $e^*=2.71$ 作为 e 的近似值时，就有 2 位有效数字 4 和 7。一般地，在 r 进制中，设近似值 x^* 可表示为

$$x^*=\pm(a_1r^{-1}+a_2r^{-2}+\cdots+a_nr^{-n})\times r^m \tag{1.8}$$

其中，$a_1\neq 0$，且

$$|x^*-x|\leqslant\frac{1}{2}r^{m-n}$$

则由定义可知，x^* 有 n 位有效数字。

当 $r=10$ 时，式(1.8)表示十进制数，而当 $r=2$ 时，式(1.8)表示二进制规格化浮点数。

例 1.1　按四舍五入原则，写出下列各数具有 5 位有效数字的近似数：

187.9325，0.037 855 51，8.000 033，2.718 281 8

解　按定义，上述各数具有 5 位有效数字的近似数分别为

187.93，0.037 856，8.0000，2.7183

需要注意的是，$x=8.000\ 033$ 的 5 位有效数字的近似数是 8.0000，而不是 8，8 只有 1 位有效数字。式(1.8)说明，有效位数与小数点的位置无关，而具有 n 位有效数字的近似数 x^* 的误差限为

$$\varepsilon(x)=\frac{1}{2}\times r^{m-n} \tag{1.9}$$

在 m 相同的条件下，有效位数越多，绝对误差限越小，而有效数字与相对误差限有下列关系。

定理 1.1　用式(1.8)表示的近似数 x^* 若具有 n 位有效数字，则其相对误差限为

$$|E_r(x)|\leqslant\frac{1}{2a_1}\times r^{-(n-1)} \tag{1.10}$$

证明　由式(1.8)可知 $|x^*|\geqslant a_1\cdot r^{m-1}>0$，故而

$$|E_r(x)|=\frac{|x^*-x|}{x^*}\leqslant\frac{\frac{1}{2}\times r^{m-n}}{a_1\cdot r^{m-1}}=\frac{1}{2a_1}r^{-(n-1)}$$

定理 1.2　由式(1.8)表示的近似数 x^* 若满足

$$|E_r(x)|\leqslant\frac{1}{2(a_1+1)}\cdot r^{-(n-1)}$$

则其至少有 n 位有效数字。

证明　因为 $|x^*-x|=|x^*|\cdot|E_r(x)|$，且 $|x^*|\leqslant(a_1+1)r^{m-1}$，所以

$$|x^*-x|\leqslant(a_1+1)r^{m-1}\cdot\frac{1}{2(a_1+1)}\cdot r^{-(n-1)}=\frac{1}{2}r^{m-n}$$

故 x^* 至少有 n 位有效数字。

定理 1.2 说明，近似数 x^* 的有效位数越多，它的相对误差限越小；反之，x^* 的相对误差限越小，它的有效位数越多。

例 1.2　要使 $\sqrt{20}$ 的近似值的相对误差限小于 0.1%，要取几位有效数字？

解 由于 $4<\sqrt{20}<5$，所以 $a_1=4$，由定理有

$$\frac{1}{2}\times 10^{-n+1}\leqslant 0.1\%$$

即 $10^{n-4}\geqslant\frac{1}{8}$，得 $n\geqslant 4$。故只要对 $\sqrt{20}$ 的近似数取 4 位有效数字，其相对误差就可小于 0.1%，因此，可取 $\sqrt{20}\approx 4.472$。

1.1.3 数值分析中的算法设计技术

不难发现，数值计算中每一步运算都可能产生误差。为了减少舍入误差的影响，设计算法时应遵循以下原则。

1. 尽量简化计算步骤以减少运算次数

同样一个问题，如果能减少运算次数，不但可以节省计算时间，还可以减少舍入误差的传播，这是数值计算中必须遵循的原则，也是数值分析要研究的重要内容。例如：计算多项式

$$P(x)=x^6-5x^5+3x^4-2x^3+7x^2+4x-1$$

的值，若直接计算 $a_k x^k$，$k=0,1,\cdots,6$，再逐项相加，一共需做

$$1+2+\cdots+6=21$$

次乘法和 6 次加法。而将其变形采用

$$P(x)=(((x-5)x+3)x+\cdots+4)x-1$$

则只需要 6 次乘法和 6 次加法，这即是所谓的秦九韶算法。又如，要计算 x^{127} 的值，若将 x 的值逐个相乘，则需做 126 次乘法，但如果写成

$$x^{127}=x\cdot x^2\cdot x^4\cdot x^8\cdot x^{16}\cdot x^{32}\cdot x^{64}$$

则只做 12 次乘法运算就可以了。

2. 防止大数“吃掉”小数

因为计算机上只能采用有限位数计算，若参加运算的数量级差很大，则在加、减运算中，绝对值很小的数往往会被绝对值较大的数“吃掉”，造成计算结果失去准确性。因此要采取相应措施，保证计算结果的准确性。

例 1.3 求方程 $x^2-(10^9+1)x+10^9=0$ 的根。

解 显然，方程的两个根为 $x_1=10^9$，$x_2=1$。如果用 8 位计算机计算，使用二次方程的求根公式

$$x_{1,2}=\frac{-b\pm\sqrt{b^2-4ac}}{2a}$$

得到

$$\begin{aligned}-b=10^9+1&=\underbrace{0.100\,000\,00}_{8\text{位}}\times 10^{10}+\underbrace{0.100\,000\,00}_{8\text{位}}\times 10^{1}\\&=\underbrace{0.100\,000\,00}_{8\text{位}}\times 10^{10}+\underbrace{0.000\,000\,00}_{8\text{位}}\times 10^{10}\text{（第 9，10 位舍去）}\\&\triangleq 0.100\,000\,00\times 10^{10}\\&=10^9\end{aligned}$$

那么有

$$\sqrt{b^2-4ac}=\sqrt{(10^9+1)^2-4\times1\times10^9}=\sqrt{(10^9-1)^2}\triangleq10^9$$

所以

$$x_1=\frac{-b\pm\sqrt{b^2-4ac}}{2a}=\frac{10^9+10^9}{2\times1}=10^9,\ x_2=\frac{10^9-10^9}{2\times1}=0$$

实际上，x_2 应等于 1。可以看出 x_2 的误差太大，原因是在做加减运算过程中要“对阶”，因而“小数”1 在对阶过程中，被“大数” 10^9“吃掉”了。而从上述计算可以看出，x_1 是可靠的，故可利用根与系数的关系 $x_1\cdot x_2=\frac{c}{a}$ 来求 x_2，

$$x_2=\frac{c}{ax_1}=\frac{10^9}{1\times10^9}=1$$

此方法是可靠的。

3. 避免两个相近的数相减

如果 x^*, y^* 分别是 x, y 的近似值，则 $z^*=x^*-y^*$ 是 $z=x-y$ 的近似值，此时有

$$|\varepsilon_r(z)|=\frac{|z^*-z|}{|z^*|}\leqslant\left|\frac{x^*}{x^*-y^*}\right|\cdot|\varepsilon_r(x)|+\left|\frac{y^*}{x^*-y^*}\right|\cdot|\varepsilon_r(y)|$$

可见，当 x^* 与 y^* 很接近时，z^* 的相对误差有可能很大。例如，当 $x=5000$ 时，计算 $\sqrt{x+1}-\sqrt{x}$ 的值，若取 4 位有效数字，计算

$$\sqrt{x+1}-\sqrt{x}=\sqrt{5001}-\sqrt{5000}=71.72-71.71=0.01$$

这个结果只有 1 位有效数字，从而使绝对误差和相对误差都变得很大，严重影响了计算精度。但如果将公式改变为

$$\sqrt{x+1}-\sqrt{x}=\frac{1}{\sqrt{x+1}+\sqrt{x}}=\frac{1}{\sqrt{5001}+\sqrt{5000}}\approx0.006\,972$$

则结果仍然有 4 位有效数字，可见改变计算公式可以避免两个相近数相减而引起的有效数字的损失，从而得到比较精确的计算结果。

因此，在数值计算中，如果遇到两个相近的数相减，应考虑改变一下算法以避免两数相减。

4. 避免绝对值太小的数作除数

由于除数很小，导致商很大，有可能出现“溢出”现象。另外，设 x^*, y^* 分别是 x, y 的近似值，则 $z^*=x^*\div y^*$ 是 $z=x\div y$ 的近似值，此时，z 的绝对误差满足

$$|\varepsilon(z)|=|z^*-z|=\left|\frac{(x^*-x)y+x(y-y^*)}{y^*y}\right|\approx\frac{|x^*|\cdot|\varepsilon(y)|+|y^*|\cdot|\varepsilon(x)|}{(y^*)^2}$$

由此可见，若除数太小，则可能导致商的绝对误差很大。

5. 采用数值稳定性好的算法

在计算过程中，由于原始数据本身就具有误差，每次运算又可能产生舍入误差，因此误差的传播和累积很可能会淹没真解，使计算结果变得根本不可靠。先看下面的例子。

例 1.4　在四位十进制计算机上计算 8 个积分：

$$I_n=\int_0^1 x^n e^{x-1}\mathrm{d}x,\ n=0,1,\cdots,7$$

解 利用分部积分公式可得递推关系：$I_n=1-nI_{n-1}$。注意到 $I_0=1-e^{-1}\approx 0.6321$ 及

$$I_n=\int_0^1 x^n e^{-(1-x)}\mathrm{d}x<\int_0^1 x^n\mathrm{d}x=\frac{1}{n+1}\to 0\quad (n\to\infty)$$

可得两种算法：

算法 (a)：令 $I_0=0.6321$，再算 $I_n=1-nI_{n-1}$，$n=1,2,\cdots,7$；

算法 (b)：令 $I_{11}=0$，再算 $I_{n-1}=(1-I_n)/n$，$n=11,10,\cdots,1$。

按算法 (a) 得 8 个积分的近似值为

0.6321，0.3679，0.2642，0.2074，0.1704，0.1480，0.1120，0.2160

按算法 (b) 得 8 个积分的近似值为：

0.6321，0.3679，0.2642，0.2073，0.1709，0.1455，0.1268，0.1124

算法 (b) 得出的结果均精确到 4 位小数，而算法 (a) 得出的 I_7 没有一位数字是准确的。

可靠算法的各步误差不应对计算结果产生过大的影响，即具有稳定性。研究算法是否稳定时，理应考察每一步的误差对算法的影响，但这相当困难且烦琐。为简单计，通常只考虑某一步(如运算开始时)误差的影响。这实质上是把算法稳定性的研究转化为初始数据误差对算法影响的分析。从某种意义上来说，这种做法是合理的。可以设想，一步误差影响大，多步误差影响更大；一步误差影响逐步削弱，多步误差影响削弱更甚。因此简化研究得出的结论具有指导意义。

下面分析例 1.4 中的两种算法的稳定性。对于算法 (a)，设 $\bar{I}_0\approx I_0$ 有误差，此后计算无误差，则

$$\begin{cases} I_n=1-nI_{n-1} \\ \bar{I}_n=1-n\bar{I}_{n-1} \end{cases},\ n=1,2,\cdots,7$$

两式相减得

$$I_n-\bar{I}_n=(-n)(I_{n-1}-\bar{I}_{n-1}),\ n=1,2,\cdots,7$$

由此递推，得

$$I_7-\bar{I}_7=-7(I_6-\bar{I}_6)=-5040(I_0-\bar{I}_0)$$

同理，对于算法 (b)，设 $\bar{I}_{11}\approx I_{11}$ 有误差，此后计算无误差，则有

$$I_0-\bar{I}_0=-(I_{11}-\bar{I}_{11})/39\ 916\ 800\approx -2.5052\times 10^{-8}(I_{11}-\bar{I}_{11})$$

由此可见，按算法 (a)，最后结果误差是初始误差的 5040 倍，而按算法 (b)，最后结果误差只是初始误差的 $I/39\ 916\ 800$，这说明算法 (b) 的稳定性较好。

1.1.4 数值分析的基本工具

为了深入研究线性方程组近似解的误差估计和迭代法的收敛性，我们需要对 n 维向量空间 $\mathbf{R}^n$ 中向量及 $n\times n$ 维矩阵空间 $\boldsymbol{R}^{n\times n}$ 中矩阵的“大小”引进某种度量，即向量与矩阵的范数。范数可以看成是实数绝对值概念的自然扩展。向量范数概念是三维欧氏空间中向量长

度概念的推广，在数值分析中有着重要的作用。

1. 向量范数

定义 1.3　设 $\|\boldsymbol{x}\|$ 是 $\mathbf{R}^n$ 上定义的一个实值函数，如果对任意的 $\boldsymbol{x}$，$\boldsymbol{y}\in\mathbf{R}$，$k\in R$，满足以下三个条件：

(1) 非负性：$\|\boldsymbol{x}\|\geqslant 0$，且 $\|\boldsymbol{x}\|=0$ 当且仅当 $\boldsymbol{x}=0$；

(2) 齐次性：$\|k\cdot\boldsymbol{x}\|=|k|\cdot\|\boldsymbol{x}\|$；

(3) 三角不等式：$\|\boldsymbol{x}+\boldsymbol{y}\|\leqslant\|\boldsymbol{x}\|+\|\boldsymbol{y}\|$，则称 $\|\boldsymbol{x}\|$ 是向量 $\boldsymbol{x}$ 的一个范数(或模)。

由定义 1.3 可推出不等式：

$$\|\,|\boldsymbol{x}-\boldsymbol{y}|\,\|\leqslant\|\boldsymbol{x}\|-\|\boldsymbol{y}\|$$

实践中，常用的范数有以下几种：

(1) ∞-范数，也称为最大范数：

$$\|\boldsymbol{x}\|_\infty=\max_{1\leqslant i\leqslant n}|\boldsymbol{x}_i|$$

(2) 1 -范数，也称为绝对和范数：

$$\|\boldsymbol{x}\|_1=\sum_{i=1}^{n}|\boldsymbol{x}_i|$$

(3) 2 -范数，也称为欧几里得范数：

$$\|\boldsymbol{x}\|_2=\left(\sum_{i=1}^{n}\boldsymbol{x}_i^2\right)^{\frac{1}{2}}$$

(4) p - 范数：

$$\|\boldsymbol{x}\|_p=\left(\sum_{i=1}^{n}|\boldsymbol{x}_i|^p\right)^{\frac{1}{p}}$$

其中，$p\in[1,+\infty)$。可以证明，(1)～(3)三种范数都是 p - 范数的特殊情况，并且满足下列关系：

$$\|\boldsymbol{x}\|_\infty\leqslant\|\boldsymbol{x}\|_1\leqslant n\|\boldsymbol{x}\|_\infty$$

$$\|\boldsymbol{x}\|_\infty\leqslant\|\boldsymbol{x}\|_2\leqslant\sqrt{n}\|\boldsymbol{x}\|_\infty$$

$$\frac{1}{\sqrt{n}}\|\boldsymbol{x}\|_1\leqslant\|\boldsymbol{x}\|_2\leqslant\|\boldsymbol{x}\|_1$$

一般的，有如下结论：

引理(向量范数的连续性) 设非负函数 $\|\boldsymbol{x}\|$ 为 $\mathbf{R}^n$ 上的任一向量范数，则 $\|\boldsymbol{x}\|$ 是 $\boldsymbol{x}$ 的分量 $\boldsymbol{x}_1$，$\boldsymbol{x}_2$，…，$\boldsymbol{x}_n$ 的连续函数。

定理 1.3(向量范数的等价性)　设 $\|\boldsymbol{x}\|_p$，$\|\boldsymbol{x}\|_q$ 为 $\mathbf{R}^n$ 上的任意两个向量范数，则存在常数 c_1，$c_2>0$，使得对一切 $\boldsymbol{x}\in\mathbf{R}^n$，恒有

$$c_1\|\boldsymbol{x}\|_p\leqslant\|\boldsymbol{x}\|_q\leqslant c_2\|\boldsymbol{x}\|_p \tag{1.11}$$

证明　实际上，只要能证明一切范数对某一个固定的范数等价，那么任意两种范数是必然等价的。因此，可取

$$\|\boldsymbol{x}\|_p=\|\boldsymbol{x}\|_\infty=\max_{1\leqslant i\leqslant n}\|\boldsymbol{x}\|_i$$

记$S=\{\boldsymbol{x}\mid\boldsymbol{x}\in\mathbf{R}^n,\ \|\boldsymbol{x}\|_\infty=1\}$，则$S$是一个有界闭集，由于函数$\|\boldsymbol{x}\|_q$在$S$上连续，所以在$S$上必达到其最大值$c_2$与最小值$c_1$。设$\boldsymbol{x}\in\mathbf{R}^n$，且$\boldsymbol{x}\neq 0$，则$\dfrac{1}{\|\boldsymbol{x}\|_\infty}\boldsymbol{x}\in S$，从而有

$$c_1\leqslant\left\|\frac{1}{\|\boldsymbol{x}\|_\infty}\boldsymbol{x}\right\|_q\leqslant c_2$$

由范数的齐次性，有

$$c_1\|\boldsymbol{x}\|_\infty\leqslant\|\boldsymbol{x}\|_q\leqslant c_2\|\boldsymbol{x}\|_\infty$$

对任意向量$\boldsymbol{x}\in\mathbf{R}^n$，$\boldsymbol{x}\neq 0$成立。

注意：定理1.3不能推广到无穷维空间。由定理1.3还可以看到，对某个向量$\boldsymbol{x}$来说，如果它的某一种范数小(或大)，那么它的任一种范数也不会很大(或很小)。

有了范数的概念，我们就可以来讨论收敛的问题。

定义1.4 设$\{\boldsymbol{x}^{(k)}\}$为$\mathbf{R}^n$中一向量序列，$\boldsymbol{x}^*\in\mathbf{R}^n$，如果

$$\lim_{k\to\infty}\|\boldsymbol{x}^{(k)}-\boldsymbol{x}^*\|=0 \tag{1.12}$$

则称$\boldsymbol{x}^{(k)}$依范数$\|\cdot\|$收敛于$\boldsymbol{x}^*$。

从上面范数的等价性可以推出，如果在某种范数意义下向量序列收敛，则在任何一种范数意义下该向量序列也收敛。因此，一般按计算的需要采用不同的范数，而且把向量序列$\{\boldsymbol{x}^{(k)}\}$收敛于向量$\boldsymbol{x}^*$记为

$$\lim_{k\to\infty}\boldsymbol{x}^{(k)}=\boldsymbol{x}^*$$

而不再强调是在哪种范数意义下收敛。

2. 矩阵范数

一个$m\times n$阶的矩阵也可以看作是mn维的向量，用$\boldsymbol{R}^{m\times n}$表示$m\times n$阶矩阵的集合，本质上是和$\boldsymbol{R}^{mn}$一样的向量空间，因此可以按向量的办法来定义其上的范数。但是，矩阵还有矩阵间的乘法运算。所以，对于$n\times n$阶的方阵，我们定义范数如下。

定义1.5 对于矩阵$\boldsymbol{A}\in\boldsymbol{R}^{n\times n}$，如果存在某个非负的实值函数$\|\cdot\|$，满足条件：

(1) 非负性：$\|\boldsymbol{A}\|\geqslant 0$，$\|\boldsymbol{A}\|=0$当且仅当$\boldsymbol{A}=0$；

(2) 齐次性：$\|k\cdot\boldsymbol{A}\|=|k|\,\|\boldsymbol{A}\|$；

(3) 三角不等式：$\|\boldsymbol{A}+\boldsymbol{B}\|\leqslant\|\boldsymbol{A}\|+\|\boldsymbol{B}\|$；

(4) 相容性：$\|\boldsymbol{A}\cdot\boldsymbol{B}\|\leqslant\|\boldsymbol{A}\|\cdot\|\boldsymbol{B}\|$，则称$\|\cdot\|$是$\boldsymbol{R}^{n\times n}$的一个矩阵范数。

由向量的2-范数可以得到$\boldsymbol{R}^{n\times n}$中矩阵的一种范数。

由于在大多数与估计有关的问题中，矩阵和向量会同时参与讨论，因此引入一种矩阵范数，它是和向量范数相联系而且和向量范数相容的，即

$$\|\boldsymbol{A}\boldsymbol{x}\|\leqslant\|\boldsymbol{A}\|\,\|\boldsymbol{x}\| \tag{1.13}$$

对任意向量$\boldsymbol{x}\in\boldsymbol{R}^n$及$\boldsymbol{A}\in\boldsymbol{R}^{n\times n}$都成立，为此我们再引入一种矩阵范数。

定义1.6(矩阵的算子范数) 设$\boldsymbol{x}\in\mathbf{R}^n$，$\boldsymbol{A}\in\mathbf{R}^{n\times n}$，$\|\cdot\|$是$\boldsymbol{R}^n$上的向量范数，记

$$\|\boldsymbol{A}\|_v=\max_{\boldsymbol{x}\neq 0}\frac{\|\boldsymbol{A}\boldsymbol{x}\|_v}{\|\boldsymbol{x}\|_v}=\max_{\|\boldsymbol{x}\|_v=1}\|\boldsymbol{A}\boldsymbol{x}\|_v$$

则$\|\boldsymbol{A}\|_v$是矩阵范数，称为$\boldsymbol{A}$的算子范数。进一步，它还满足相容性条件：

$$\|\boldsymbol{A}\boldsymbol{x}\|_v\leqslant\|\boldsymbol{A}\|_v\|\boldsymbol{x}\|_v$$

从而$\|\boldsymbol{A}\|_v$也称为从属于向量范数$\|\boldsymbol{x}\|_v$的矩阵范数。

对于矩阵 $\boldsymbol{A} \in \boldsymbol{R}^{n\times n}$，基本的矩阵范数有下面三种情形：

(1) 矩阵的∞-范数(行范数)：

$$\|\boldsymbol{A}\|_{\infty} = \max_{1\leqslant i\leqslant n}\sum_{j=1}^{n}|a_{ij}|$$

(2) 矩阵的 1-范数(列范数)：

$$\|\boldsymbol{A}\|_{1} = \max_{1\leqslant j\leqslant n}\sum_{i=1}^{n}|a_{ij}|$$

(3) 矩阵的 2-范数(谱范数)：

$$\|\boldsymbol{A}\|_{2} = \sqrt{\boldsymbol{\lambda}_{\max}(\boldsymbol{A}^{\mathrm{T}}\boldsymbol{A})}$$

其中，$\boldsymbol{\lambda}_{\max}(\boldsymbol{A}^{\mathrm{T}}\boldsymbol{A})$ 表示 $\boldsymbol{A}^{\mathrm{T}}\boldsymbol{A}$ 的最大特征值。

定义 1.7　设 $\boldsymbol{A} \in \boldsymbol{R}^{n\times n}$ 的特征值为 $\boldsymbol{\lambda}_i (i=1, 2, \cdots, n)$，则称

$$\rho(\boldsymbol{A}) = \max_{1\leqslant i\leqslant n}|\boldsymbol{\lambda}_i| \tag{1.14}$$

为 $\boldsymbol{A}$ 的谱半径。

定理 1.4(特征值上界)　设 $\boldsymbol{A} \in \boldsymbol{R}^{n\times n}$，则

$$\rho(\boldsymbol{A}) \leqslant \|\boldsymbol{A}\| \tag{1.15}$$

即 $\boldsymbol{A}$ 的谱半径不超过 $\boldsymbol{A}$ 的任何一种算子范数。

证明　设 $\boldsymbol{\lambda}$ 是 $\boldsymbol{A}$ 任一特征值，$\boldsymbol{x}$ 为相应的特征向量，则 $\boldsymbol{Ax} = \boldsymbol{\lambda x}$，由定义得

$$|\boldsymbol{\lambda}| \cdot \|\boldsymbol{x}\| = \|\boldsymbol{\lambda x}\| = \|\boldsymbol{Ax}\| \leqslant \|\boldsymbol{A}\| \|\boldsymbol{x}\|$$

即 $|\boldsymbol{\lambda}| \leqslant \|\boldsymbol{A}\|$，所以 $\rho(\boldsymbol{A}) \leqslant \|\boldsymbol{A}\|$。

定理 1.5　如果 $\boldsymbol{A} \in \boldsymbol{R}^{n\times n}$ 为对称矩阵，则

$$\|\boldsymbol{A}\|_2 = \rho(\boldsymbol{A}) \tag{1.16}$$

事实上，有

$$\|\boldsymbol{A}\|_2^2 = \rho(\boldsymbol{A}^{\mathrm{T}}\boldsymbol{A}) = \rho(\boldsymbol{A}^2) = (\rho(\boldsymbol{A}))^2$$

由于 $\|\boldsymbol{A}\|_2^2 = \sqrt{\rho(\boldsymbol{A}^{\mathrm{T}}\boldsymbol{A})}$，所以 $\|\boldsymbol{A}\|_2$ 也常记为 $\|\boldsymbol{A}\|_{\mathrm{SP}}$ 并称为谱范数。

定理 1.6　如果 $\|\boldsymbol{B}\| < 1$，则 $I \pm \boldsymbol{B}$ 为非奇异矩阵，且

$$\|(I \pm \boldsymbol{B})^{-1}\| \leqslant \frac{1}{1 - \|\boldsymbol{B}\|} \tag{1.17}$$

其中，$\|\cdot\|$ 指矩阵的算子范数。

3. 条件数

在研究解对原始数据变化的灵敏程度时，需用到条件数的概念。

定义 1.8　设 $\boldsymbol{A}$ 为非奇异矩阵，称数

$$\mathrm{cond}(\boldsymbol{A}) = \|\boldsymbol{A}^{-1}\| \cdot \|\boldsymbol{A}\| \tag{1.18}$$

为矩阵 $\boldsymbol{A}$ 的条件数。

矩阵的条件数与范数有关，常使用的条件数有

$$\mathrm{cond}_{\infty}(\boldsymbol{A}) = \|\boldsymbol{A}^{-1}\|_{\infty} \cdot \|\boldsymbol{A}\|_{\infty}$$

$$\mathrm{cond}_2(\boldsymbol{A}) = \|\boldsymbol{A}\|_2 \cdot \|\boldsymbol{A}^{-1}\|_2 = \sqrt{\frac{\lambda_{\max}(\boldsymbol{A}^{\mathrm{T}}\boldsymbol{A})}{\lambda_{\min}(\boldsymbol{A}^{\mathrm{T}}\boldsymbol{A})}}$$

当 $\boldsymbol{A}$ 为对称矩阵时，有

$$\text{cond}_2(\boldsymbol{A})=\frac{|\lambda_1|}{|\lambda_2|}$$

其中，λ_1，λ_2 分别为 $\boldsymbol{A}$ 的绝对值最大和最小的特征值。

不难证明，条件数具有下列性质：

（1）对任何非奇异矩阵 $\boldsymbol{A}$，都有 $\text{cond}(\boldsymbol{A})\geqslant 1$；

（2）设 $\boldsymbol{A}$ 为非奇异矩阵，k 为常数，且 $k\neq 0$，则 $\text{cond}(kA)=\text{cond}(A)$；

（3）如果 $\boldsymbol{A}$ 为正交矩阵，则

$$\text{cond}_2(\boldsymbol{A})=1$$

$$\text{cond}_2(\boldsymbol{AB})=\text{cond}_2(\boldsymbol{B})$$

其中，$\boldsymbol{B}$ 为非奇异矩阵。

例 1.5 求矩阵 $\boldsymbol{A}$ 的条件数，其中

$$\boldsymbol{A}=\begin{bmatrix}1/2 & 1/3 & 1/4\\ 1/3 & 1/4 & 1/5\\ 1/4 & 1/5 & 1/6\end{bmatrix}$$

解 因为

$$\boldsymbol{A}=\begin{bmatrix}1/2 & 1/3 & 1/4\\ 1/3 & 1/4 & 1/5\\ 1/4 & 1/5 & 1/6\end{bmatrix}$$

所以

$$\|\boldsymbol{A}\|_\infty=\max_{1\leqslant i\leqslant 3}\sum_{j=1}^{3}|a_{ij}|=\frac{13}{12}$$

$$\boldsymbol{A}^{-1}=\begin{bmatrix}72 & -240 & 180\\ -240 & 900 & -720\\ 180 & -720 & 600\end{bmatrix}$$

于是 $\|\boldsymbol{A}^{-1}\|_\infty=1860$，从而

$$\text{cond}_\infty(\boldsymbol{A})=\|\boldsymbol{A}\|_\infty\cdot\|\boldsymbol{A}^{-1}\|_\infty=2015$$

定义 1.9 设 $\boldsymbol{A}=(a_{ij})_{n\times n}$ 为 n 阶矩阵。

（1）如果

$$|a_{ij}|>\sum_{\substack{j=i\\ j\neq i}}^{n}|a_{ij}|,\quad i=1,2,\cdots,n$$

即 $\boldsymbol{A}$ 的每一行对角元素的绝对值都严格大于同行其他元素绝对值之和，则称 $\boldsymbol{A}$ 为严格对角占优矩阵。

（2）如果

$$|a_{ii}|\geqslant\sum_{\substack{j=i\\ j\neq i}}^{n}|a_{ij}|,\quad i=1,2,\cdots,n$$

且至少有一个不等式严格成立，则称 $\boldsymbol{A}$ 为弱对角占优矩阵。

例如，$\begin{bmatrix}2 & -1 & 0\\ 1 & 3 & 1\\ 0 & 1 & 3\end{bmatrix}$ 是严格对角占优矩阵，$\begin{bmatrix}1 & -1 & 0\\ 1 & 2 & -1\\ 0 & 1 & 3\end{bmatrix}$ 是弱对角占优矩阵。

定义 1.10　设 $\boldsymbol{A}=(a_{ij})_{n\times n}$ 为 n 阶矩阵，若经过行的互换及相应列的互换可将 $\boldsymbol{A}$ 化为 $\begin{bmatrix}\boldsymbol{A}_{11} & \boldsymbol{A}_{12}\\ 0 & \boldsymbol{A}_{22}\end{bmatrix}$，即存在 n 阶排列矩阵 $\boldsymbol{P}$，使

$$\boldsymbol{P}^{\mathrm{T}}\boldsymbol{A}\boldsymbol{P}=\begin{bmatrix}\boldsymbol{A}_{11} & \boldsymbol{A}_{12}\\ 0 & \boldsymbol{A}_{22}\end{bmatrix}$$

其中，$\boldsymbol{A}_{11}$，$\boldsymbol{A}_{22}$ 为方阵，则称 $\boldsymbol{A}$ 是可约的，否则称 $\boldsymbol{A}$ 是不可约的。

$\boldsymbol{A}$ 是可约矩阵，意味着 $\boldsymbol{Ax}=\boldsymbol{b}$ 可经过若干次行列重排，化为两个低阶方程组。事实上，$\boldsymbol{Ax}=\boldsymbol{b}$ 可化为 $\boldsymbol{P}^{\mathrm{T}}\boldsymbol{AP}(\boldsymbol{P}^{\mathrm{T}}\boldsymbol{x})=\boldsymbol{P}^{\mathrm{T}}\boldsymbol{b}$，记

$$\boldsymbol{P}^{\mathrm{T}}\boldsymbol{x}=\boldsymbol{y}=\begin{bmatrix}\boldsymbol{y}^{(1)}\\ \boldsymbol{y}^{(2)}\end{bmatrix},\ \boldsymbol{P}^{\mathrm{T}}\boldsymbol{b}=\boldsymbol{d}=\begin{bmatrix}\boldsymbol{d}^{(1)}\\ \boldsymbol{d}^{(2)}\end{bmatrix}$$

于是，求解 $\boldsymbol{Ax}=\boldsymbol{b}$ 化为求解

$$\begin{cases}\boldsymbol{A}_{11}\boldsymbol{y}^{(1)}+\boldsymbol{A}_{12}\boldsymbol{y}^{(2)}=\boldsymbol{d}^{(1)}\\ \boldsymbol{A}_{12}\boldsymbol{y}^{(1)}+\boldsymbol{A}_{22}\boldsymbol{y}^{(2)}=\boldsymbol{d}^{(2)}\end{cases}$$

可以证明，如果 $\boldsymbol{A}$ 为严格对角占优矩阵或为不可约弱对角占优矩阵，则 $\boldsymbol{A}$ 是非奇异的。

1.2　Python 数值计算基础

1991 年，荷兰人 Guido van Rossum 利用 C 语言开发出了第一款 Python 编译器，该编译器具有包含列表和字典在内的核心数据结构与以模块为基础的拓展系统。2000 年，Guido 和 Python 开发团队转移到 Beopen.com。随后 PythonLabs 团队转向 Digital Creations。随着大数据、人工智能等学科的兴起，Python 软件愈发受到重视，近年来版本更新迅速，目前，最新版本是 Python 3.10.5。Python 语法简洁，程序结构清晰，具有丰富和强大的类库，往往可以利用几行简单的代码实现应用程序的多样化功能，是一种可以撰写跨平台应用程序的解释型、面向对象且开源的高级程序语言。

1.2.1　Python 基础

数据处理最基本的对象就是变量和常量。命名变量时，首字符必须是英文字母、下画线或中文，其余字符可以是大小写英文字母、数字、下画线或中文。值得注意的是，变量名不能使用 Python 内置的关键字，并且必须区分大小写字母。

使用 Python 时，变量不需要事先声明，变量赋值的格式如下：

变量名＝数据

如果要在同一行中给多个变量赋值，可以使用“，”来分割变量。也可以用“；”来分割表达式，以便连续表示不同的程序语句。

1. 数值数据的运算

Python 基本数据类型包括数值数据类型、布尔数据类型和字符串数据类型。数据之间可以进行算术运算、赋值运算、关系运算、逻辑运算与位运算等。数值之间的运算符如表 1.1～表 1.5 所示。

表 1.1 算术运算符

运算符	运算说明	示例
+	加法运算	$a+b$
-	减法运算	$a-b$
*	乘法运算	$a*b$
/	除法运算(若有小数，则返回小数；若都为整数，则返回整数)	a/b
%	取模运算	14%4 = 2
//	整除，取整数部分	14//4=3
**	幂运算	2 ** 5 = 32

表 1.2 赋值运算符

运算符	运算说明	示例
=	基本赋值运算	$c=a+b$，将 $a+b$ 的运算结果赋值为 c
+=	加法赋值运算	a += b 等效于 $a=a+b$
-=	减法赋值运算	a -= b 等效于 $a=a-b$
*=	乘法赋值运算	a *= b 等效于 $a=a*b$
/=	除法赋值运算	a /= b 等效于 $a=a/b$
%=	取模赋值运算	a %= b 等效于 $a=a\%b$
**=	幂赋值运算	a **= b 等效于 $a=a**b$
//=	整除赋值运算	a //= b 等效于 $a=a//b$

例如：a+=3　　等价于 a=a+3；
x*=y+9　　等价于 x=x*(y+9)；
x%=4　　等价于 x=x%4。

在 Python 中，关系运算符包括表 1.3 所示的 6 种，返回值是布尔值：True 或者 False。

表 1.3 关系运算符

运算符	运算说明	示例
==	若两个数值相等，则结果为真	a == b 的结果是 False
!=	若两个数值不相等，则结果为真	a != b 的结果是 True
>	若左边数值大于右边数值，则结果为真	$a > b$ 的结果是 True
<	若左边数值小于右边数值，则结果为真	$a < b$ 的结果是 False
>=	若左边数值大于或等于右边数值，则结果为真	$a >= b$ 的结果是 True
<=	若左边数值小于或等于右边数值，则结果为真	$a <= b$ 的结果是 False

注：假设 $a=15$，$b=6$。

表 1.4 逻辑运算符

运算符	运算说明	示例
and	如果两个操作数都为真，则结果为真	a and b 结果是 False
or	如果两个操作数中任何一个为真，则结果为真	a or b 结果是 True
not	用于反转操作数的逻辑状态	not (a or b) 结果是 False

注：假设 a 的值是 True，b 的值是 False。

除以上几种运算符外，Python 中还有位运算符，位运算符将数值看成二进制数来执行逐位运算。利用 Python 的内置函数 bin( )，可知 9 对应的二进制数是 00001001，5 对应的二进制数是 000000101，15 对应的二进制数是 00001111，以此进行位运算的举例说明，如表 1.5 所示。

表 1.5 位运算符(二进制)

运算符	运算说明	示例
~	按位取反，对参与运算的数的各二进制位按位求反	~0=1，~1=0，~9 相当于~(00001001)，运算结果为 11110110
&	按位与，把参与运算的两个数的二进制位相与，只有对应的二进制位均为 1 时，结果的对应位才为 1	9&5 相当于 00001001&00000101 运算结果为 00000001，即 9&5=1
|	按位或，把参与运算的两个数的二进制位相或，只要对应的二进制位有一个为 1，结果就为 1	9|5 相当于 00001001|00000101，运算结果为 00001101，即 9|5=13
^	按位异或，当对应的二进制位上的数字不相同时，结果为 1，否则为 0	9^5 相当于 00001001^00000101，对应位运算结果为 00001100，即 9^5=12
≪	按位左移，把“≪”左边运算数的各二进制位向左移若干位，移动的位数即是“≪”右边的数字，高位丢弃，低位补 0	a=15，则 a≪2 相当于 a=00001111 左移 2 位得到 00111100(十进制数为 60)
≫	按位右移，把“≫”左边运算数的各二进制位向右移若干位，移动的位数即是“≫”右边的数字，低位丢弃，高位补 0	a=15，则 a≫2 相当于 a=00001111，右移 2 位得 00000011(十进制数为 3)

Python 语言运算符的运算优先级共分为 12 级，1 级最高，12 级最低。从高到低依次是：**(指数)→~、+、-(按位取反、一元加减)→*、/、%、//(乘、除、取模、整除)→+、-(加减法)→≫、≪(右、左移运算)→&(按位与)→^、|→<=、<、>、>=、==、!=(关系运算符)→=、%=、/=、//=、-=、+=、*=、**=(赋值运算符)→is is not(身份运算符)→in not in(成员运算符)→not or and(逻辑运算符)。

具体编写程序时需注意正确运用该优先级。

2. 函数

Python 语言中包括库函数(如 input()等)与用户自定义函数两类函数，其中自定义函数的语法结构为

def 函数名(形式参数)：
    函数体

其中，函数名可以是任何有效的 Python 标识符。调用该函数时，通过给形参赋值来传递调用值，形参可以由多个参数组成，各个参数由逗号分隔。调用函数时，函数名后面括号中的变量名称为实际参数(简称实参)。定义函数时需要注意以下两点：

(1) 函数定义必须放在函数调用前，否则由于找不到该函数，编译器会报错；

(2) 返回值不是必需的，如果没有 return 语句，则 Python 默认返回 None。

Python 语言中，可以分别将自定义函数和调用代码写在两个文件中，也可以合并在一个文件中，具体操作如例 1.6 所示。

例 1.6 编写函数计算 $1/n!$ 的值，调用函数计算 $1/10!$。

方案Ⅰ：编写如下函数，并保存文件名 ch1p1.py。

```
#程序 ch1f1.py
def ch1f1(i):
    s = 1
    while i > 1: s *= i; i-= 1
    return 1/s
```

调用自定义函数 ch1f1 的程序如下：

```
#程序 ch1p1.py
from ch1f1 import *
print (ch1f1(10))
```

运行结果：

```
2.755731922398589e-07
```

方案Ⅱ：

```
#程序 ch1f12.py
def ch1f12(i):
    s = 1
    while i > 1: s *= i; i-= 1
    return 1/s
print (ch1f12(10))
```

数值实验后，以上两种方案都可以得到计算结果。

3. 两类特殊函数

匿名函数与递归函数是 Python 中两类特殊的函数。匿名函数是指没有函数名的简单函数，只可以包含一个表达式，不允许包含其他复杂的语句，其返回值是该表达式的结果。

例 1.7 先定义函数求 $\sum_{i=1}^{k} i^n$，然后调用该函数求解 $\sum_{i=1}^{30}\frac{1}{i}+\sum_{i=1}^{40}i+\sum_{i=1}^{50}i^2$。

```
#程序 ch1p2.py
f=lambdak,n:sum([i**n for i in range(1,k+1)])
s=f(30,-1)+f(40,1)+f(50,2)
print("s=%10.4f"%(s))
```

运行结果：

```
s=43748.9950。
```

递归函数是指直接或间接调用函数本身的函数。执行递归函数将反复调用其自身，每调用一次就进入新的一层。

例 1.8　输入 n，求解 $(n+1)$!。

```
#程序 ch1p3.py
n=int(input("请输入 n:"))
def ch1f13(n):
      if n<1: return 1
     else: return (n+1) * ch1f13(n-1)
resu=ch1f13(n)
print("%d! =%4d"%(n+1,resu))
```

运行结果：

```
请输入 n: 4
5!=120。
```

1.2.2　Numpy 数组对象

Python 语言中提供了 Numpy 扩展库进行数组操作，它是 Python 计算库的基础库，许多高级扩展库如 Scipy、Pandas、Matplotlib 等也会用到 Numpy。

1. 数组的创建

Python 中，模块 Numpy 不仅具有矢量运算能力，支持大量的维度数组与矩阵运算，还针对数组运算提供了大量的数学函数库。可以利用 Numpy 库的函数创建数组，如：若向 array 函数传入列表或元组，则可构造具有相同数据类型的数组；empty 函数则分配数组所使用的内存，不对数组的元素值进行操作。

例 1.9　利用 array、arrange、empty、linspace 等函数分别创建数组。

```
#程序 ch1p4.py
import numpy as np
a1 = np.array([1,3,0.5,-9,2.3,4])  #单个列表创建一维数组
#嵌套元组创建二维数组
a2 =np.array(((1.2,2,-3,4),(1.6,-1,4.1,10),
            (7,8,-1,2),(-0.4,3,2.8,9.0)))
a3=np.arange(4,dtype=float)  #创建浮点型数组
a4=np.arange(0,4,1,dtype=int)  #创建整型数组
a5=np.empty((3,4),int)  #创建 2×3 的整型空矩阵
a6=np.linspace(-1,3,6)
a7=np.random.randint(0,2,(3,4))  #生成[0,2)上的 3 行 4 列的随机整数数组
a8=np.mgrid[-1:3:6j]  #等价于 np.linspace(-1,3,6)
x,y=np.mgrid[-1:4:3j,3:10:4j]  #生成[-1,4]×[3,10]上的 3×4 的二维数组
print("一维数组 a1: ",a1)
print("二维数组 a2: \n",a2)
print("浮点型数组 a3: ",a3)
print("整型数组 a4: ",a4)
print("整型空矩阵 a5: ",a5)
```

```
print("一维数组 a6：",a6)
print("随机整数数组 a7：",a7)
print("一维数组 a8：",a8)
print("二维数组 x={}\ny={}".format(x,y))
```

运行结果：

```
一维数组 a1：[ 1.   3.   0.5  -9.   2.3  4.]
二维数组 a2：
[[1.2  2.    -3.   4.]
[1.6  -1.   4.1   10.]
[7.    8.    -1.   2.]
[-0.4 3.    2.8   9.]]
浮点型数组 a3：[0. 1. 2. 3.]
整型数组 a4：[0 1 2 3]
整型空矩阵 a5：[[0 0 0 0]
               [0 0 0 0]
               [0 0 0 0]]
一维数组 a6：[-1.   -0.2   0.6   1.4   2.2   3. ]
随机整数数组 a7：[[1 0 0 1]
                 [0 1 1 0]
                 [0 1 0 1]]
一维数组 a8：[-1.   -0.2   0.6   1.4   2.2   3. ]
二维数组 x=[[-1.   -1.   -1.   -1. ]
            [ 1.5   1.5   1.5   1.5]
            [ 4.    4.    4.    4. ]]
y=[[ 3.          5.33333333  7.66666667 10.        ]
   [ 3.          5.33333333  7.66666667 10.        ]
   [ 3.          5.33333333  7.66666667 10.        ]]
```

进一步，Python 中有 ndim、size、itemsize、shape、dtype 等命令可以展示数组的属性。

例 1.10 生成一个在[1,100]之间取值的 4×5 随机矩阵，并展示其属性。

```
#程序 ch1p5.py
import numpy as np
a=np.random.randint(1,101,(4,5))  #生成[1,101 )区间上 4 行 5 列的随机整数数组
print("维数：",a.ndim);      #输出维数
print("维度：",a.shape)      #输出维度
print("类型：",a.dtype)      #输出类型
print("元素总数：",a.size);  #输出元素总数
print("每个元素字节数：",a.itemsize)  #输出每个元素字节数
```

运行结果：

```
维数：2
维度：(4, 5)
类型：int32
元素总数：20
每个元素字节数：4
```

2. 数组的若干操作

利用 Numpy 库创建完数组后，可以对数组进行索引、修改、分割、组合、降维等基本操作。

例 1.11　对于例 1.9 中给定的数组，进行一般索引操作。

```
#程序 ch1p6.py
import numpy as np
a1 =np.array([1,3,0.5,-9,2.3,4])
a2 =np.array(((1.2,2,-3,4),(1.6,-1,4.1,10),
              (7,8,-1,2),(-0.4,3,2.8,9.0)))
print("一维数组 a1 索引值:",a1[[1,4]])
print("一维数组 a1 索引值:",a1[[-2,-3]])
print("输出 a2 第 2 行第 3 列元素:",a2[1,2])
print("输出 a2 第 4 行元素:",a2[3,:])
print("输出 a2 第 3 列所有元素：",a2[:,2])
print("输出 a2 第 2、3 行，第 2、3 列的元素:",a2[[1,2],1:3])
```

运行结果：

```
一维数组 a1 索引值:[3.   2.3]
一维数组 a1 索引值:[ 2.3 -9. ]
输出 a2 第 2 行第 3 列元素:4.1
输出 a2 第 4 行元素:[-0.4  3.   2.8  9. ]
输出 a2 第 3 列所有元素:[-3.   4.1  -1.   2.8]
输出 a2 第 2、3 行，第 2、3 列的元素:[[-1.   4.1]
                                   [ 8.  -1. ]]
```

例 1.12　对于例 1.9 中给定的数组 a2，进行元素增删操作。

```
#程序 ch1p7.py
import numpy as np
a2 =np.array(((1.2,2,-3,4),(1.6,-1,4.1,10),
              (7,8,-1,2),(-0.4,3,2.8,9.0)))
a2[1,2] = -2.5  #修改第 2 行、第 3 列元素为-2.5
d1=np.delete(a2,2,axis=0)   #删除数组 a2 的第 3 行
d2=np.delete(a2,0, axis=1)  #删除数组 a2 的第 1 列
d3=np.append(d1,[[0.3,-2,3.0,1]],axis=0) #增加一行
d4=np.append(d1,[[4],[5],[6]],axis=1) #增加一列
print("修改元素后的数组 a2:",a2)
print("删除第 3 行后的数组 d1：",d1)
print("删除第 1 列后的数组 d2：",d2)
print("增加一行后的数组 d3：",d3)
print("增加一列后的数组 d4：",d4)
```

运行结果：

```
修改元素后的数组 a2:[[ 1.2  2.  -3.   4. ]
                    [ 1.6 -1.  -2.5 10. ]
                    [ 7.   8.  -1.   2. ]
```

```
[-0.4  3.    2.8  9. ]]
删除第 3 行后的数组 d1：[[ 1.2   2.   -3.    4. ]
                        [ 1.6  -1.   -2.5  10. ]
                        [-0.4   3.    2.8   9. ]]
删除第 1 列后的数组 d2：[[ 2.   -3.    4. ]
                        [-1.   -2.5  10. ]
                        [ 8.   -1.    2. ]
                        [ 3.    2.8   9. ]]
增加一行后的数组 d3：[[ 1.2   2.   -3.    4. ]
                      [ 1.6  -1.   -2.5  10. ]
                      [-0.4   3.    2.8   9. ]
                      [ 0.3  -2.    3.    1. ]]
增加一列后的数组 d4：[[ 1.2   2.   -3.    4.    4. ]
                      [1.6  -1.   -2.5  10.    5. ]
                      [-0.4   3.    2.8   9.    6. ]]
```

例 1.13 对于给定数组，进行组合与分割操作。

```
#程序 ch1p8.py
import numpy as np
a=np.arange(8).reshape(2,4)   #生成数组
b=np.arange(1,9).reshape(2,4)
c1=np.vstack([a,b])
d1=np.hstack([a,b])
c2=np.hsplit(a,2)
d2=np.vsplit(a,2)
print("垂直方向组合后的数组 c1：",c1)
print("水平方向组合后的数组 d1：",d1)
print("把 a 平均分成 2 个列数组：",c2)
print("把 a 平均分成 2 个行数组：",d2)
```

运行结果：

```
垂直方向组合后的数组 c1：[[0 1 2 3]
                          [4 5 6 7]
                          [1 2 3 4]
                          [5 6 7 8]]
水平方向组合后的数组 d1：[[0 1 2 3 1 2 3 4]
                          [4 5 6 7 5 6 7 8]]
把 a 平均分成 2 个列数组：[array([[0, 1], [4, 5]]),
                          array([[2, 3], [6, 7]])]
把 a 平均分成 2 个行数组：[array([[0, 1, 2, 3]]), array([[4, 5, 6, 7]]
```

1.2.3 Python 流程控制

Python 程序的执行过程中，通过流程控制语句设置每行代码的执行顺序。常用的流程控制语句有条件语句、循环语句和跳转语句等。

1. 选择结构

条件语句也被称为选择语句，可以从程序表达式内的多个语句中选择一个指定的语句来执行。

选择结构分为单分支、双分支和多分支三种结构，其中单分支结构为

```
if 条件表达式：
  语句块
```

执行该语句时，如果条件表达式的值为真，则执行其后的语句，否则不执行该语句。双分支结构为

```
if 条件表达式：
  语句块 1
else：
  语句块 2
```

类似的，多分支结构的基本形式为

```
if 条件表达式 1：
  语句块 1
elif 条件表达式 2：
  语句块 2
…
elif 条件表达式 m：
  语句块 m
else：
  语句块 m+1
```

当条件表达式 1 的值为真时，执行语句块 1；否则求条件表达式 2 的值，为真时，执行语句块 2；以此类推；若前面 m 个表达式的值都为错误，则执行 else 后面的语句块 $m+1$。不管有几个分支，程序执行完一个分支后，其余分支将不再执行。

例 1.14　任意输入两个数 $x1$，$x2$，输出两个数中的最小数。

```
#程序 ch1p9.py
x1, x2 = eval(input("请输入 x1, x2 两个数：")) #把字符串转化为数值
if  x1<=x2: print("最小数为：",x1)
else: print("最小数为：",x2)
```

运行结果：

```
请输入 x1,x2 两个数：3,10
最小数为：3
```

例 1.15　编写程序，实现对学生成绩等级的分类。

```
#程序 ch1p10.py
x=input("请输入学生成绩：")
x= float(x) #将输入的字符串转换为浮点数
if x>=90:
    print("成绩等级为：优")
elif x>=80:
    print("成绩等级为：良")
```

```
elif (x >=70):
    print("成绩等级为：中")
elif (x >=60):
    print("成绩等级为：合格")
else:
    print("成绩等级为：不合格")
```

运行结果：

```
请输入学生成绩：93
成绩等级为：优
```

2. 循环结构

在 Python 中，循环结构是一种十分重要的程序结构。在给定循环条件成立时，反复执行循环体，直到条件不满足为止。在 Python 程序中主要有三种循环语句，分别是 for、while 和循环控制语句。绝大多数的循环结构都是用 for 语句来完成的。与 C 语言中 for 语句需要用循环控制变量控制循环不同的是，Python 语言中的 for 语句是通过循环遍历某一序列对象，如元组、列表等来构建循环的，当对象遍历完成时循环结束。

for 语法结构如下：

```
for 循环变量 in 序列对象
    语句块 1
else:
    语句块 2
```

while 语法结构如下：

```
while 条件表达式
    语句块 1
else:
    语句块 2
```

以上两个循环语句中的 else 语句均是选择性指令，可按照实际情况进行取舍。

循环体的语句块可以是单个或多个语句，当循环体由多个语句构成时，必须用缩进对齐的方式组成一个语句块，否则将产生错误。

例 1.16 分别用 while 和 for 语句计算和 $\sum_{i=1}^{100} i$。

while 语句的代码如下：

```
#程序 ch1p11.py
i = 1
sum = 0
while i <= 100:
    sum = sum+i
        i = i+1
print("sum=", sum)
```

运行结果：

```
sum= 5050
```

for 语句的代码如下：

```
#程序 ch1p12.py
sum=0;
number=int(input("请输入整数："))
for i in range(1,number+1):
    sum += i
print("sum=", sum)
```

运行结果：

```
请输入整数：100
sum= 5050
```

例 1.17　计算有限项级数和 $y=\sum_{i=1}^{50}\frac{\cos i+\ln i+1}{2\pi}+e^{3}$。

代码如下：

```
#程序 ch1p13.py
from math import log, cos, pi   #加载数学模块中的若干对象
f=lambda n:(1+log(2*n)+cos(n))/(2*pi) #定义匿名函数
y=1
for n in range(1,51): y += f(n)
print("y=%6.5f"%y)
```

运行结果：

```
y=38.06360
```

1.2.4　Matplotlib 数据可视化基础

数据可视化是指用可视化的方式探索数据，它与当今比较热门的数据挖掘工作紧密相连。在软件开发领域，图像不但可以以引人注目的简洁方式呈现数据，而且可以让浏览者明白其中的含义，发现数据集中的规律和意义。Matplotlib 是 Python 的可视化工具库，提供了强大的实现数据可视化功能的模块。Matplotlib 最早是为了研究癫痫病人的脑皮层电图相关的信号而研发的，因为其在函数的设计上参考了 MATLAB，所以称为 Matplotlib。在 Matplotlib.pyplot 模块中，有一套完全仿照 MATLAB 函数形式的绘图接口，这套函数接口可以让熟悉 MATLAB 的用户无障碍地使用 Matplotlib。

1. 基础绘图

Matplotlib 包括 Figure、Axes、Axis、Tick 四种对象容器(Object Container)类型，其中 Figure 负责图形的大小、位置等操作，Axes 负责坐标轴位置、绘图等操作，Axis 负责坐标轴的设置等操作，Tick 负责格式化刻度的样式等操作。

Matplotlib 绘图一般包括以下步骤：

(1) 导入 Matplotlib.pyplot 模块；

(2) 设置绘图的数据及参数；

(3) 调用 Matplotlib.pyplot 模块的 plot( )、pie( )(饼状图)、bar( )(柱状图)、hist( )(直方图)、scatter( )(散点图)等函数进行绘图；

(4) 设置绘图的坐标轴、标题、网格线、图例等内容；

(5) 调用 show( )函数显示已绘制的图形。

其中，Matplotlib. pyplot 模块中画折线图的 plot()函数的基本语法结构如下：

```
plot( x, y, s)
```

其中，x 为数据点的横坐标，y 为数据点的纵坐标，字符串 s 可以设置线条的颜色、样式和形状等。

2. 绘图示例

Matplotlib 工具库依赖于 Numpy 等工具库，可以绘制多种图形。二维图像绘制是 Python 科学计算绘图的基础，可视化的计算结果可为科学与工程计算提供参考。

例 1.18 绘出 $y=\sin x$，$x\in[0,2\pi]$ 的图形。

```
#程序 ch1p14. py
from matplotlib. pyplot import *
import numpy as np
x=np. linspace(0,2 * np. pi,num=256)
y=np. sin(x)
rc('font',size=16)
plot (x,y,label='$ sin(x) $')
xlabel('$ x $'); ylabel('$ y $',rotation=0)
savefig('fig1. png',dpi=500);
legend( );
show( )
```

运行结果如图 1.2 所示。

例 1.19 在同一个图形界面上绘出 $y=\sin x^2$，$y=\cos(2x)$，$x\in[0,2\pi]$ 的图形。

```
#程序 ch1p15. py
import numpy as np
from matplotlib. pyplot import  *
x=np. linspace(0,2 * np. pi,200)
y1=np. sin(pow(x,2));y2=np. cos(2 * x);
rc('font',size=16);
plot(x,y1,'r',label='$ sin(x^2) $',linewidth=2)
plot(x,y2,'b--',label='$ cos(2x) $')
xlabel('$ x $'); ylabel('$ y $',rotation=0)
savefig('fig2. png',dpi=500); legend(); show()
```

运行结果如图 1.3 所示。

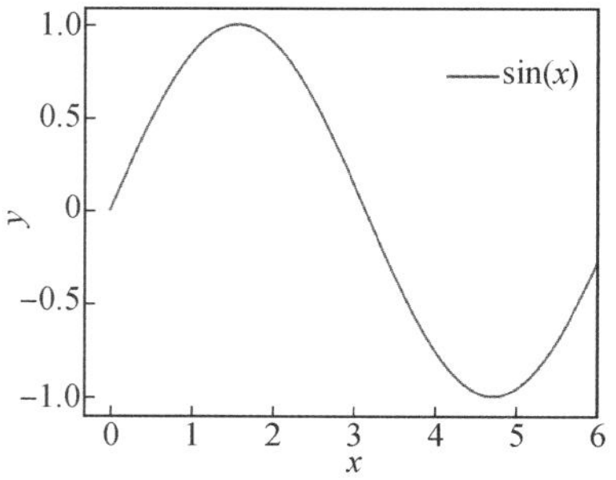

图 1.2　正弦函数绘制

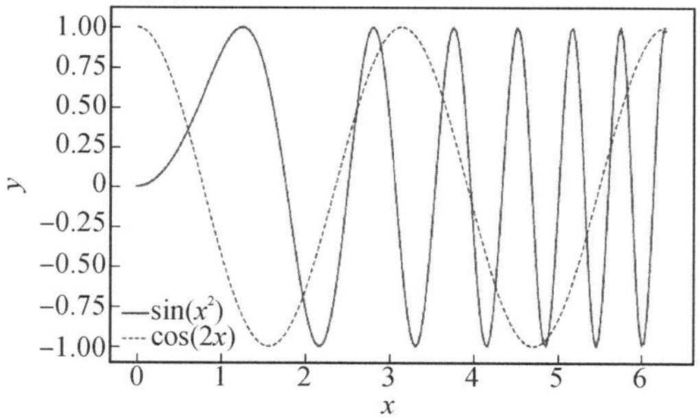

图 1.3　同一界面绘制多个图形

三维图形也可以通过 Matplotlib 工具库进行绘制。

例 1.20　绘出三维曲线 $\begin{cases} x=8\cos t \\ y=4\sqrt{2}\sin t \\ z=-4\sqrt{2}\sin t \end{cases}$，$0\leqslant t\leqslant 2\pi$ 的图形。

```
#程序 ch1p16.py
from mpl_toolkits import mplot3d
import matplotlib.pyplot as plt
import numpy as np
ax=plt.axes(projection='3d')  #设置三维图形模式
t=np.linspace(0,2*np.pi,200)
x=8*np.cos(t); y=4*np.sqrt(2)*np.sin(t); z=-4*np.sqrt(2)*np.sin(t);
ax.plot3D(x, y, z, 'b--')
plt.savefig('fig3.png',dpi=500); plt.show()
```

运行结果如图 1.4 所示。

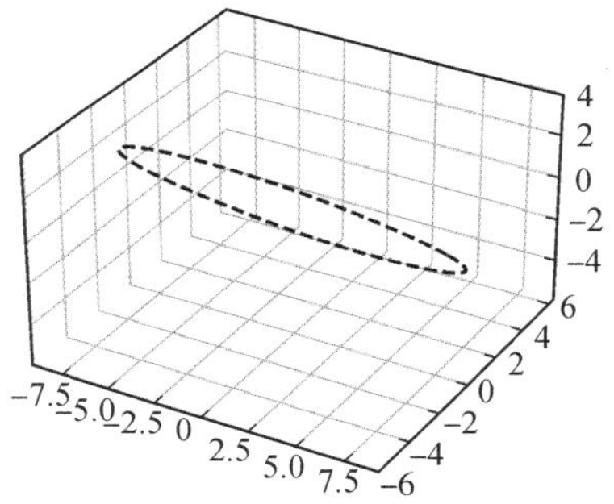

图 1.4　三维曲线

例 1.21　在 xy 平面内选择区域 $[-8,8]\times[-8,8]$，用绘制函数绘出函数 $z=\dfrac{\sin\sqrt{x^2+y^2}}{\sqrt{x^2+y^2}}$（墨西哥帽子）的图形。

```
#程序 ch1p17.py
from mpl_toolkits import mplot3d
import matplotlib.pyplot as plt
import numpy as np
x=np.linspace(-8,8,40)
y=np.linspace(-8,8,40)
X,Y=np.meshgrid(x, y)
Z=(np.sin(np.sqrt(X**2+Y**2)))/(np.sqrt(X**2+Y**2))
ax1=plt.subplot(1,2,1,projection='3d')
ax1.plot_surface(X, Y, Z,cmap='viridis')
ax1.set_xlabel('x'); ax1.set_ylabel('y'); ax1.set_zlabel('z')
ax2=plt.subplot(1,2,2,projection='3d');
ax2.plot_wireframe(X, Y, Z,color='c')
```

```
ax2.set_xlabel('x'); ax2.set_ylabel('y'); ax2.set_zlabel('z')
plt.savefig('fig4.png',dpi=500); plt.show()
```

运行结果如图 1.5 所示。

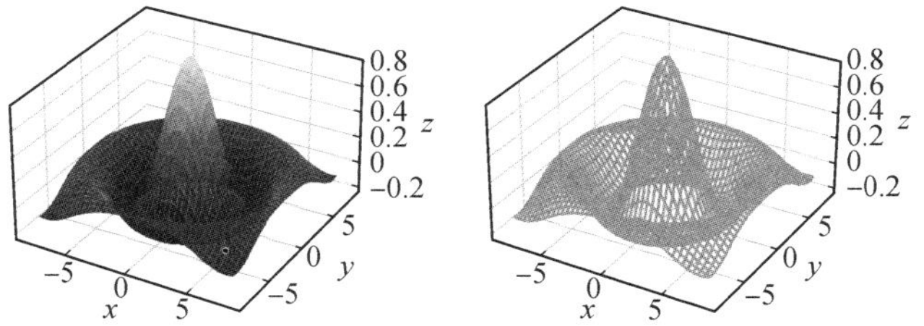

图 1.5 三维表面图形和三维网格图形（墨西哥帽子）

类似于 MATLAB，上述示例中利用 subplot()函数实现了子图的绘制。

习 题 1

一、理论习题

1. 简述数值分析的基本思想及其优劣的评价标准。

2. 指出下列近似数的绝对误差限、相对误差限和有效数字位数：

0.000360， 0.36， 3600.00， 36000， 3.6×10^4

3. 古代数学家祖冲之曾以 $\dfrac{355}{113}$ 作为圆周率 π 的近似值，此近似值具有多少位有效数字？

4. 近似计算 $\sin x\approx x, x\in[0,\delta]$，试计算 δ 最大为多少时，该计算的截断误差不超过 10^{-7}。

5. 若近似数 x^* 有 4 位有效数字，试求其相对误差限。

6. 若近似数 x^* 的相对误差限为 0.001%，则 x^* 至少有几位有效数字？

7. 若 $\boldsymbol{A}=\begin{bmatrix}1&2&4\\3&0&4\\5&8&1\end{bmatrix}$，$\boldsymbol{X}=\begin{bmatrix}1\\0\\1\end{bmatrix}$，则 $\|\boldsymbol{A}\|_1$，$\|\boldsymbol{AX}\|_\infty$ 分别是多少？

8. 设 $\boldsymbol{x}\in\mathbf{R}^n$，$\boldsymbol{A}\in\boldsymbol{R}^{n\times n}$。证明：

(1) $\|\boldsymbol{x}\|_\infty\leqslant\|\boldsymbol{x}\|_1\leqslant n\|\boldsymbol{x}\|_\infty$；

(2) $\dfrac{1}{\sqrt{n}}\|\boldsymbol{A}\|_F\leqslant\|\boldsymbol{A}\|_2\leqslant\|\boldsymbol{A}\|_F$。（$\|\boldsymbol{A}\|_F$ 指矩阵的 Frobenius 范数，其定为 $\|\boldsymbol{A}\|_F=\sqrt{\sum_{i=1}^{n}\sum_{j=1}^{n}a_{ij}^2}$。）

9. 若 $T(h)$ 逼近其精确值 T 的截断误差为

$$R(T)=T(h)-T=\sum_{i=1}^{\infty}A_i h^{2i}$$

其中，系数 A_i 与 h 无关。试证明由

$$\begin{cases} T_0(h) = T(h) \\ T_m(h) = \dfrac{4^m T_{m-1}\left(\dfrac{h}{2}\right) - T_{m-1}(h)}{4^m - 1}, \quad m = 1, 2, \cdots \end{cases}$$

所定义的 T 的逼近序列 $\{T_m(h)\}$ 的误差为

$$T_m(h) - T = \sum_{i=1}^{\infty} A_i^{(m)} h^{2m+2}$$

其中诸 $A_i^{(m)}$ 是与 h 无关的常数。

10. 下列表达式如何计算才能使得结果比较精确？

(1) $\sin(u+v) - \sin u$，其中 $|u|$ 充分小；

(2) $\ln(\sqrt{10^{20}+1} - 10^{10})$。

二、上机实验

1. 已知一元二次方程 $ax^2 + bx + c = 0$ 的两个实根，当 $b^2 \gg |4ac|$ 时，编写求方程两个实根的算法程序，并用该程序计算二次方程 $x^2 - 110x + 1 = 0$ 的两个根，使它至少具有 4 位有效数字。

2. 利用秦九韶算法求解多项式 $p(x) = 3x^5 - 2x^3 + x + 7$ 在 $x = 3$ 处的值。

3. 对于积分 $I_n = \int_0^1 \dfrac{x^n}{x+4} \mathrm{d}x$，利用下面两种算法计算积分，比较哪种算法更准确并分析原因：

(1) 令 $I_0 = 0.2231$，计算 $I_n = \dfrac{1}{n} - 4I_{n-1}$，$i = 1, 2, \cdots, 7$；

(2) 令 $I_{11} = 0$，计算 $I_{n-1} = \dfrac{1}{4n}(1 - nI_n)$，$n = 11, 10, \cdots, 1$。

第2章 线性方程组的数值解法

在自然科学和工程技术中，很多问题常常归结为如下所示的线性代数方程组的求解问题：

$$\begin{cases} a_{11}x_1 + a_{12}x_2 + \cdots + a_{1n}x_n = b_1 \\ a_{21}x_1 + a_{22}x_2 + \cdots + a_{2n}x_n = b_2 \\ \qquad\qquad\qquad\qquad\qquad \vdots \\ a_{n1}x_1 + a_{n2}x_2 + \cdots + a_{nn}x_n = b_n \end{cases}$$

若其系数行列式不为零，则可由克拉默(Cramer)法则求出方程组的唯一解，但是这一理论上完美的结果，在实际计算中由于要计算大规模行列式，会产生很大的计算量，可以说没有什么用处，因此如何建立在计算机上可以实现的有效而实用的数值解法，具有极其重要的意义。这样的数值解法大致可分为两类：一类是直接法，就是如果每步计算都是精确进行的话，经过有限步算术运算，可求得方程组精确解的方法；另一类是迭代法，是用某种极限过程去逐步逼近方程组精确解的方法。

本章将详细阐述求解线性代数方程组的直接解法和迭代解法，同时对误差进行分析与估计。

2.1 线性方程组的直接解法

所谓直接解法，是指若不计运算过程的舍入误差，经过有限次运算后，能求得方程组的精确解的方法，包括 Gauss 消元法、矩阵三角分解法、主元消元法等。直接解法通常也简称为直接法。

2.1.1 Gauss 消元法

Gauss 消元法是建立在逐次消去未知元方法的基础上的，分为回代和消元两个过程。在实际计算时，由于机器只能用有限位小数作运算，所以不可能没有舍入误差，而由于舍入误差的存在，这种方法也只能求得方程组的近似解。

1. 回代过程

设系数矩阵为 n 阶上三角矩阵的线性方程组为

$$\begin{cases} a_{11}x_1 + a_{12}x_2 + \cdots + a_{1n}x_n = b_1 \\ \qquad\quad a_{22}x_2 + \cdots + a_{2n}x_n = b_2 \\ \qquad\qquad\qquad\qquad \vdots \\ \qquad\qquad\qquad\quad a_{nn}x_n = b_n \end{cases} \tag{2.1}$$

如果 $a_{11},a_{22},\cdots,a_{nn}$ 都不等于零，则由方程组(2.1)自下而上可以逐次求出 $x_n,x_{n-1},\cdots,x_1$ 为

$$\begin{cases} x_n = \dfrac{b_n}{a_{nn}} \\ x_k = \dfrac{b_k - \sum\limits_{j=k+1}^{n} a_{kj}x_j}{a_{kk}},\ k = n-1, n-2, \cdots, 1 \end{cases} \tag{2.2}$$

按上述公式求方程组(2.1)解的过程称为回代过程。

不难看出，解方程组(2.1)共需 $\dfrac{1}{2}n(n+1)$ 次加法和 $\dfrac{1}{2}n(n-1)$ 次乘法，这恰好是用一个 n 阶三角方阵乘 n 维向量所需的运算次数。当 n 较大时，$n^2 \gg n$，同时加法运算速度远快于乘法的运算速度，所以可用 $\dfrac{1}{2}n^2$ 次乘法运算来近似表示回代过程的运算量。

2. 消元过程

设线性方程组为

$$\begin{cases} a_{11}x_1 + a_{12}x_2 + \cdots + a_{1n}x_n = b_1 \\ a_{21}x_1 + a_{22}x_2 + \cdots + a_{2n}x_n = b_2 \\ \qquad\qquad \vdots \\ a_{n1}x_1 + a_{n2}x_2 + \cdots + a_{nn}x_n = b_n \end{cases} \tag{2.3}$$

为了符号统一，记 $a_{ij}^{(0)} = a_{ij}, a_{i,n+1}^{(0)} = b_i (i = 1,2,\cdots,n; j = 1,2,\cdots,n)$，则原方程组改写成：

$$\begin{cases} a_{11}^{(0)}x_1 + a_{12}^{(0)}x_2 + \cdots + a_{1n}^{(0)}x_n = a_{1,n+1}^{(0)} \\ a_{21}^{(0)}x_1 + a_{22}^{(0)}x_2 + \cdots + a_{2n}^{(0)}x_n = a_{2,n+1}^{(0)} \\ \qquad\qquad \vdots \\ a_{n1}^{(0)}x_1 + a_{n2}^{(0)}x_2 + \cdots + a_{nn}^{(0)}x_n = a_{n,n+1}^{(0)} \end{cases} \tag{2.3$'$}$$

如果 $a_{11}^{(0)} \neq 0$，那么就可以保留其中第一个方程，并利用它分别消去其余方程的第一个未知量。令

$$l_{i1} = \frac{a_{i1}^{(0)}}{a_{11}^{(0)}},\ i = 2,3,\cdots,n \tag{2.4}$$

则以 $-l_{i1}$ 乘第一个方程加到第 i 个方程中，就把方程组 (2.3′) 化为

$$\begin{cases} a_{11}^{(0)}x_1 + a_{12}^{(0)}x_2 + \cdots a_{1n}^{(0)}x_n = a_{1,n+1}^{(0)} \\ \qquad\quad a_{22}^{(1)}x_2 + \cdots a_{2n}^{(1)}x_n = a_{2,n+1}^{(1)} \\ \qquad\qquad\qquad \vdots \\ \qquad\quad a_{n2}^{(1)}x_2 + \cdots a_{nn}^{(1)}x_n = a_{n,n+1}^{(1)} \end{cases} \tag{2.5}$$

其中

$$a_{ij}^{(1)}=a_{ij}^{(0)}-l_{i1}a_{1j}^{(0)},\ i=2,3,\cdots n,\ j=2,3,\cdots n+1$$

由方程组(2.3′)化为方程组(2.5)的过程可知，元素 $a_{11}^{(0)}$ 起着特殊的作用，因此特把元素 $a_{11}^{(0)}$ 称为主元素。

如果方程组(2.5)中 $a_{22}^{(1)}\neq 0$，则以 $a_{22}^{(1)}$ 为主元素，并利用类似的方法消去第 $3,4,\cdots,n$ 个方程中的第二个未知量，即令

$$l_{i2}=\frac{a_{i2}^{(1)}}{a_{22}^{(1)}},\quad i=3,4,\cdots,n$$

则以 $-l_{i2}$ 乘以第二个方程加到第 i 个方程中，于是得到新的方程组：

$$\begin{cases}a_{11}^{(0)}x_1+a_{12}^{(0)}x_2+a_{13}^{(0)}x_3+\cdots a_{1n}^{(0)}x_n=a_{1,n+1}^{(0)}\\ \qquad a_{22}^{(1)}x_2+a_{13}^{(1)}x_3+\cdots a_{2n}^{(1)}x_n=a_{2,n+1}^{(1)}\\ \qquad\qquad a_{33}^{(2)}x_3+\cdots a_{3n}^{(2)}x_n=a_{3,n+1}^{(2)}\\ \qquad\qquad\qquad\vdots\\ \qquad\qquad a_{n2}^{(2)}x_2+\cdots a_{nn}^{(2)}x_n=a_{n,n+1}^{(2)}\end{cases}$$

其中

$$a_{ij}^{(2)}=a_{ij}^{(1)}-l_{i2}a_{ij}^{(1)},\quad i=3,\cdots n,\quad j=3,\cdots n+1$$

重复上述过程 $n-1$ 次后，我们得到原方程组等价的系数矩阵为三角形方阵的方程组：

$$\begin{cases}a_{11}^{(0)}x_1+a_{12}^{(0)}x_2+a_{13}^{(0)}x_3+\cdots a_{1n}^{(0)}x_n=a_{1,n+1}^{(0)}\\ \qquad a_{22}^{(1)}x_2+a_{13}^{(1)}x_3+\cdots a_{2n}^{(1)}x_n=a_{2,n+1}^{(1)}\\ \qquad\qquad a_{33}^{(2)}x_3+\cdots a_{3n}^{(2)}x_n=a_{3,n+1}^{(2)}\\ \qquad\qquad\qquad\vdots\\ \qquad\qquad\qquad a_{nn}^{(n-1)}x_n=a_{n,n+1}^{(n-1)}\end{cases}\tag{2.6}$$

其中

$$l_{ik}=\frac{a_{ik}^{(k-1)}}{a_{kk}^{(k-1)}}$$

$$\begin{cases}a_{ij}^{(k)}=a_{ij}^{(k-1)}-l_{ik}a_{kj}^{(k-1)}\\ k=1,2,\cdots n-1\\ i=k+1,k+2,\cdots n;\ j=k+1,k+2,\cdots n+1\end{cases}$$

把方程组(2.3)逐步化为方程组(2.6)的过程称为消元过程。最后，由回代过程可求得原方程组的解为

$$\begin{cases}x_n=\dfrac{a_{nn+1}^{(n-1)}}{a_{nn}^{(n-1)}}\\ x_k=\dfrac{a_{kn+1}^{(k-1)}-\sum\limits_{j=k+1}^{n}a_{kj}^{(k-1)}x_j}{a_{kk}^{(k-1)}},\ k=n-1,n-2,\cdots 2,1\end{cases}$$

这种通过逐点消元把原方程组化为上三角形方程组，再回代的求解方法称为高斯(Gauss)消元法，其特点是始终消去主对角线下方的元素。

当在计算机上实现该算法时，我们注意到上标 k 仅仅用来识别一次消元前后系数矩阵

的变化，而 $a_{ij}^{(k)}$ 变为 $a_{ij}^{(k+1)}$ 后，$a_{ij}^{(k)}$ 不再使用，所以在计算机存储中只要用 $a_{ij}^{(k+1)}$"冲掉" $a_{ij}^{(k)}$ 即可；另一方面，主元素所在列中主元素下面的各元素在消元过程中必然是零，而且在后面将要列出的回代过程中也用不上，所以没有必要通过计算得到它们，从而在消元过程中 j 就可从 $k+1$ 开始，这样做还可以节约计算时间。

例 2.1　用 Gauss 消元法求解方程组

$$\begin{cases} x_1+4x_2+x_3=7 \\ x_1+6x_2-x_3=13 \\ 2x_1+x_2+2x_3=0 \end{cases}$$

解　用第一个方程消去后两个方程中的 x_1，得

$$\begin{cases} x_1+4x_2+x_3=7 \\ 2x_2-2x_3=6 \\ -7x_2=-14 \end{cases}$$

再用第二个方程消去第三个方程中的 x_2，得

$$\begin{cases} x_1+4x_2+x_3=7 \\ 2x_2-2x_3=6 \\ -7x_3=7 \end{cases}$$

最后，经过回代求得方程组的解为

$$\begin{cases} x_3=\dfrac{7}{-7}=-1 \\ x_2=\dfrac{6+2x_3}{2}=2 \\ x_1=\dfrac{7-4x_2-x_3}{1}=0 \end{cases}$$

Python 程序如下：

```
#程序 ch2p1.py
#Gauss 消元法


import numpy as np
A = np.array([[1,4,1,7],[1,6,-1,13],[2,1,2,0]])
print(f'利用高斯消元法解线性方程组：\n{A}')
def Gauss_elimination(A): #消元，化为上三角
    for col in range(len(A)-1): #需要进行多少次消元
        for row in range(col+1, len(A)): #进行消元的行数
            r = A[row][col]/A[col][col]
            j = 0
            for Value in A[col]:
                i = row
                A[i][j] = A[i][j]-Value * r
                if j<len(A): j=j+1 #防止索引超出范围
    #回代过程
```

```
    ans = []
    A = list(A)
    A.reverse()
    for sol in range(len(A)):
        if sol == 0:
            ans.append(A[0][-1]/A[0][-2])
        else:
            known = 0
            for x in range(sol):
                known = known + ans[x] * A[sol][-2-x]
            ans.append((A[sol][-1]-known)/A[sol][-sol-2])
    ans.reverse()
    return ans
print(f'所得结果为：\n{Gauss_elimination(A)}')
```

运行结果如下：

```
利用高斯消元法解线性方程组：
[[ 1  4  1  7]
 [ 1  6 -1 13]
 [ 2  1  2  0]]
所得结果为：
[0.0, 2.0, -1.0]
```

3. Gauss 消元法的实现条件

从消元过程可以看出，对于 n 阶线性方程组，只要各步主元素不为零，即 $a_{kk}^{(k-1)} \neq 0$，那么经过 $n-1$ 步消元，就可以得到一个等价的系数矩阵为上三角阵的方程组，然后再利用回代过程可求得原方程组的解，因此，有下面的结论：

定理 2.1 如果在消元过程中 $\boldsymbol{A}$ 的主元素不为零，即 $a_{kk}^{(k-1)} \neq 0(k=1,2,\cdots,n)$，则可通过高斯消元法求出 $\boldsymbol{A}x=\boldsymbol{b}$ 的解。

矩阵 $\boldsymbol{A}$ 在什么条件下才能保证 $a_{kk}^{(k-1)} \neq 0$？ 下面的引理给出了这一条件。

引理 在 Gauss 消元过程中系数矩阵 $\boldsymbol{A}$ 的主元素不为零，即 $a_{kk}^{(k-1)} \neq 0(k=1,2,\cdots,n)$ 的充要条件是矩阵 $\boldsymbol{A}$ 的各阶顺序主子式不为零，即

$$D_1 = |a_{11}| \neq 0$$

$$D_k = \begin{vmatrix} a_{11} & \cdots & a_{1k} \\ \cdots & \cdots & \cdots \\ a_{k1} & \cdots & a_{kk} \end{vmatrix} \neq 0,\ k=2,3,\cdots n$$

证明 首先利用归纳法证明充分性。

显然，当 $n=1$ 时，结论成立，现假设引理对 $n-1$ 也成立，求证引理对 n 也成立。由归纳法假设有

$$a_{kk}^{(k-1)} \neq 0,\ k=1,2\cdots n-1$$

于是可用 Gauss 消元法将矩阵 $\boldsymbol{A}$ 化为

$$\overline{A} \to \begin{pmatrix} a_{11}^{(0)} & a_{12}^{(0)} & \cdots & a_{1n-1}^{(0)} & a_{1n}^{(0)} \\ & a_{22}^{(1)} & \cdots & a_{2n-1}^{(1)} & a_{2n}^{(1)} \\ & & \ddots & \vdots & \vdots \\ & & & a_{n-1n-1}^{(n-2)} & a_{n-1n}^{(n-2)} \\ & & & & a_{nn}^{(n-1)} \end{pmatrix}$$

且

$$D_1 = |a_{11}^{(0)}| = a_{11}^{(0)}$$

$$D_2 = \begin{vmatrix} a_{11}^{(0)} & a_{12}^{(0)} \\ 0 & a_{22}^{(1)} \end{vmatrix} = a_{11}^{(0)} a_{22}^{(1)}$$

$$D_n = \begin{vmatrix} a_{11}^{(0)} & a_{12}^{(0)} & \cdots & a_{1n-1}^{(0)} & a_{1n}^{(0)} \\ & a_{22}^{(1)} & \cdots & a_{2n-1}^{(1)} & a_{2n}^{(1)} \\ & & \ddots & \vdots & \vdots \\ & & & & a_{nn}^{(n-1)} \end{vmatrix}$$

由假设 $D_k \neq 0$，$k=1,2,\cdots,n$，所以有 $a_{nn}^{(n-1)} \neq 0$。

反之，由上式可知必要性是显然的。

4. Gauss 消元法的运算量

下面考虑求解方程组(2.3)的高斯消元法的运算量。消元过程需要除法次数为

$$(n-1)+(n-2)+\cdots+2+1=\frac{1}{2}n(n-1)$$

而需要的乘法和加法的次数都是

$$n\cdot(n-1)+(n-1)\cdot(n-2)+\cdots+2\times 1=\frac{1}{2}n(n^2-1)$$

加上回代过程的运算次数，共需乘、除法的次数为

$$\frac{1}{2}n(n-1)+\frac{1}{3}n(n^2-1)+\frac{1}{2}n(n+1)=\frac{1}{3}n(n^2+3n-1)$$

加、减法的次数为

$$\frac{1}{3}n(n^2-1)+\frac{1}{2}n(n-1)=\frac{1}{6}n(2n^2+3n-5)$$

当 n 较大时，$n^3 \gg n^2$，消元过程的运算量远大于回代过程，因此，高斯消元法中乘、除法的次数与加、减法的次数近似为 $\frac{1}{3}n^3$。

2.1.2 主元消元法

1. 问题的提出

在 Gauss 消元法中，只有当所有顺序约化主元素 $a_{kk}^{(k)}$ $(k=1,2,\cdots,n)$ 均不为零时，消去与回代过程才能进行到底。如果出现 $a_{kk}^{(k-1)}=0$ 的情况，消元法将无法进行；另一方面，即使主元素 $a_{kk}^{(k-1)}=0$，但很小时，用其作除数，会导致其他元素数量级的严重增长和舍入误差的扩散，最后也使得计算结果很不可靠。

例 2.2 解方程组(已知该方程组的精确解为 $x_1=\frac{1}{3}$，$x_2=\frac{2}{3}$)

$$\begin{cases}0.0003x_1+3.0000x_2=2.0001\\1.0000x_1+1.0000x_2=1.0000\end{cases}$$

解法一 用高斯消元法求解(取 5 位有效数字)，用第一个方程消去第二个方程中的 x_1 得

$$\begin{cases}0.0003x_1+3.0000x_2=2.0001\\\qquad\qquad -9999.0x_2=-6666.0\end{cases}$$

再回代，得

$$x_2=\frac{-6666.0}{-9999.0}\approx 0.6667$$

$$x_1=\frac{2.0001-3.0000\times 0.6667}{0.0003}=0$$

对比精确解，显然这个解与精确解相差太远，不能作为方程组的近似解。其原因是在消元过程中使用了小主元素，使得约化后的方程组中的元素量级大大增长，再经舍入使得计算中舍入误差扩散，因此经消元后得到的三角形方程组就不准确了。为了控制舍入误差，我们采用另一种消元过程。

解法二 为了避免绝对值很小的元素作为主元素，先交换两个方程，得到

$$\begin{cases}1.0000x_1+1.0000x_2=1.0000\\0.0003x_1+3.0000x_2=2.0001\end{cases}$$

消去第二个方程中的 x_1，得

$$\begin{cases}1.0000x_1+1.0000x_2=1.0000\\\qquad\qquad 2.9997x_2=1.9998\end{cases}$$

再回代，解得

$$x_2=\frac{1.9998}{2.9997}\approx 0.6667$$

$$x_1=(1.0000-1.0000\times 0.6667)=0.3333$$

以上结果与准确解非常接近。这个例子告诉我们，在采用 Gauss 消元法解方程组时，用作除数的小主元素可能使舍入误差增加，主元素的绝对值越小，则舍入误差影响越大。所以在实际求解时，故应避免采用绝对值小的主元素，同时选择尽量大的主元素，这样可使 Gauss 消元法具有较好的数值稳定性，这便是主元素消元法的基本思想。

2. 全主元素消元法

设 n 阶线性方程组

$$\boldsymbol{Ax}=\boldsymbol{b} \tag{2.7}$$

的系数矩阵 $\boldsymbol{A}$ 的秩为 n，即 $R(\boldsymbol{A})=n$，记 $a_{i,n+1}=b_i$，$i=1,2,\cdots n$，则方程组的增广矩阵为

$$\boldsymbol{A}^{(0)}=\begin{bmatrix}a_{11} & a_{12} & \cdots & a_{1n} & a_{1n+1}\\ a_{21} & a_{22} & \cdots & a_{2n} & a_{2n+1}\\ & & \vdots & & \\ a_{n1} & a_{n2} & \cdots & a_{nn} & a_{nn+1}\end{bmatrix}$$

首先在 $\mathbf{A}$ 中选取绝对值最大的元素作为主元素，如

$$|a_{i_1j_1}|=\max_{\substack{1\leqslant i\leqslant n\\1\leqslant j\leqslant n}}|a_{ij}|$$

然后交换 $\mathbf{A}^{(0)}$ 中的第 1 行与第 i_1 行，第 1 列与第 j_1 列，经第 1 次消元计算，得

$$\mathbf{A}^{(0)}\rightarrow\mathbf{A}^{(1)}$$

仍记

$$\mathbf{A}^{(1)}=\begin{bmatrix}a_{11} & a_{12} & \cdots & a_{1n} & a_{1n+1}\\ & a_{22} & \cdots & a_{2n} & a_{2n+1}\\ & & \vdots & & \\ & a_{n2} & \cdots & a_{nn} & a_{nn+1}\end{bmatrix}$$

其次，在 $\mathbf{A}^{(1)}$ 中的第 2 行至第 n 行及第 2 列至第 n 列选取绝对值最大的元素作为主元素，如

$$|a_{i_2j_2}|=\max_{\substack{2\leqslant i\leqslant n\\2\leqslant j\leqslant n}}|a_{ij}|$$

然后交换 $\mathbf{A}^{(1)}$ 中的第 2 行与第 i_2 行，第 2 列与第 j_2 列，经第 2 次消元计算，得

$$\mathbf{A}^{(1)}\rightarrow\mathbf{A}^{(2)}$$

仍记

$$\mathbf{A}^{(2)}=\begin{bmatrix}a_{11} & a_{12} & a_{13} & \cdots & a_{1n} & a_{1n+1}\\ & a_{22} & a_{23} & \cdots & a_{2n} & a_{2n+1}\\ & & a_{33} & \cdots & a_{3n} & a_{3n+1}\\ & & & \vdots & & \\ & & a_{n3} & \cdots & a_{nn} & a_{nn+1}\end{bmatrix}$$

重复上述过程，假设已完成了第 $k-1$ 次消元，则在 $\mathbf{A}^{(k-1)}$ 的第 k 行到第 n 行，第 k 列到第 n 列中选取绝对值最大的元素作为主元素，如

$$|a_{i_kj_k}|=\max_{\substack{k\leqslant i\leqslant n\\k\leqslant j\leqslant n}}|a_{ij}|$$

交换 $\mathbf{A}^{(k-1)}$ 的第 k 行到第 i_k 行，第 k 列到 j_k 列，将作为主元素，再进行消元计算，最后将原方程组化为

$$\begin{bmatrix}a_{11} & a_{12} & \cdots & a_{1n}\\ & a_{22} & \cdots & a_{2n}\\ & & \vdots & \\ & & & a_{nn}\end{bmatrix}\begin{bmatrix}y_1\\y_2\\y_3\\y_4\end{bmatrix}=\begin{bmatrix}a_{1,n+1}\\a_{2,n+1}\\\vdots\\a_{n,n+1}\end{bmatrix}\tag{2.8}$$

其中 $y_1,y_2,\cdots,y_n$ 为未知量 $x_1,x_2,\cdots,x_n$ 调换次序后的形式，例如 $y_1=x_{i_1}$。最后，通过式(2.8)进行回代可求得原方程组的解。

这种通过选主元素进行消元，然后回代求解的方法称为 Gauss 完全主元素消元法，简称全主元素消元法。

注意：与普通的 Gauss 消元法相同，在每次消元的过程中可用约化后新的 a_{ij} 冲掉约化前旧的 a_{ij}，在回代过程中同样可用代入后新的常数项冲掉代入前旧的常数项，并以此表示未知量，这样可以节省计算机的存储空间。

3. 列主元素消元法

全主元素消元法在选主元素时要花费较多的机器时间，下面我们介绍另一种常用的方

法，即列主元素消元法，该方法仅考虑依次按列选主元素，然后换行使之变到主元素位置上，再进行消元计算。显然，在全主元素消元法中选每列中绝对值最大的元素作为主元素进行换行，而且不进行列交换，即可得到列主元素消元法。

不难看出，只要线性方程组的系数行列式不为零，则总可由列主元素消元法求解，同时列主元素消元法既继承了全主元素消元法舍入误差小的优点，保证了一定的精度要求，机时耗费又比完全主元素消元法少很多，故列主元素消元法是较常用的方法之一。最后，值得指出的是矩阵行的互换过程可以用行指示向量表示，增广矩阵元素的物理位置没有必要改变，这样可以节省机器执行时间。另外，与列主元素消元法对应地可进行行主元素消元法。

例 2.3 求解线性方程组

$$\begin{bmatrix} 0.001 & 2.000 & 3.000 \\ -1.000 & 3.712 & 4.623 \\ -2.000 & 1.072 & 5.643 \end{bmatrix} \begin{bmatrix} x_1 \\ x_2 \\ x_3 \end{bmatrix} = \begin{bmatrix} 1.000 \\ 2.000 \\ 3.000 \end{bmatrix}$$

要求用 4 位浮点数进行计算，精确解舍入到 4 位有效数字，其初值为

$$x = (-0.4904, -0.05104, 0.3675)^{\mathrm{T}}$$

解法一 用列主元素消元法求解，有

$$\tilde{\boldsymbol{A}} = \begin{bmatrix} 0.001 & 2.000 & 3.000 & 1.000 \\ -1.000 & 3.712 & 4.623 & 2.000 \\ -2.000 & 1.072 & 5.643 & 3.000 \end{bmatrix}$$

$$\rightarrow \begin{bmatrix} 2.000 & 1.072 & 5.643 & 3.000 \\ -1.000 & 3.712 & 4.623 & 2.000 \\ 0.001 & 2.000 & 3.000 & 1.000 \end{bmatrix}$$

$$\rightarrow \begin{bmatrix} 2.000 & 1.072 & 5.643 & 3.000 \\ 0 & 3.176 & 1.801 & 0.500 \\ 0 & 2.001 & 3.003 & 1.002 \end{bmatrix}$$

$$\rightarrow \begin{bmatrix} 2.000 & 1.072 & 5.643 & 3.000 \\ 0 & 3.176 & 1.801 & 0.500 \\ 0 & 0 & 1.868 & 0.687 \end{bmatrix}$$

$$l_{21} = \frac{-1.000}{-2.000} = 0.5000,\ l_{31} = \frac{0.001}{-2.000} = -0.0005,\ l_{32} = \frac{2.001}{3.176} = 0.6300$$

回代计算解为

$$\boldsymbol{x}^* = [-0.4990, -0.05113, 0.3678]^{\mathrm{T}}$$

解法二 用全主元素消元法求解，有

$$\begin{bmatrix} \bar{A} \\ I \end{bmatrix} = \begin{bmatrix} 0.001 & 2.000 & 3.000 & 1.000 \\ -1.000 & 3.712 & 4.623 & 2.000 \\ -2.000 & 1.072 & 5.643 & 3.000 \\ 1 & 2 & 3 & 0 \end{bmatrix}$$

$$\rightarrow \begin{bmatrix} 5.643 & 1.072 & -2.000 & 3.000 \\ 4.623 & 3.712 & -1.000 & 2.000 \\ 3.000 & 2.000 & 0.001 & 1.000 \\ 3 & 2 & 1 & 0 \end{bmatrix}$$

$$\rightarrow\begin{bmatrix}5.643 & 1.072 & -2.000 & 3.000\\ 0 & 2.834 & 0.638 & -0.457\\ 0 & 1.430 & 1.065 & -0.596\\ 3 & 2 & 1 & 0\end{bmatrix}$$

$$\rightarrow\begin{bmatrix}5.643 & 1.072 & -2.000 & 3.000\\ 0 & 2.834 & 0.638 & -0.457\\ 0 & 0 & 0.743 & -0.365\\ 3 & 2 & 1 & 0\end{bmatrix}$$

$$l_{21}=\frac{4.623}{5.643}=0.8210,\ l_{31}=\frac{3.000}{5.643}=0.5316,\ l_{32}=\frac{1.430}{2.834}=0.5049$$

由回代计算可得

$$\boldsymbol{y}^{*}=(0.367,\ -0.0511,\ 0.491)^{\mathrm{T}}$$

从而可知原方程的解为

$$x^{*}=(0.491,\ -0.051,\ 0.367)^{\mathrm{T}}$$

列主元素消元法程序如下：

```
#程序 ch2p2.py
#列主元素消元法
import sys
import numpy as np
import math

def get_max_row_in_column(matrix_A, j): #寻找列主元素
    max_item = abs(matrix_A[j][j])
    max_row = j
    for i in list(range(j, matrix_A.shape[0])):
        if abs(matrix_A[i][j]) > abs(max_item):
            max_item = matrix_A[i][j]
            max_row = i
    return max_row

def swap_row_in_matrix_A(matrix_A, max_row, i): #系数元素交换
    for j in (list(range(i, matrix_A.shape[1]))):
        temp = matrix_A[i][j]
        matrix_A[i][j] = matrix_A[max_row][j]
        matrix_A[max_row][j] = temp

def swap_row_in_matrix_b(matrix_b, max_row, i): #常数矩阵元素交换
    temp = matrix_b[i][0]
    matrix_b[i][0] = matrix_b[max_row][0]
    matrix_b[max_row][0] = temp

def method_elimination_gauss(matrix_A, matrix_b):#高斯消元法主循环
    for i in list(range(0, matrix_A.shape[0])):  #逐行处理矩阵数据
```

```
            max_row = get_max_row_in_column(matrix_A, i)
            swap_row_in_matrix_A(matrix_A,max_row,i) swap_row_in_matrix_b(matrix_b, max
            _row, i)
            for k in list(range(i + 1, matrix_A. shape[0])):
                if matrix_A[i][i] != 0:
                    scale_factor=(-matrix_A[k][i]/matrix_A[i][i])                else:
                    print('该矩阵奇异，无法求解方程组')
                    sys. exit(0)

                for j in list(range(i, matrix_A. shape[1])):
                    matrix_A[k][j]= scale_factor * matrix_A[i][j] +matrix_A[k][j]
                matrix_b[k][0] = scale_factor * matrix_b[i] + matrix_b[k][0]
def solve_equation(matrix_A, matrix_b): #求解上三角方程
    x = np. zeros((matrix_A. shape[0], 1))
    if matrix_A[-1][-1] != 0:
        x[-1] = matrix_b[-1] / matrix_A[-1][-1]
    else:
        print('该矩阵奇异，无法求解方程组')
        sys. exit(0)
    for i in list(range(matrix_A. shape[0] - 2, -1, -1)):
        sum_a = 0
        for j in list(range(i + 1, matrix_A. shape[0])):
            sum_a += matrix_A[i][j] * x[j]
        x[i] = (matrix_b[i] - sum_a) / matrix_A[i][i]
    return x
matrix_A = np. array([[0. 001, 2. 000, 3. 000],
                      [-1. 000, 3. 712, 4. 623],
                      [-2. 000, 1. 072, 5. 643]])
#方程的值矩阵 b
matrix_b = np. array([[1. 0],
                      [2. 0],
                      [3. 0]])

#输出结果
print("原系数矩阵 A:")
print(matrix_A, "\n")
print("原值矩阵 b:")
print(matrix_b, "\n")
method_elimination_gauss(matrix_A, matrix_b)
print("消元后的系数矩阵 A:")
print(matrix_A, "\n");
print("消元后的值矩阵 b:")
print(matrix_b, "\n")
```

```
print("最终求解结果:")
print(solve_equation(matrix_A, matrix_b))
```

运行结果如下：

```
原系数矩阵 A:
[[ 1.000e-03  2.000e+00  3.000e+00]
 [-1.000e+00  3.712e+00  4.623e+00]
 [-2.000e+00  1.072e+00  5.643e+00]]

原值矩阵 b:
[[1.]
 [2.]
 [3.]]
消元后的系数矩阵 A:
[[-2.         1.072      5.643     ]
 [0.         3.176      1.8015    ]
 [0.         0.         1.86807162]]
消元后的值矩阵 b:
[[3.        ]
 [0.5       ]
 [0.68655416]]
最终求解结果:
[[-0.49039646]
 [-0.05103518]
 [ 0.36752025]]
```

2.1.3　矩阵三角分解法

1. 矩阵的 LU 分解法

为方便讨论，首先给出矩阵 LU 分解的定义。

定义 2.1　对于给定 n 阶矩阵 $\boldsymbol{A}$，如果存在一个下三角形矩阵 $\boldsymbol{L}$ 与上三角形矩阵 $\boldsymbol{U}$ 使得 $\boldsymbol{A}=\boldsymbol{LU}$，就说 $\boldsymbol{A}$ 有三角分解。

分析 Gauss 消元过程不难发现，该方法实际上是对方程组的增广矩阵施行初等行变换的过程，也就相当于用相应的初等矩阵左乘增广矩阵。如果对 $\boldsymbol{A}^{(0)}\boldsymbol{x}=\boldsymbol{b}^{(0)}$ 施行第一次消元后化为 $\boldsymbol{A}^{(1)}\boldsymbol{x}=\boldsymbol{b}^{(1)}$，则存在 L_1，使得

$$\boldsymbol{L}_1\boldsymbol{A}^{(0)}=\boldsymbol{A}^{(1)},\ \boldsymbol{L}_1\boldsymbol{b}^{(0)}=\boldsymbol{b}^{(1)}$$

其中

$$\boldsymbol{L}_1=\begin{bmatrix} 1 & & & & \\ -l_{21} & 1 & & & \\ -l_{31} & & 1 & & \\ \cdots & & & \ddots & \\ -l_{n1} & & & & 1 \end{bmatrix}$$

一般地，施行第 k 次消元后化为 $\boldsymbol{A}^{(k)}\boldsymbol{x}=\boldsymbol{b}^{(k)}$，则有

$$\boldsymbol{L}_k\boldsymbol{A}^{(k-1)}=\boldsymbol{A}^{(k)},\ \boldsymbol{L}_k\boldsymbol{b}^{(k-1)}=\boldsymbol{b}^{(k)}$$

其中

$$\boldsymbol{L}_k=\begin{bmatrix}1 & & & & & \\ & \ddots & & & & \\ & & 1 & & & \\ & & -l_{k+1,k} & 1 & & \\ & & \cdots & & \ddots & \\ & & -l_{nk} & & & 1\end{bmatrix}$$

重复这一过程，最后得到

$$\boldsymbol{L}_{n-1}\cdots\boldsymbol{L}_2\boldsymbol{L}_1\boldsymbol{A}^{(0)}=\boldsymbol{A}^{(n-1)}$$
$$\boldsymbol{L}_{n-1}\cdots\boldsymbol{L}_2\boldsymbol{L}_1\boldsymbol{b}^{(0)}=\boldsymbol{b}^{(n-1)}$$

将上三角矩阵 $\boldsymbol{A}^{(n-1)}$ 记为 $\boldsymbol{U}$，则

$$\boldsymbol{A}=\boldsymbol{L}\boldsymbol{U}$$

其中

$$\boldsymbol{L}=\boldsymbol{L}_1^{-1}\boldsymbol{L}_2^{-1}\cdots\boldsymbol{L}_n^{-1}=\begin{bmatrix}1 & & & \\ l_{21} & 1 & & \\ \vdots & \vdots & 1 & \\ l_{n1} & l_{n2} & \cdots & 1\end{bmatrix}$$

为单位下三角矩阵。通常，将 $\boldsymbol{L}$ 是单位下三角矩阵的三角分解称为矩阵的 Dollittle 分解。

这就是说，Gauss 消元法实质上产生了一个将 $\boldsymbol{A}$ 分解为两个三角形矩阵相乘的因式分解，称为 $\boldsymbol{A}$ 的三角分解或 LU 分解。于是我们有如下的重要定理，它在解方程组的直接法中起着重要的作用。

定理 2.2 设 $\boldsymbol{A}$ 为 n 阶矩阵，则 $\boldsymbol{A}$ 有 Dollittle 分解的充要条件是 $\boldsymbol{A}$ 的顺序主子式 $\boldsymbol{D}_i\neq 0$ $(i=1,2,\cdots,n)$，且 $\boldsymbol{A}$ 的 Dollittle 分解是唯一的。

证明 根据以上 Gauss 消元法的矩阵分析，$\boldsymbol{A}=\boldsymbol{L}\boldsymbol{U}$ 的存在性已经得到证明，下面证明分解的唯一性，设

$$\boldsymbol{A}=\boldsymbol{L}\boldsymbol{U}=\boldsymbol{L}_1\boldsymbol{U}_1$$

其中，$\boldsymbol{L}$,$\boldsymbol{L}_1$ 为单位下三角矩阵；$\boldsymbol{U}$,$\boldsymbol{U}_1$ 为上三角矩阵，由于 $\boldsymbol{A}$ 可逆，从而 $\boldsymbol{L}_1$ 与 $\boldsymbol{U}$ 可逆，故

$$\boldsymbol{L}_1^{-1}\boldsymbol{L}=\boldsymbol{U}_1\boldsymbol{U}^{-1}$$

上式右边为上三角矩阵，左边为单位下三角矩阵，因此，上式两边都必须等于单位矩阵，于是

$$\boldsymbol{L}_1=\boldsymbol{L},\ \boldsymbol{U}_1=\boldsymbol{U}$$

例 2.4 计算矩阵

$$\boldsymbol{A}=\begin{bmatrix}1 & 1 & 1\\ 0 & 4 & -1\\ 2 & -2 & -1\end{bmatrix}$$

的 LU 分解。

解 由 Gauss 顺序消元法可知

$$l_{21}=\frac{a_{21}}{a_{11}}=0,\ l_{31}=\frac{a_{31}}{a_{11}}=2$$

且

$$\boldsymbol{A}=\boldsymbol{A}^{(0)} \rightarrow \begin{bmatrix} 1 & 1 & 1 \\ 0 & 4 & -4 \\ 0 & -4 & -1 \end{bmatrix}=\boldsymbol{A}^{(1)}$$

进一步，有 $l_{32}=\dfrac{a_{32}^{(1)}}{a_{22}^{(1)}}=\dfrac{-4}{4}=-1$，且

$$\boldsymbol{A}^{(1)} \rightarrow \begin{bmatrix} 1 & 1 & 1 \\ 0 & 4 & -1 \\ 0 & -4 & -1 \end{bmatrix}=\boldsymbol{A}^{(2)}$$

所以，$\boldsymbol{A}=\boldsymbol{LU}$，其中

$$\boldsymbol{L}=\begin{bmatrix} 1 & 0 & 0 \\ l_{21} & 1 & 0 \\ l_{31} & l_{32} & 1 \end{bmatrix}=\begin{bmatrix} 1 & 0 & 0 \\ 0 & 1 & 0 \\ 2 & -1 & 1 \end{bmatrix}$$

$$\boldsymbol{U}=\boldsymbol{A}^{(2)}$$

如果把 $\boldsymbol{A}$ 分解为乘积 $\boldsymbol{LU}$ 后，求解 $\boldsymbol{Ax}=\boldsymbol{b}$ 的问题可以看作是相继求解具三角状系数的方程组

$$\begin{cases} \boldsymbol{Ly}=\boldsymbol{b} \\ \boldsymbol{Ux}=\boldsymbol{y} \end{cases}$$

的问题，也就是用

$$\begin{cases} \boldsymbol{y}_1=\boldsymbol{b}_1 \\ \boldsymbol{y}_k=\boldsymbol{b}_k-\sum\limits_{j=1}^{k-1} l_{kj}\boldsymbol{y}_j \quad (k=2,3,\cdots,n) \end{cases} \tag{2.9}$$

求 $\boldsymbol{y}$，再用

$$\begin{cases} \boldsymbol{x}_n=\dfrac{\boldsymbol{y}_n}{\boldsymbol{u}_{nn}} \\ \boldsymbol{x}_k=\dfrac{\left(\boldsymbol{y}_k-\sum\limits_{k=k+1}^{n} u_{ks}\boldsymbol{y}_j\right)}{\boldsymbol{u}_{kk}} \quad (k=n-1,n-2,\cdots,1) \end{cases} \tag{2.10}$$

来求解 $\boldsymbol{x}$。因此，利用 LU 分解在求解具有相同系数矩阵而有不同常数列的方程组时，只要保留 $\boldsymbol{L}$ 与 $\boldsymbol{U}$ 的记录就不必要做 $\boldsymbol{A}$ 的分解及约化的重复工作(这是比较费时的)，只要做求解两个三角状系数方程组的工作即可，这可以减少工作量，进而节约时间。

2. LU 分解的计算公式

由定理 2.2 可知，如果 $\boldsymbol{A}$ 的各阶主子式不为 0，则存在唯一的 LU 分解，所以矩阵分解不一定采用 Gauss 消元法。下面给出一种直接计算方法，设

$$\boldsymbol{A}=\boldsymbol{LU}$$

其中

$$\boldsymbol{L}=\begin{bmatrix} 1 & & & & \\ l_{21} & 1 & & & \\ & & \ddots & & \\ \vdots & \vdots & \vdots & \ddots & \\ l_{n1} & l_{n2} & \cdots & \cdots & 1 \end{bmatrix},\ \boldsymbol{U}=\begin{bmatrix} u_{11} & u_{12} & u_{13} & \cdots & u_{1n} \\ & u_{22} & u_{23} & \cdots & u_{2n} \\ & & & \cdots & \\ & & & \ddots & \vdots \\ & & & & u_{nn} \end{bmatrix}$$

利用矩阵乘法及矩阵相等则对应元素相等的事实，可以逐一求出 **L** 与 **U** 的各个元素。

首先，从第 1 行得出 **U** 的第 1 行元素：

$$u_{1j}=a_{1j}, \qquad j=1,2,\cdots,n$$

再从第 1 列算出 **L** 的第 1 列元素：

$$l_{1j}=\frac{a_{i1}}{u_{11}}, \qquad i=2,3,\cdots,n$$

其次，从第 2 行算出 **U** 的第 2 行元素：

$$u_{2j}=a_{2j}-l_{21}u_{1j}, \qquad j=2,3,\cdots,n$$

再从第 2 列算出 **L** 的第 2 列元素：

$$l_{i2}=\frac{a_{i2}-l_{i1}u_{12}}{u_{22}}, \qquad i=3,\cdots,n$$

一般地，设已经给出 **U** 的第 1 行到第 $k-1$ 行元素与 **L** 的第 1 列到第 $k-1$ 列元素，则 **U** 的第 $k-1$ 行元素为

$$u_{kj}=a_{kj}-\sum_{i=1}^{k-1}l_{ki}u_{ij}, \qquad j=k,k+1,\cdots,n$$

L 的第 k 列元素为

$$l_{ik}=\frac{a_{kj}-\sum_{i=1}^{k-1}l_{ij}u_{jk}}{u_{kk}}, \qquad i=k+1,k+2,\cdots,n$$

综合以上讨论，可得用直接三角分解求 **L**，**U** 的计算公式：

$$\begin{cases} u_{1j}=a_{1j}, \quad j=1,2,\cdots n \\ l_{i1}=\dfrac{a_{i1}}{u_{11}}, \quad i=2,3,\cdots n \\ u_{kj}=a_{kj}-\displaystyle\sum_{i=1}^{k-1}l_{ki}u_{ij},\ j=k,k+1,\cdots,n,\ k=2,3,\cdots n \\ l_{ik}=\dfrac{a_{ik}-\displaystyle\sum_{j=1}^{k-1}l_{ij}u_{jk}}{u_{kk}},\ i=k+1,\cdots,n \end{cases} \tag{2.11}$$

具体计算中，当 u_{kj} 计算好后，a_{kj} 就不用计算了，而 l_{ik} 算好后，a_{ik} 也不再使用，因此，计算好的 u_{kj} 与 l_{ik} 可以存放在 **A** 的相应位置，例如：

$$A=\begin{bmatrix} a_{11} & a_{12} & a_{13} & a_{14} \\ a_{21} & a_{22} & a_{23} & a_{24} \\ a_{31} & a_{32} & a_{33} & a_{34} \\ a_{41} & a_{42} & a_{43} & a_{44} \end{bmatrix} \to \begin{bmatrix} u_{11} & u_{12} & u_{13} & u_{14} \\ l_{21} & u_{22} & u_{23} & u_{24} \\ l_{31} & l_{32} & u_{33} & u_{34} \\ l_{41} & l_{42} & l_{43} & u_{44} \end{bmatrix}$$

最后，在存放 **A** 的数组中，得到分解矩阵 **L**，**U** 的元素。

例 2.5 将矩阵 **A** 进行 LU 分解。

$$\boldsymbol{A}=\begin{bmatrix} 4 & 2 & 1 & 5 \\ 8 & 7 & 2 & 10 \\ 4 & 8 & 3 & 6 \\ 12 & 6 & 11 & 20 \end{bmatrix}$$

解

$$\boldsymbol{A}=\begin{bmatrix}4&2&1&5\\8&7&2&10\\4&8&3&6\\12&6&11&20\end{bmatrix}\rightarrow\begin{bmatrix}4&2&1&5\\8&7&2&10\\4&8&3&6\\12&6&11&20\end{bmatrix}$$

$$\begin{bmatrix}4&2&1&5\\2&7&2&10\\1&8&3&6\\3&6&11&20\end{bmatrix}\rightarrow\begin{bmatrix}4&2&1&5\\2&3&0&0\\1&8&3&6\\3&6&11&20\end{bmatrix}$$

$$\begin{bmatrix}4&2&1&5\\2&3&0&0\\1&2&3&6\\3&0&11&20\end{bmatrix}\rightarrow\begin{bmatrix}4&2&1&5\\2&3&0&0\\1&2&2&1\\3&0&11&20\end{bmatrix}$$

$$\begin{bmatrix}4&2&1&5\\2&3&0&0\\1&2&2&1\\3&0&4&20\end{bmatrix}\rightarrow\begin{bmatrix}4&2&1&5\\2&3&0&0\\1&2&2&1\\3&0&4&1\end{bmatrix}$$

所以

$$\boldsymbol{L}=\begin{bmatrix}1&0&0&0\\2&1&0&0\\1&2&1&0\\3&0&4&1\end{bmatrix},\qquad \boldsymbol{U}=\begin{bmatrix}4&2&1&5\\0&3&0&0\\0&0&2&1\\0&0&0&1\end{bmatrix}$$

3. LU 分解的计算量

下面考虑求解矩阵的 LU 分解及由此求解方程组 $\boldsymbol{Ax}=\boldsymbol{b}$ 的运算量。分析其计算过程不难发现，第 1 步要进行除法 $n-1$ 次，第 2 步要进行除法 $n-2$ 次，乘法与加法均为 $(n-1)+(n-2)$ 次；一般地，第 k 步要进行除法 $n-k$ 次，乘法与加法 $(k-1)(n-k)+(k-1)(n-k-1)$ 次，所以 LU 分解共需加、减法次数为

$$\sum_{k=1}^{n}(k-1)(n-k)+(k-1)(n-k-1)=\frac{1}{3}n^3-\frac{3}{2}n^2+\frac{7}{6}n$$

乘、除法次数为

$$\sum_{k=1}^{n}[(k-1)(n-k)+(k-1)(n-k-1)+(n-k)]=\frac{1}{3}n^3-n^2+\frac{2}{3}n$$

而由此求解 $\boldsymbol{Ax}=\boldsymbol{b}$ 还需进行加、减法的次数为

$$\sum_{k=1}^{n}[(k-1)+(n-k)]=n^2-n$$

乘、除法次数为

$$\sum_{k=1}^{n}[(k-1)+(n-k)+1]=n^2$$

故由 LU 分解求解线性方程组的运算量的乘法为 $\frac{1}{3}n^3+\frac{2}{3}n$ 次，加法为 $\frac{1}{3}n^3-\frac{1}{2}n^2+\frac{1}{6}n$ 次，与利用 Gauss 顺序消元法的计算量基本相同。

从直接三角分解公式中可看出，当 $u_{kk}=0$ 时，计算将中断，或者当 u_{kk} 绝对值很小时，按分解公式计算可能引起舍入误差的累积。因此，对于非奇异矩阵 $\boldsymbol{A}$，可采用与列主元素消

元法类似的方法，将直接三角分解法修改为列主元三角分解法。

设第 $k-1$ 步分解已完成，这时有

$$\boldsymbol{A}=\begin{bmatrix} u_{11} & u_{12} & & & & & u_{1n} \\ u_{21} & u_{22} & & & & & u_{2n} \\ & & \ddots & & & & \vdots \\ & & & u_{k-1k-1} & u_{k-1k} & \cdots & u_{11} \\ & & & l_{kk-1} & a_{kk} & \cdots & a_{kn} \\ & & & \vdots & \vdots & & \vdots \\ l_{n1} & l_{n2} & \cdots & l_{nk-1} & a_{nk} & \cdots & a_{nn} \end{bmatrix}$$

为了避免用小的数 u_{kk} 作除数，第 k 步分解需引入量 s_i：

$$s_i=a_{ik}-\sum_{j=1}^{k-1} l_{ij}u_{jk},\ i=k,k+1,\cdots,n$$

于是，有

$$u_{kk}=s_k,\ l_{ik}=\frac{s_i}{s_k},\ i=k+1,\ k+2,\cdots,n$$

令 $|s_{ik}|=\max\limits_{k\leqslant i\leqslant n}|s_i|$，则交换 $\boldsymbol{A}$ 的第 k 行与 i_k 行元素，然后再进行第 k 步分解计算，于是有

$$|l_{ik}|\leqslant 1,\ i=k+1,\ k+2,\cdots,n$$

下面用矩阵运算来描述列主元素法：

$$\boldsymbol{L}_1\boldsymbol{P}_{1i_1}\boldsymbol{A}^{(0)}=\boldsymbol{A}^{(1)}$$

$$\boldsymbol{L}_k\boldsymbol{P}_{ki_k}\boldsymbol{A}^{(k-1)}=\boldsymbol{A}^{(k)},\ k=1,2,\cdots,n-1$$

其中 $\boldsymbol{L}_k$ 的元素满足 $|l_{ik}|\leqslant 1,\ i=k+1,k+2,\cdots,n$，$\boldsymbol{P}_{ki_k}$ 是初等排列矩阵(由交换单位矩阵的第 k 行与第 i_k 行得到)，从而

$$\boldsymbol{L}_{n-1}\boldsymbol{P}_{n-1i_{n-1}}\cdots\boldsymbol{L}_2\boldsymbol{P}_{2i_2}\boldsymbol{L}_1\boldsymbol{P}_{1i_1}\boldsymbol{A}^{(0)}=\boldsymbol{A}^{(n-1)}=\boldsymbol{U}$$

简记为 $\widetilde{\boldsymbol{L}}=\boldsymbol{U}$，其中

$$\widetilde{\boldsymbol{L}}=\boldsymbol{L}_{n-1}\boldsymbol{P}_{n-1i_{n-1}}\cdots\boldsymbol{L}_2\boldsymbol{P}_{2i_2}\boldsymbol{L}_1\boldsymbol{P}_{1i_1}$$

令

$$\begin{aligned}
&\widetilde{\boldsymbol{L}}_{n-1}=\boldsymbol{L}_{n-1}\\
&\widetilde{\boldsymbol{L}}_{n-2}=\boldsymbol{P}_{n-1i_{n-1}}\boldsymbol{L}_{n-2}\boldsymbol{P}_{n-1i_{n-1}}\\
&\widetilde{\boldsymbol{L}}_{n-3}=\boldsymbol{P}_{n-1i_{n-1}}\boldsymbol{P}_{n-2i_{n-2}}\boldsymbol{L}_{n-3}\boldsymbol{P}_{n-2i_{n-2}}\boldsymbol{P}_{n-1i_{n-1}}\\
&\qquad\vdots\\
&\widetilde{\boldsymbol{L}}_1=\boldsymbol{P}_{n-1i_{n-1}}\boldsymbol{P}_{n-2i_{n-2}}\cdots\boldsymbol{P}_{2i_i}\boldsymbol{L}_1\boldsymbol{P}_{2i_i}\cdots\boldsymbol{P}_{n-2i_{n-2}}\boldsymbol{P}_{n-1i_{n-1}}
\end{aligned}$$

则 $\widetilde{\boldsymbol{L}}_k$ 是单位下三角矩阵，且

$$\begin{aligned}
&\widetilde{\boldsymbol{L}}_{n-1}\widetilde{\boldsymbol{L}}_{n-2}\cdots\widetilde{\boldsymbol{L}}_1\boldsymbol{P}_{n-1i_{n-1}}\boldsymbol{P}_{n-2i_{n-2}}\boldsymbol{P}_{1i_1}\\
=&\boldsymbol{L}_{n-1}\boldsymbol{P}_{n-1i_{n-1}}\boldsymbol{P}_{n-2i_{n-2}}\cdots\boldsymbol{L}_2\boldsymbol{P}_{2i_2}\boldsymbol{L}_1\boldsymbol{P}_{1i_1}=\widetilde{\boldsymbol{L}}
\end{aligned}$$

记

$$\boldsymbol{P}=\boldsymbol{P}_{n-1i_{n-1}}\boldsymbol{P}_{n-2i_{n-2}}\cdots\boldsymbol{P}_{1i_1}$$

$$L^{-1}=\widetilde{L}_{n-1}\widetilde{L}_{n-2}\cdots\widetilde{L}_1$$

则

$$PA=LU$$

其中 P 为排列矩阵，L 为单位下三角矩阵，U 为上三角矩阵。

例 2.6 编写 Python 程序，用 Dollittle 分解法求解下面的四元方程组。

$$\begin{pmatrix}5 & 7 & 6 & 5\\ 7 & 10 & 8 & 7\\ 6 & 8 & 10 & 9\\ 5 & 7 & 9 & 10\end{pmatrix}\begin{pmatrix}x_1\\ x_2\\ x_3\\ x_4\end{pmatrix}=\begin{pmatrix}23\\ 32\\ 33\\ 31\end{pmatrix}$$

解 根据 LU 分解基本原理，编写 Python 程序，如下所示：

```
#程序 ch2p3.py
#列主元素消元法
#使用 LU 分解的高斯消元法
import numpy as np
import math

def lufac(a,lower,upper):
    n=a.shape[0]
    upper[0,:]=a[0,:]
    for i in range(1,n+1):
        lower[i-1,i-1]=1.0
    for k in range(1,n):
        if abs(upper[k-1,k-1])>1.0e-10:
            for i in range(k+1,n+1):
#下三角分解
                for j in range(1,i):
                    total=0
                    for l in range(1,j):
                        total=total-lower[i-1,l-1]*upper[l-1,j-1]
                    lower[i-1,j-1]=(a[i-1,j-1]+total)/upper[j-1,j-1]
#上三角分解
                for j in range(1,n+1):
                    total=0
                    for l in range(1,i):
                        total=total-lower[i-1,l-1]*upper[l-1,j-1]
                    upper[i-1,j-1]=a[i-1,j-1]+total
        else:
            print('有 0 向量在第',k,'行')
            break

def subfor(a,b):
```

```
    n=a.shape[0]
    for i in range(1,n+1):
        total=b[i-1]
        if i>1:
            for j in range(1,i):
                total=total-a[i-1,j-1]*b[j-1]
        b[i-1]=total/a[i-1,i-1]

def subbac(a,b):
    n=a.shape[0]
    for i in range(n,0,-1):
        total=b[i-1]
        if i<n:
            for j in range(i+1,n+1):
                total=total-a[i-1,j-1]*b[j-1]
        b[i-1]=total/a[i-1,i-1]

n=4
upper=np.zeros((n,n))
lower=np.zeros((n,n))
a=np.array([[5,7,6,5],[7,10,8,7],[6,8,10,9],[5,7,9,10]],dtype=np.float)
b=np.array([[23],[32],[33],[31]],dtype=np.float)
print('系数矩阵')
for i in range(1,n+1):
    print(a[i-1,:])
print('右手边向量',b)
lufac(a,lower,upper)
print('因式分解为上三角和下三角')
print('上三角')
for i in range(1,n+1):
    print(upper[i-1,:])
print('下三角')
for i in range(1,n+1):
    print(lower[i-1,:])
subfor(lower,b)
subbac(upper,b)
print('解向量',b)
```

运行结果如下：

```
系数矩阵
[5. 7. 6. 5.]
[ 7. 10.  8.  7.]
[ 6.  8. 10.  9.]
[ 5.  7.  9. 10.]
```

```
右手边向量 [[23.]
[32.]
[33.]
[31.]]
因式分解为上三角和下三角
上三角
[5. 7. 6. 5.]
[ 0.   0.2 -0.4  0. ]
[0. 0. 2. 3.]
[0.   0.   0.   0.5]
下三角
[1. 0. 0. 0.]
[1.4 1.   0.   0. ]
[ 1.2 -2.   1.   0. ]
[1.   0.   1.5 1. ]
解向量 [[1.]
        [1.]
        [1.]
        [1.]]
```

观察系数矩阵，是实对称的。如用一般的 Dollittle 分解法在字长为 6 的十进制计算机上求解，其结果相当于应用高斯顺序消去法的求解结果，即有

$$x_1 = 0.999417 \times 10^1,\ x_2 = 0.100035 \times 10^1$$

$$x_3 = 0.100015 \times 10^1,\ x_4 = 0.999910 \times 10^0$$

并且其三角分解式中 $\boldsymbol{U}$ 为

$$\boldsymbol{U} = \begin{pmatrix} 0.500000\times10^1 & 0.700000\times10^1 & 0.600000\times10^1 & 0.500000\times10^1 \\ 0.000000\times10^0 & 0.200003\times10^0 & 0.399998\times10^0 & 0.190735\times10^{-5} \\ 0.000000\times10^0 & 0.000000\times10^0 & 0.200002\times10^1 & 0.300000\times10^1 \\ 0.000000\times10^0 & 0.000000\times10^0 & 0.000000\times10^0 & 0.500038\times10^0 \end{pmatrix}$$

如果采用双精度内累加过程，则 Dollittle 分解法求解的结果是：$x_1 = x_2 = x_3 = x_4 = 0.100000\times10^1$。这是原方程组的准确解。这时，其三角分解式中 $\boldsymbol{U}$ 有如下改进结果：

$$\boldsymbol{U} = \begin{pmatrix} 0.500000\times10^1 & 0.700000\times10^1 & 0.600000\times10^1 & 0.500000\times10^1 \\ 0.000000\times10^0 & 0.200000\times10^0 & 0.400000\times10^0 & 0.444089\times10^{-15} \\ 0.000000\times10^0 & 0.000000\times10^0 & 0.200000\times10^1 & 0.300000\times10^1 \\ 0.000000\times10^0 & 0.000000\times10^0 & 0.000000\times10^0 & 0.500000\times10^0 \end{pmatrix}$$

注意：由于 $\boldsymbol{A} = \boldsymbol{A}^{\mathrm{T}}$，故有 $\boldsymbol{L} = \boldsymbol{U}^{\mathrm{T}}\boldsymbol{D}^{-1}$，其中，$\boldsymbol{D}$ 是 $\boldsymbol{U}$ 的主对角元素组成的非奇异对角矩阵。

2.1.4　两类特殊的矩阵分解法

1. 三对角方程组与追赶法

在计算样条函数，求解热传导方程与常微分方程边值问题时，都会要求求解系数矩阵呈三对角的方程组，其相应方程组 $\boldsymbol{Ax} = \boldsymbol{d}$ 可具体表示为

$$\begin{cases} b_1x_1+c_1x_2 & = d_1 \\ a_2x_1+b_2x_2+c_2x_3 & = d_2 \\ \qquad\ddots & \vdots \\ a_{n-1}x_{n-2}+b_{n-1}x_{n-1}+c_{n-1}x_n & = d_{n-1} \\ a_nx_{n-1}+b_nx_n & = d_n \end{cases} \tag{2.12}$$

设该方程的系数矩阵可表示成如下形式的三对角矩阵：

$$\boldsymbol{A}=\begin{bmatrix} b_1 & c_1 & & & 0 \\ a_2 & b_2 & c_2 & & \\ & \ddots & \ddots & \ddots & \\ & & a_{n-1} & b_{n-1} & c_{n-1} \\ 0 & & & a_n & b_n \end{bmatrix},\ n\geqslant 2$$

定理 2.3 设 $\boldsymbol{A}$ 为 $n(\geqslant 2)$ 阶三对角矩阵，如果 $\boldsymbol{A}$ 的元素满足：

$$\begin{aligned} &(1)\ |b_1|\geqslant|c_1|>0; \\ &(2)\ |b_i|\geqslant|a_i|+|c_i|,\ a_i\neq 0,\ c_i\neq 0,\ i=2,\cdots,n-1; \\ &(3)\ |b_n|>|a_n|>0。\end{aligned} \tag{2.13}$$

则三对角矩阵 $\boldsymbol{A}$ 有如下形式的唯一的 Dolittle 分解：

$$\boldsymbol{A}=\boldsymbol{LU}$$

其中

$$\boldsymbol{L}=\begin{bmatrix} l_{11} & & & \\ l_{21} & l_{22} & & \\ \ddots & \ddots & & \\ & l_{nn-1} & l_{nn} \end{bmatrix},\ \boldsymbol{U}=\begin{bmatrix} 1 & u_{12} & & \\ & \ddots & \ddots & \\ & & 1 & u_{n-1n} \\ & & & 1 \end{bmatrix}$$

并且

$$\begin{aligned} &a_{11}=l_{11} \\ &a_{ii-1}=l_{ii-1},\ i=2,3,\cdots,n \\ &a_{ii}=l_{ii-1}u_{i-1i}+l_{ii},\ i=2,3,\cdots,n \\ &a_{ii+1}=l_{i1}u_{ii+1},\ i=1,2,\cdots,n-1 \end{aligned}$$

即

$$\begin{aligned} &l_{11}=a_{11} \\ &u_{12}=\frac{a_{12}}{l_{11}} \\ &l_{ii-1}=a_{ii-1} \\ &l_{ii}=a_{ii}-l_{ii-1}u_{i-1i} \\ &u_{ii+1}=\frac{a_{ii+1}}{l_{ii}} \\ &i=2,3,\cdots,n \end{aligned}$$

此时，求解 $\boldsymbol{Ax}=\boldsymbol{b}$ 等价于求以下二对角线方程组：

$$\begin{cases} \boldsymbol{Ly}=\boldsymbol{b} \\ \boldsymbol{Ux}=\boldsymbol{y} \end{cases}$$

自上而下解方程组 $\boldsymbol{Ly}=\boldsymbol{b}$ 形象地称为“追”，即

$$y_1=\frac{b_1}{l_{11}}$$

$$y_i=\frac{b_i-l_{ii-1}y_{i-1}}{l_{ii}}$$

自下而上解方程组 $Ux=y$ 称为“赶”，即

$$\begin{cases}x_n=y_n\\ x_i=y_i-u_{ii}x_{i+1}\end{cases}\tag{2.14}$$

习惯上可将上述求解方法称为“追赶法”。

例 2.7　用追赶法解三对角线方程组：

$$\begin{cases}2x_1-x_2=1\\ -x_1+2x_2-x_3=0\\ -x_2+2x_3-x_4=0\\ -x_3+2x_4=1\end{cases}$$

解　由三对角分解公式，有

$$l_{11}=a_{11}=2$$

$$u_{12}=\frac{a_{12}}{l_{11}}=-\frac{1}{2}$$

$$l_{21}=a_{21}=-1$$

$$l_{22}=a_{22}-l_{21}u_{12}=2-\frac{1}{2}=\frac{3}{2}$$

$$u_{23}=\frac{a_{23}}{l_{22}}=-\frac{2}{3}$$

$$l_{32}=a_{32}=-1$$

$$l_{33}=a_{33}-l_{32}u_{23}=\frac{4}{3}$$

$$u_{34}=\frac{a_{34}}{l_{33}}=-\frac{3}{4}$$

$$l_{43}=a_{43}=-1$$

$$l_{44}=a_{44}-l_{43}u_{34}=\frac{5}{4}$$

而由“追”公式，有

$$y_1=\frac{b_1}{l_{11}}=\frac{1}{2}$$

$$y_2=\frac{b_2-l_{21}y_1}{l_{22}}=\frac{1}{3}$$

$$y_3=\frac{b_3-l_{32}y_2}{l_{33}}=\frac{1}{4}$$

$$y_4=\frac{b_4-l_{43}y_3}{l_{44}}=1$$

最后，由“赶”公式得原方程组的解：

$$x_4 = y_4 = 1$$
$$x_3 = y_3 - u_{34} x_4 = 1$$
$$x_2 = y_2 - u_{23} x_3 = 1$$
$$x_1 = y_1 - u_{12} x_2 = 1$$

Python 程序如下：

```
#程序 ch2p4.py
#追赶法
import numpy as np
from scipy import linalg
from copy import deepcopy

np.set_printoptions(linewidth=np.inf)

def check(mat_A, vec_b):#利用库函数求得真实解，检验计算结果
    vec_x = linalg.solve(mat_A, vec_b)
    print("Auto really x=", vec_x.reshape(len(mat_A[0]), 1))
    return vec_x

def sol_lyb(mat_L, vec_b):#利用三对角矩阵特性手动求解 Ly=b
    var_n = len(mat_L[0])
    vec_y = np.zeros(var_n)
    vec_y[0] = vec_b[0]
    for i in range(1, var_n):
        vec_y[i] = vec_b[i] - vec_y[i-1] * mat_L[i][i-1]
        # print(vec_y[i])
    print("y=\n", vec_y.reshape(var_n, 1))
    return vec_y

def sol_uxy(mat_U, vec_y):#利用三对角矩阵特性手动求解 Ux=y
    var_n = len(mat_U[0])
    vec_x = np.zeros(var_n)
    vec_x[var_n-1] = vec_y[var_n-1] / mat_U[var_n-1][var_n-1]
    for i in range(1, var_n):
        j = var_n - i - 1
        vec_x[j] = ( vec_y[j] - vec_x[j+1] * mat_U[j][j+1] ) / mat_U[j][j]
    print("x=\n", vec_x.reshape(var_n, 1))
    return vec_x

def fun(mat_A, vec_b):
    var_n = len(mat_A[0])#将 L, U 矩阵均储存于原始 A 矩阵中
    for i in range(1, var_n):
        mat_A[i][i-1] = mat_A[i][i-1] / mat_A[i-1][i-1]
```

```
            mat_A[i][i] = mat_A[i][i] - mat_A[i-1][i] * mat_A[i][i-1]
        mat_L = deepcopy(mat_A)
        mat_U = deepcopy(mat_A)
        mat_L[0][0] = 1.
        for i in range(1, var_n):
            mat_L[i][i] = 1.
            mat_L[i-1][i] = 0.
            mat_U[i][i-1] = 0.
        print("L=\n", mat_L)
        print("U=\n", mat_U)
        vec_y = sol_lyb(mat_L, vec_b)
        vec_x = sol_uxy(mat_U, vec_y)
        return vec_x

    def main(): #计算参数设置与矩阵初始化
        para_n = 4
        para_a = -1
        para_b = 2
        para_c = -1
        vec_d = np.zeros(para_n)
        vec_d[0] = 1
        vec_d[1] = 0
        vec_d[2] = 0
        vec_d[3] = 1
        mat_A = np.eye(para_n)
        mat_A = mat_A * para_b
        mat_A[0][0] = 2
        for i in range(1, para_n):
            mat_A[i][i-1] = para_a
            mat_A[i-1][i] = para_c
        print("系数矩阵 A=\n", mat_A)
        print("常数向量 b=\n", vec_d.reshape(para_n, 1))
        check(mat_A, vec_d)
        fun(mat_A, vec_d)
        return

    main()
```

运行结果如下：

```
系数矩阵 A=
[[ 2. -1.  0.  0.]
 [-1.  2. -1.  0.]
 [ 0. -1.  2. -1.]
 [ 0.  0. -1.  2.]]
```

```
常数向量 b=
[[1.]
[0.]
[0.]
[1.]]
x= [[1.]
[1.]
[1.]
[1.]]
L=
[[ 1.          0.          0.          0.        ]
[-0.5         1.          0.          0.        ]
[ 0.         -0.66666667  1.          0.        ]
[ 0.          0.         -0.75        1.        ]]
U=
[[ 2.         -1.          0.          0.        ]
[ 0.          1.5        -1.          0.        ]
[ 0.          0.          1.33333333 -1.        ]
[ 0.          0.          0.          1.25      ]]
y=
[[1.        ]
[0.5       ]
[0.33333333]
[1.25      ]]
x=
[[1.]
[1.]
[1.]
[1.]]
```

追赶法公式实际上就是把 Gauss 消元法用到求解三对角线方程组中的结果，这时由于 $\boldsymbol{A}$ 特别简单，因此使得求解的计算公式也非常简单，而且计算量仅有 $5n-4$ 次乘法，$3n-3$ 次加法，仅占 $5n-2$ 个存储单元，所以可以在小机器上解高阶三对角线型的线性代数方程组。

2. 对称正定矩阵的 LL^T 分解与平方根法

应用有限元法解结构力学问题时，最后会归结为求解线性方程组的问题，并且其系数矩阵大多具有对称正定性，这类方程可以用平方根法求解。所谓平方根法，就是利用对称正定矩阵的三角分解而得到的求解对称正定方程组的一种有效方法，下面进行详细介绍。

定义 2.2 设 $\boldsymbol{A}$ 是 n 阶实对称矩阵，如果对任意非零的 n 维实列向量 $\boldsymbol{x}$，都有：

$$\boldsymbol{x}^{\mathrm{T}}\boldsymbol{A}\boldsymbol{x}>0$$

则称 $\boldsymbol{A}$ 是对称正定矩阵。

定理 2.4 （矩阵的 $\boldsymbol{LDU}$ 分解）设 $\boldsymbol{A}$ 为 n 阶矩阵，如果 $\boldsymbol{A}$ 的各阶顺序主子式 $\boldsymbol{D}_i\neq 0$，$i=1,2,\cdots,n$，则 $\boldsymbol{A}$ 可唯一地分解为

$$\boldsymbol{A}=\boldsymbol{LDU}$$

其中，$\boldsymbol{L}$ 为单位下三角阵，$\boldsymbol{U}$ 为单位上三角阵，$\boldsymbol{D}$ 为对角阵。进一步，如果 $\boldsymbol{A}$ 是对称矩阵，则 $\boldsymbol{U}=\boldsymbol{L}^{\mathrm{T}}$，即

$$\boldsymbol{A}=\boldsymbol{LDL}^{\mathrm{T}}$$

通常，$\boldsymbol{U}$ 为单位上三角阵的三角矩阵分解称为 Crout 分解。

特别地，对于对称正定矩阵，其三角形分解有如下结论：

定理 2.5　(Cholesky 分解) 若 $\boldsymbol{A}$ 为 n 阶对称正定矩阵，则存在唯一一个主对角元素都是正数的下三角阵 $\boldsymbol{L}$，使得

$$\boldsymbol{A}=\boldsymbol{LL}^{\mathrm{T}}$$

由矩阵乘法，可直接得到 $\boldsymbol{L}$ 的计算公式如下：

$$\begin{cases} l_{kk}=\left(a_{kk}-\sum\limits_{j=1}^{k-1}l_{kj}^{2}\right)^{\frac{1}{2}} \\ l_{ik}=\dfrac{a_{ik}-\sum\limits_{j=1}^{k-1}l_{ij}l_{kj}}{l_{kk}},\ i=k+1,\cdots,n,\quad k=1,2,\cdots,n \end{cases} \tag{2.15}$$

按上述公式进行的矩阵分解称为平方根法。由于

$$a_{kk}=\sum_{j=1}^{k}l_{kj}^{2},\quad k=1,2,\cdots n$$

所以

$$l_{kj}^{2}\leqslant a_{kk}\leqslant \max_{1\leqslant k\leqslant n}\{a_{kk}\}$$

于是

$$\max_{k,j}\{l_{kj}^{2}\}\leqslant \max_{1\leqslant k\leqslant n}\{a_{kk}\}$$

因此，分解过程中元素 l_{kj} 的数量级不会增长，对角元素 l_{kk} 恒为正数，于是无需进行行的交换，而且不选主元素的平方根法就是一个数值稳定的方法。

例 2.8　用平方根法分解对称正定矩阵：

$$\boldsymbol{A}=\begin{bmatrix} 4 & -1 & 1 \\ -1 & 4.25 & 2.75 \\ 1 & 2.75 & 3.5 \end{bmatrix}$$

解

$$l_{11}=\sqrt{a_{11}}=\sqrt{4}=2$$

$$l_{21}=\frac{a_{21}}{l_{11}}=\frac{-1}{2}=-0.5$$

$$l_{31}=\frac{a_{31}}{l_{11}}=\frac{1}{2}=0.5$$

$$l_{22}=\sqrt{a_{22}-l_{21}^{2}}=\sqrt{4.25-0.25}=2$$

$$l_{32}=\frac{a_{32}-l_{31}l_{21}}{l_{22}}=\frac{2.75-0.5(-0.5)}{2}=1.5$$

$$l_{33}=\sqrt{a_{33}-l_{31}^{2}-l_{32}^{2}}=\sqrt{3.5-0.25-2.25}=1$$

于是可得 $\boldsymbol{A}=\boldsymbol{LL}^{\mathrm{T}}$，其中

$$L = \begin{bmatrix} 2 & 0 & 0 \\ -0.5 & 0 & 0 \\ 0.5 & 1.5 & 1 \end{bmatrix}$$

由于 $\boldsymbol{A}$ 为对称矩阵，因此，计算时只要存储 $\boldsymbol{A}$ 的下三角部分，其需要存储 $\frac{1}{2}n(n+1)$ 个元素，可用一维数组存放，即

$$\boldsymbol{A}\left[\frac{1}{2}n(n+1)\right]=\{a_{11},a_{21},\cdots,a_{n1},a_{n2},\cdots,a_{nn}\}$$

矩阵元素 a_{ij} 存放在 $\boldsymbol{A}\left[\frac{1}{2}n(n+1)\right]$ 的第 $\frac{1}{2}i(i-1)+j$ 个位置，$\boldsymbol{L}$ 的元素存放在 $\boldsymbol{A}$ 的相应位置上。另外，平方根法的运算量是：开平方 n 次；乘法 $\frac{1}{6}n^3+\frac{3}{2}n^2+\frac{1}{3}n$ 次；加法 $\frac{1}{6}n^3+n^2-\frac{7}{6}n$ 次。

当 n 比较大时，平方根法的运算量和存储量约为 Gauss 消元法的二分之一，因此它是求解对称正定矩阵比较好的方法。

Python 程序如下：

```
#程序 ch2p5.py
#Cholesky 分解算法
import numpy as np
def cholesky_reduce(A):
    pivot = A[0, 0]
    b = np.mat(A[1:, 0])
    B = A[1:, 1:]
    return B - (b.T * b) / pivot
def L(A):
    n = A.shape[0]
    if n == 1:
        return np.sqrt(A)
    b = np.mat(A[1:, 0])
    pivot = np.sqrt(A[0, 0])
    return np.bmat([
        [np.mat(pivot), np.zeros((1, n - 1))],
        [b.T / pivot, L(cholesky_reduce(A))]
    ])
def __main():
    A=np.array([[4, -1, 1],
        [-1, 4.25, 2.75],
        [1, 2.75, 3.5]])
    print('L=',L(A))
if __name__ == '__main__':
    __main()
```

运行结果：

```
L= [[ 2.    0.    0. ]
[-0.5   2.    0. ]
[ 0.5   1.5   1. ]]
```

另外也可以利用 Python 软件中 Cholesky 分解的固有命令实现：

```
#程序 ch2p5another.py
#Cholesky 分解
import numpy as np
from scipy import linalg
A = np.array([[4, -1, 1],
          [-1, 4.25, 2.75],
          [1, 2.75, 3.5]])
L = linalg.cholesky(A, lower=True)
U = linalg.cholesky(A)
print("L = \n",L)
print("\nU = \n",U)
```

运行结果：

```
L =
[[ 2.    0.    0. ]
[-0.5   2.    0. ]
[ 0.5   1.5   1. ]]

U =
[[ 2.   -0.5   0.5]
[ 0.    2.    1.5]
[ 0.    0.    1. ]]
```

为了避免开方运算，我们可以采用下面的分解式：

$$\boldsymbol{A} = \boldsymbol{LDL}^{\mathrm{T}}$$

其中 $\boldsymbol{L}$ 是单位下三角阵，$\boldsymbol{D}$ 是对角阵，由矩阵乘法，可得 $\boldsymbol{L}$ 与 $\boldsymbol{D}$ 的计算公式。

对于 $i=1,2,\cdots n$，有

$$l_{ik} = \frac{a_{ik} - \sum_{j=1}^{k-1} l_{ij} d_j l_{kj}}{d_k},\ k=1,2,\cdots,i-1$$

$$d_i = a_{ii} - \sum_{j=1}^{i-1} {l_{ij}}^2 d_j$$

为了避免重复计算，我们引入 $t_{ij} = l_{ij} d_j$，于是上述公式可改写成

$$t_{ik} = a_{ik} - \sum_{j=1}^{k-1} t_{ij} l_{kj},\ k=1,2,\cdots,i-1$$

$$l_{ik} = \frac{t_{ik}}{d_k},\quad k=1,2,\cdots,n$$

$$d_i = a_{ii} - \sum_{j=1}^{i-1} t_{ij} l_{ij}$$

计算出 $\boldsymbol{T}=\boldsymbol{LD}$ 的第 i 行元素 $t_{ik}(k=1,2,\cdots i-1)$ 后，存放在 $\boldsymbol{A}$ 的第 i 行相应位置，然后再计算 $\boldsymbol{L}$ 的第 i 行元素 l_{ik}，仍然存放在 $\boldsymbol{A}$ 的第 i 行，即用 t_{ik} 冲掉 a_{ik}，再用 l_{ik} 冲掉 t_{ik}，$\boldsymbol{D}$ 的对角线元素存放在 $\boldsymbol{A}$ 的相应位置上。

对称正定矩阵 $\boldsymbol{A}$ 按 $\boldsymbol{LDL}^{\mathrm{T}}$ 分解和按 $\boldsymbol{LL}^{\mathrm{T}}$ 分解的计算量差不多，但 $\boldsymbol{LDL}^{\mathrm{T}}$ 分解不需要开方计算，它称为改进的平方根法。

2.1.5 直接解法的误差分析

前几节讨论了求解线性代数方程组的直接解法，即给出系数矩阵 $\boldsymbol{A}$ 和自由项 $\boldsymbol{b}$，求未知向量 $\boldsymbol{x}$。实际中，$\boldsymbol{A}$ 和 $\boldsymbol{b}$ 往往是实验观测数据或是计算所得结果，因此我们处理的线性方程组 $\boldsymbol{Ax}=\boldsymbol{b}$ 实际上变成了含有微小扰动的方程：

$$(\boldsymbol{A}+\delta\boldsymbol{A})(\boldsymbol{x}+\delta\boldsymbol{x})=(\boldsymbol{b}+\delta\boldsymbol{b}) \tag{2.16}$$

$\delta\boldsymbol{A}$ 或 $\delta\boldsymbol{b}$ 与 $\delta\boldsymbol{x}$ 的关系如何，是研究者关心的问题。其中，$\delta\boldsymbol{A}$ 叫作 $\boldsymbol{A}$ 的扰动矩阵，$\delta\boldsymbol{x}$ 和 $\delta\boldsymbol{b}$ 分别叫作 $\boldsymbol{x}$ 和 $\boldsymbol{b}$ 的扰动向量，分别表示 $\boldsymbol{A}$, $\boldsymbol{x}$ 与 $\boldsymbol{b}$ 的微小变化。

例 2.9 解方程组 $\boldsymbol{Ax}=\boldsymbol{b}$，其中

$$\boldsymbol{A}=\begin{bmatrix} \frac{1}{2} & \frac{1}{3} & \frac{1}{4} \\ \frac{1}{3} & \frac{1}{4} & \frac{1}{5} \\ \frac{1}{4} & \frac{1}{5} & \frac{1}{6} \end{bmatrix}$$

解 先用绝对精确的计算(即不带任何舍入误差的计算)求解，可以得到

$$\begin{bmatrix} x_1 = 72b_1 - 240b_2 + 180b_3 \\ x_2 = -240b_1 + 900b_2 - 720b_3 \\ x_3 = 180b_1 - 720b_2 + 600b_3 \end{bmatrix}$$

此时，若取两组不同的自由项

$$\boldsymbol{b}=(b_1,b_2,b_3)^{\mathrm{T}},\ \tilde{\boldsymbol{b}}=(b_1-\varepsilon,b_2+\varepsilon,b_3-\varepsilon)^{\mathrm{T}}$$

其差为：$\delta\boldsymbol{b}=\tilde{\boldsymbol{b}}-\boldsymbol{b}=(-\varepsilon,\varepsilon,-\varepsilon)^{\mathrm{T}}$，而求得解 $\boldsymbol{x}$ 与 $\tilde{\boldsymbol{x}}$ 之差却是：

$$\delta\boldsymbol{x}=\tilde{\boldsymbol{x}}-\boldsymbol{x}=(-492\varepsilon,1860\varepsilon,-1500\varepsilon)^{\mathrm{T}}$$

换句话说，对于两组分量之差不超过 $|\varepsilon|$ 的自由项，其解之差却高达 $|\varepsilon|$ 的 1860 倍。

对于这样的方程组，不管用什么样的数值方法，总是很难(甚至不可能)算出合理的(与真正精确解相差不大的)解，像这样的方程组或矩阵 $\boldsymbol{A}$ 就是病态的。

应该注意，矩阵的病态性质是矩阵本身的特性。下面我们研究方程组(2.16)，希望能找出刻画矩阵病态性质的量。简单起见，先假设 $\delta\boldsymbol{A}=0$，讨论自由项对 $\boldsymbol{x}$ 的影响，再假设 $\delta\boldsymbol{b}=0$，讨论系数矩阵与解 $\boldsymbol{x}$ 的关系。

如果方程组(2.16)中系数矩阵 $\boldsymbol{A}$ 是精确的，自由项 $\boldsymbol{b}$ 有误差 $\delta\boldsymbol{b}$，相应的解为 $\boldsymbol{x}+\delta\boldsymbol{x}$，满足方程组

$$\boldsymbol{A}(\boldsymbol{x}+\delta\boldsymbol{x})=\boldsymbol{b}+\delta\boldsymbol{b} \tag{2.17}$$

利用关系式 $\boldsymbol{A}\boldsymbol{x}=\boldsymbol{b}$，得

$$\boldsymbol{A}\delta\boldsymbol{x}=\delta\boldsymbol{b}$$

也即

$$\delta\boldsymbol{x}=\boldsymbol{A}^{-1}\delta\boldsymbol{b}$$

从而，由范数的相容性，可得不等式

$$\|\delta\boldsymbol{x}\|\leqslant\|\boldsymbol{A}^{-1}\|\cdot\|\delta\boldsymbol{b}\|$$

再由 $\boldsymbol{A}\boldsymbol{x}=\boldsymbol{b}$，又有不等式

$$\|\boldsymbol{b}\|\leqslant\|\boldsymbol{A}\|\cdot\|\boldsymbol{x}\|$$

从而有

$$\|\delta\boldsymbol{x}\|\cdot\|\boldsymbol{b}\|\leqslant\|\boldsymbol{A}\|\cdot\|\boldsymbol{A}^{-1}\|\cdot\|\boldsymbol{x}\|\cdot\|\delta\boldsymbol{b}\|$$

因为 $\boldsymbol{b}\neq0$，所以 $\boldsymbol{x}\neq0$，则有 $\|\boldsymbol{b}\|>0$，$\|\boldsymbol{x}\|>0$，由上式可得

$$\frac{\|\delta\boldsymbol{x}\|}{\|\boldsymbol{x}\|}\leqslant\|\boldsymbol{A}\|\cdot\|\boldsymbol{A}^{-1}\|\cdot\frac{\|\delta\boldsymbol{b}\|}{\|\boldsymbol{b}\|}$$

上式给出了解向量的精度的一种估计，它表明解的相对误差有可能放大原始数据(右端顶)相对误差的 $\|\boldsymbol{A}\|\cdot\|\boldsymbol{A}^{-1}\|$ 倍。

如果 $\boldsymbol{b}$ 是精确的，$\boldsymbol{A}$ 是微小误差 $\delta\boldsymbol{A}$，相应的解为 $\boldsymbol{x}+\delta\boldsymbol{x}$，满足

$$(\boldsymbol{A}+\delta\boldsymbol{A})\cdot(\boldsymbol{x}+\delta\boldsymbol{x})=\boldsymbol{b}\tag{2.18}$$

这种情况比前一种情况复杂，$\boldsymbol{A}+\delta\boldsymbol{A}$ 可能是奇异矩阵。为了简单，我们要求 $\delta\boldsymbol{A}$ 能够保证使 $\boldsymbol{A}+\delta\boldsymbol{A}$ 非奇异。

将式(2.18)展开，有

$$\delta\boldsymbol{A}(\boldsymbol{x}+\delta\boldsymbol{x})+\boldsymbol{A}\delta\boldsymbol{x}=0$$

则

$$\delta\boldsymbol{x}=-\boldsymbol{A}^{-1}\cdot\delta\boldsymbol{A}(\boldsymbol{x}+\delta\boldsymbol{x})$$

因此，有

$$\|\delta\boldsymbol{x}\|\leqslant\|\boldsymbol{A}^{-1}\|\cdot\|\delta\boldsymbol{A}\|\cdot\|\boldsymbol{x}+\delta\boldsymbol{x}\|$$

另一方面，利用 $\boldsymbol{A}\boldsymbol{x}=\boldsymbol{b}$，有

$$\delta\boldsymbol{x}=-\boldsymbol{A}^{-1}\cdot\delta\boldsymbol{A}(\boldsymbol{x}+\delta\boldsymbol{x})$$

两边取范数，可得

$$\frac{\|\delta\boldsymbol{x}\|}{\|\boldsymbol{x}+\delta\boldsymbol{x}\|}\leqslant\|\boldsymbol{A}^{-1}\|\cdot\|\delta\boldsymbol{A}\|=\|\boldsymbol{A}^{-1}\|\cdot\|\boldsymbol{A}\|\cdot\frac{\|\delta\boldsymbol{A}\|}{\|\boldsymbol{A}\|}$$

由此可以看出，量 $\|\boldsymbol{A}^{-1}\|\ \|\boldsymbol{A}\|$ 越小，由 $\boldsymbol{A}$ 或 $\boldsymbol{b}$ 的相对误差引起的解的相对误差就越小，量 $\|\boldsymbol{A}^{-1}\|\ \|\boldsymbol{A}\|$ 越大，解的相对误差就可能越大。所以条件数 $\|\boldsymbol{A}^{-1}\|\ \|\boldsymbol{A}\|$ 实际上刻画了解对原始数据变化的灵敏程度，刻画了方程组的病态程度，其值越大，这种灵敏度越高，即对很小的初始误差 $\delta\boldsymbol{b}$ 或 $\delta\boldsymbol{A}$，解 $\boldsymbol{x}$ 的相对误差就有可能很大，从而大大破坏了解的精确度。当 $\mathrm{cond}(\boldsymbol{A})=1$ 接近于 1 时，矩阵是良态的，否则是病态的。当 $\boldsymbol{A}$ 是正交矩阵时，$\mathrm{cond}_2(\boldsymbol{A})=1$，故正交矩阵是最稳定的一类矩阵。对病态系数矩阵解方程组或求逆矩阵，舍入误差的影响十分明显，因此应特别注意。

例 2.10　研究方程组

$$\begin{cases}10^{-4}x_1+x_2=1\\ x_1+x_2=2\end{cases}$$

解 系数矩阵为

$$A=\begin{bmatrix}10^{-4} & 1\\ 1 & 1\end{bmatrix}$$

设特征 $\lambda_1=\frac{1+\sqrt{5}}{2}$，$\lambda_2=\frac{1-\sqrt{5}}{2}$，从而有

$$\mathrm{cond}_2(A)=\frac{|\lambda_1|}{|\lambda_2|}\approx 2.62$$

如果用列主元素消元法，则交换方程次序：

$$\begin{cases} x_1+x_2=2\\ 10^{-4}x_1+x_2=1\end{cases}$$

有系数矩阵

$$A=\begin{bmatrix}1 & 1\\ 10^{-4} & 1\end{bmatrix}$$

及相应的特征值 $\lambda_1^{(1)}=1+10^{-2}$，$\lambda_2^{(1)}=1-10^{-2}$，所以

$$\mathrm{cond}_2(A_1)=\frac{|\lambda_1^{(1)}|}{|\lambda_2^{(1)}|}=1.022$$

$\mathrm{cond}_2(A_1)$ 比 $\mathrm{cond}_2(A)$ 小，并且 $\mathrm{cond}_2(A_1)$ 接近于 1，这说明了选主元素的必要性。

2.2 线性方程组的迭代解法

2.2.1 迭代解法的基本概念

1. 迭代解法的一般格式

对于给定的线性方程组

$$\boldsymbol{Ax}=\boldsymbol{b} \tag{2.19}$$

设计出一个迭代公式，对任意给定初始近似 $x^{(0)}$，将 $x^{(0)}$ 代入迭代公式，求出 $x^{(1)}$，又以 $x^{(1)}$ 代入同一迭代公式，求出 $\boldsymbol{x}^{(2)}$，如此反复，将逐次生成向量序列 $x^{(0)},x^{(1)},x^{(2)}\cdots,x^{(k)}$，$\cdots$ 使极限 $\lim\limits_{k\to\infty}\boldsymbol{x}^{(k)}=\boldsymbol{x}^*$ 成立，则 $\boldsymbol{x}^*$ 即是方程组的解，即

$$\boldsymbol{Ax}^*=\boldsymbol{b}$$

假设矩阵 $\boldsymbol{A}$ 可分解成矩阵 $\boldsymbol{N}$ 和 $\boldsymbol{P}$ 之差，即

$$\boldsymbol{A}=\boldsymbol{N}-\boldsymbol{P}$$

其中 $\boldsymbol{N}$ 为非奇异矩阵，于是，方程组便可以表示成

$$\boldsymbol{Nx}=\boldsymbol{Px}+\boldsymbol{b}$$

即

$$\boldsymbol{x}=\boldsymbol{N}^{-1}\boldsymbol{Px}+\boldsymbol{N}^{-1}\boldsymbol{b}=\boldsymbol{Bx}+\boldsymbol{f} \tag{2.20}$$

其中 $\boldsymbol{B}=\boldsymbol{N}^{-1}\boldsymbol{P}$；$\boldsymbol{f}=\boldsymbol{N}^{-1}\boldsymbol{b}$，据此，我们便可以建立迭代公式：

$$x^{(k+1)}=\boldsymbol{B}x^{(k)}+\boldsymbol{f},\ k=0,1,2,\cdots \tag{2.21}$$

其中 $\boldsymbol{B}$ 为迭代矩阵。

若序列 $\{x^{(k)}\}$ 收敛，即

$$\lim_{k\to\infty}\boldsymbol{x}^{(k)}=\boldsymbol{x}^*$$

显然有

$$\boldsymbol{x}^*=\boldsymbol{B}\boldsymbol{x}^*+\boldsymbol{f}$$

则极限 $\boldsymbol{x}^*$ 便是所求方程组的解。

定义 2.3　(1) 对给定的方程组(2.20)，用式(2.21)逐步代入求近似解的方法称为迭代解法，简称迭代法。

(2) 如果 $\lim\limits_{k\to\infty}x^{(k)}$ 存在（记为 $\boldsymbol{x}^*$），则称迭代法收敛，此时 $\boldsymbol{x}^*$ 就是方程组的解，否则称此迭代法发散。

为了讨论迭代公式(2.21)的收敛性，我们引进误差向量：

$$\boldsymbol{e}^{(k)}=\boldsymbol{x}^{(k)}-\boldsymbol{x}^*,\ k=0,1,2,\cdots$$

则知误差向量满足方程

$$\boldsymbol{e}^{(k+1)}=\boldsymbol{B}\boldsymbol{e}^{(k)} \tag{2.22}$$

递推下去，最后便得到

$$\boldsymbol{e}^{(k+1)}=\boldsymbol{B}^{(k+1)}\boldsymbol{e}^{(0)}$$

2. 迭代法的收敛性

若想由式(2.21)所确定的迭代法对任意给定的初始向量 $\boldsymbol{x}^{(0)}$ 都收敛，则由式(2.22)确定的误差向量 $\boldsymbol{e}^{(k)}$ 应对任何初始误差 $\boldsymbol{e}^{(0)}$ 都收敛于 0。

定义 2.4　若

$$\lim_{k\to\infty}\|\boldsymbol{A}^{(k)}-\boldsymbol{A}\|=0 \tag{2.23}$$

则称矩阵序列 $\{\boldsymbol{x}^{(k)}\}$ 依范数 $\|\cdot\|$ 收敛于 $\boldsymbol{A}$。

由范数的等价性可以推出，在某种范数意义下矩阵序列收敛，则在任何一种范数意义下该矩阵序列都收敛。因此，可将矩阵序列 $\{\boldsymbol{x}^{(k)}\}$ 收敛到矩阵 $\boldsymbol{A}$ 记为

$$\lim_{k\to\infty}\boldsymbol{A}^{(k)}=\boldsymbol{A} \tag{2.24}$$

而不强调是在哪种范数意义下收敛。

从定义及矩阵的行(列)范数可以直接推出下面的定理。

定理 2.6　设矩阵序列 $\boldsymbol{A}^{(k)}=(\boldsymbol{a}_{ij}^{(k)})_{n\times n}(k=1,2,\cdots)$，矩阵 $\boldsymbol{A}=(\boldsymbol{a}_{ij})_{n\times n}$，则 $\{\boldsymbol{x}^{(k)}\}$ 收敛于 $\boldsymbol{A}$ 的充分必要条件为

$$\lim_{k\to\infty}\boldsymbol{a}_{ij}^{(k)}=\boldsymbol{a}_{ij},\ i,j=1,2,\cdots,n$$

因此，矩阵序列的收敛可归结为元素序列的收敛。此外，还可以推出下面的定理。

定理 2.7　迭代公式(2.21)对任意 $\boldsymbol{x}^{(0)}$ 都收敛的充分必要条件为 $\rho(\boldsymbol{B})<1$。

3. 迭代法的收敛速度

考察迭代公式(2.21)产生的序列$\{\boldsymbol{x}^{(k)}\}$与方程的解 $\boldsymbol{x}^*$ 之间的误差向量：

$$\boldsymbol{e}^{(k)}=\boldsymbol{x}^{(k)}-\boldsymbol{x}^*=\boldsymbol{B}^{(k)}\cdot\boldsymbol{e}^{(0)}$$

设 B 有 n 个线性无关的特征向量 $\boldsymbol{\eta}_1,\boldsymbol{\eta}_2,\cdots\boldsymbol{\eta}_n$，相应的特征值为 $\lambda_1,\lambda_2,\cdots\lambda_n$，由

$$\boldsymbol{e}^{(0)}=\sum_{j=1}^{n}a_j\boldsymbol{\eta}_j$$

得

$$e^{(k)}=B^{(k)}e^{(0)}=\sum_{j=1}^{n}a_jB^k\eta_j=\sum_{j=1}^{n}a_j\lambda_j^k\eta_j$$

可以看出，当 $\rho(B)<1$ 愈小时，$\lambda_j^k\to 0(k\to\infty)$ 愈快，即 $e^{(k)}\to 0$ 愈快，故可用 $\rho(B)$ 来刻画迭代法的收敛快慢。

现在来确定迭代次数 k，使

$$[\rho(B)]^k\leqslant 10^{-s}$$

取对数得

$$k\geqslant\frac{s\times\ln 10}{-\ln\rho(B)}$$

定义 2.5　称

$$R(B)=-\ln\rho(B) \tag{2.25}$$

为迭代公式(2.21)的收敛速度。

由此看出，$\rho(B)<1$ 愈小，速度 $R(B)$ 就愈大，所需的迭代次数也就愈少。

由于谱半径的计算比较困难，因此，可用范数 $\|B\|$ 来作为 $\rho(B)$ 的一种估计。

定理 2.8　如果迭代矩阵的某一种范数 $\|B\|_\gamma=q<1$，则对任意初始向量 $x^{(0)}$，迭代公式(2.21)收敛，且有误差估计式

$$\|x^*-x^{(k)}\|_\gamma\leqslant\frac{q}{1-q}\|x^{(k)}-x^{(k-1)}\|_\gamma \tag{2.26}$$

或

$$\|x^*-x^{(k)}\|_\gamma\leqslant\frac{q^k}{1-q}\|x^{(1)}-x^{(0)}\|_\gamma \tag{2.27}$$

证明　利用定理 2.7 和不等式 $\rho(B)\leqslant\|B\|_\gamma$，可以立即证得收敛的充分条件，下面推导误差估计式。

因为 x^* 是方程组 $Ax=b$ 的精确解，所以它满足

$$x^*=Bx^*+f$$

又因 $\rho(B)\leqslant\|B\|_\gamma=q<1$，则 $I-B$ 可逆，且

$$\|(I-B)^{-1}\|_\gamma\leqslant\frac{1}{1-\|B\|_\gamma}=\frac{1}{1-q}$$

由于

$$\begin{aligned}x^{(k)}-x^*&=Bx^{(k-1)}+f-Bx^*-f\\&=Bx^{(k-1)}-B(I-B)^{-1}f\\&=B(I-B)^{-1}[(I-B)x^{(k-1)}-f]\\&=B(I-B)^{-1}[x^{(k-1)}-x^{(k)}]\end{aligned}$$

两边取范数，即得

$$\begin{aligned}\|x^*-x^{(k)}\|_\gamma&\leqslant\|B\|_\gamma\|(I-B)^{-1}\|_\gamma\|x^{(k)}-x^{(k-1)}\|_\gamma\\&\leqslant\frac{q}{1-q}\|x^{(k)}-x^{(k-1)}\|_\gamma\end{aligned}$$

又由于

$$x^{(k)}-x^{(k-1)}=B(x^{(k-1)}-x^{(k-2)})=B^{k-1}(x^{(1)}-x^{(0)})$$

所以 $\|\boldsymbol{x}^{(k)}-\boldsymbol{x}^{(k-1)}\|_\gamma \leqslant \|\boldsymbol{B}\|_\gamma^{k-1}\|\boldsymbol{x}^{(1)}-\boldsymbol{x}^{(0)}\|_\gamma$，即

$$\|\boldsymbol{x}^*-\boldsymbol{x}^{(k)}\|_\gamma \leqslant \frac{q^k}{1-q}\|\boldsymbol{x}^{(1)}-\boldsymbol{x}^{(0)}\|_\gamma$$

有了上面的误差估计式，在实际计算时，对于预先给定的精度 ε，若有

$$\|\boldsymbol{x}^{(k+1)}-\boldsymbol{x}^{(k)}\|_\gamma < \varepsilon$$

则认为 $\boldsymbol{x}^{(k+1)}$ 是方程组满足精度的近似解。此外，还可以用第二个估计式(2.27)来事先确定需要迭代的次数以保证 $\|\boldsymbol{e}^{(k)}\|<\varepsilon$。

2.2.2 Jacobi 迭代法与 Gauss-Seidel 迭代法

1. Jacobi 迭代法

设线性方程组为

$$\boldsymbol{Ax}=\boldsymbol{b}$$

其系数矩阵 $\boldsymbol{A}$ 可逆且主对角元素 $a_{11},a_{22},\cdots,a_{nn}$ 均不为零，令

$$\boldsymbol{D}=\mathrm{diag}(a_{11},a_{22},\cdots,a_{nn})$$

并将 $\boldsymbol{A}$ 分解成

$$\boldsymbol{A}=(\boldsymbol{A}-\boldsymbol{D})+\boldsymbol{D}$$

从而有

$$\boldsymbol{Dx}=(\boldsymbol{D}-\boldsymbol{A})\boldsymbol{x}+\boldsymbol{b}$$

令

$$\boldsymbol{x}=\boldsymbol{B}_1\boldsymbol{x}+\boldsymbol{f}_1$$

其中，$\boldsymbol{B}_1=\boldsymbol{I}-\boldsymbol{D}^{-1}\boldsymbol{A}$，$\boldsymbol{f}_1=\boldsymbol{D}^{-1}\boldsymbol{b}$。

以 $\boldsymbol{B}_1$ 为迭代矩阵的迭代法(公式)如下：

$$\boldsymbol{x}^{(k+1)}=\boldsymbol{B}_1\boldsymbol{x}^{(k)}+\boldsymbol{f}_1 \tag{2.28}$$

称上式为 Jacobi 迭代法(公式)，用向量的分量来表示上式，有

$$\boldsymbol{x}_i^{(k+1)}=\frac{1}{a_{ii}}\left[\boldsymbol{b}_i-\sum_{\substack{j=1\\ j\neq i}}^{n}a_{ij}\boldsymbol{x}_j^{(k)}\right],\quad i=1,2,\cdots,n,\ k=0,1,2,\cdots \tag{2.29}$$

其中，$\boldsymbol{x}^{(0)}=(\boldsymbol{x}_1^{(0)},\boldsymbol{x}_2^{(0)},\cdots\boldsymbol{x}_n^{(0)})^{\mathrm{T}}$ 为初始向量。

由此看出，Jacobi 迭代公式较为简单，每迭代一次只需计算一次矩阵和向量的乘法。在计算时需要两组存储单元，以存放 $\boldsymbol{x}^{(k)}$ 及 $\boldsymbol{x}^{(k+1)}$。

例 2.11　用 Jacobi 迭代法求解下列方程组：

$$\begin{cases}10x_1-x_2-2x_3=7.2\\ -x_1+10x_2-2x_3=8.3\\ -x_1-x_2+5x_3=4.2\end{cases}$$

解　将方程组按 Jacobi 方法写成如下形式：

$$\begin{cases}x_1=0.1x_2+0.2x_3+0.72\\ x_2=0.1x_1+0.2x_3+0.83\\ x_3=0.2x_1+0.2x_2+0.84\end{cases}$$

取初始值 $\boldsymbol{x}^{(0)}=(x_1^{(0)},x_2^{(0)},x_3^{(0)})^{\mathrm{T}}=(0,0,0)^{\mathrm{T}}$，按迭代公式，可得

$$\begin{cases} x_1^{(k+1)} = \qquad\qquad 0.1x_2^{(k)}+0.2x_3^{(k)}+0.72 \\ x_2^{(k+1)}=0.1x_1^{(k)} \qquad\qquad +0.2x_3^{(k)}+0.83 \\ x_3^{(k+1)}=0.2x_1^{(k)}+0.2x_2^{(k)} \qquad\qquad +0.84 \end{cases}$$

进行迭代，其计算结果如表 2.1 所示，迭代 19 次后可得计算结果。

表 2.1　Jacobi 迭代法计算结果

k	0	1	2	3	4	5	6	…	18	19
$x_1^{(k)}$	0	0.72	0.971	1.057	1.0853	1.0951	1.0983	…	1.0999	1.1
$x_2^{(k)}$	0	0.83	1.070	1.1571	1.1853	1.1951	1.1983	…	1.1999	1.2
$x_3^{(k)}$	0	0.84	1.150	1.2482	1.2828	1.2941	1.2980	…	1.2999	1.3

Python 程序与运行结果如下：

```
#程序 ch2p6.py
# Jacobi 迭代法求解方程
import numpy as np

def Jacobi(a,b,k):
    m,n=a.shape
    if(m!=n):
        print("无效方程!")
    times=0
    X=np.zeros(n)#初次迭代
    x=np.zeros(n)#迭代后更新 x
    while times<k:
        for i in range(n):
            sum=0
            for j in range(n):
                if(i!=j):
                  sum=sum+a[i][j]*X[j]
            x[i]=(b[i]-sum)/a[i][i]
        print(X)
        times=times+1
        X=x.copy()
a=np.array([[10.0,-1.0,-2.0],[-1.0,10.0,-2.0],[-1.0,-1.0,5.0]])
b = np.array([7.2,8.3,4.2])
Jacobi(a,b,19)
```

运行结果：

```
[0. 0. 0.]
[0.72 0.83 0.84]
[0.971 1.07   1.15 ]
[1.057   1.1571 1.2482]
```

[1.08535 1.18534 1.28282]
[1.095098 1.195099 1.294138]
[1.0983375 1.1983374 1.2980394]
[1.09944162 1.19944163 1.29933498]
[1.09981116 1.19981116 1.29977665]
[1.09993645 1.19993645 1.29992446]
[1.09997854 1.19997854 1.29997458]
[1.09999277 1.19999277 1.29999141]
[1.09999756 1.19999756 1.29999711]
[1.09999918 1.19999918 1.29999902]
[1.09999972 1.19999972 1.29999967]
[1.09999991 1.19999991 1.29999989]
[1.09999997 1.19999997 1.29999996]
[1.09999999 1.19999999 1.29999999]
[1.1 1.2 1.3]

2. Gauss-Seidel 迭代法

由 Jacobi 迭代公式可知，在迭代的每一步计算过程中是用 $\boldsymbol{x}^{(k)}$ 的全部分量来计算 $\boldsymbol{x}^{(k+1)}$ 的所有分量的，显然在计算第 i 个分量 $\boldsymbol{x}_i^{(k+1)}$ 时，已经计算出的最新分量 $\boldsymbol{x}_1^{(k+1)},\cdots,\boldsymbol{x}_{i-1}^{(k+1)}$ 没有被利用。从直观上看，最新计算出的分量可能比旧的分量要好些。因此，对这些最新计算出来的第 $k+1$ 次近似 $\boldsymbol{x}^{(k+1)}$ 的分量 $\boldsymbol{x}_j^{(k+1)}$ 加以利用，就得到所谓解方程组的 Gauss-Seidel 迭代法。

把矩阵 $\boldsymbol{A}$ 分解成

$$\boldsymbol{A}=\boldsymbol{D}-\boldsymbol{L}-\boldsymbol{U}$$

其中 $\boldsymbol{D}=\mathrm{diag}(a_{11},a_{22},\cdots,a_{nn})$，$-\boldsymbol{L}$，$-\boldsymbol{U}$ 分别为 $\boldsymbol{A}$ 的主对角元除外的下三角和上三角部分，于是方程组 $\boldsymbol{Ax}=\boldsymbol{b}$ 便可以写成

$$(\boldsymbol{D}-\boldsymbol{L})\boldsymbol{x}=\boldsymbol{Ux}+\boldsymbol{b}$$

即

$$\boldsymbol{x}=\boldsymbol{B}_2\boldsymbol{x}+\boldsymbol{f}_2$$

其中

$$\boldsymbol{B}_2=(\boldsymbol{D}-\boldsymbol{L})^{-1}\boldsymbol{U},\quad \boldsymbol{f}_2=(\boldsymbol{D}-\boldsymbol{L})^{-1}\boldsymbol{b}$$

以 $\boldsymbol{B}_2$ 为迭代矩阵构成的迭代法可表示为：

$$\boldsymbol{x}^{(k+1)}=\boldsymbol{B}_2\boldsymbol{x}^{(k)}+\boldsymbol{f}_2 \tag{2.30}$$

上式称为 Gauss-Seidel 迭代法(公式)，用向量表示的形式为

$$\boldsymbol{x}_i^{(k+1)}=\frac{1}{a_{ii}}\left[b_i-\sum_{j=1}^{i-1}a_{ij}x_j^{(k+1)}-\sum_{j=i+1}^{n}a_{ij}x_j^{(k)}\right],\ i=1,2,\cdots,n,\ k=0,1,2,\cdots \tag{2.31}$$

由此看出，Gauss-Seidel 迭代法的一个明显的优点是：在计算时，只需一组存储单元(计算出 $\boldsymbol{x}_i^{(k+1)}$ 后 $\boldsymbol{x}_i^{(k)}$ 不再使用，所以用 $\boldsymbol{x}_i^{(k+1)}$ 冲掉 $\boldsymbol{x}_i^{(k)}$，以便存放近似解)。

例 2.12　用 Gauss-Seidel 迭代法求解例 2.11。

解　取初始值 $\boldsymbol{x}^{(0)}=(x_1^{(0)},x_2^{(0)},x_3^{(0)})^{\mathrm{T}}=(0,0,0)^{\mathrm{T}}$，按照迭代公式，可得

$$\begin{cases}x_1^{(k+1)} = \quad 0.1x_2^{(k)}+0.2x_3^{(k)}+0.72\\ x_2^{(k+1)}=0.1x_1^{(k+1)} \quad +0.2x_3^{(k)}+0.83\\ x_3^{(k+1)}=0.2x_1^{(k+1)}+0.2x_2^{(k+1)} \quad +0.84\end{cases}$$

对上式进行计算，其结果如表 2.2 所示。

表 2.2　Gauss-Seidel 迭代法计算结果

k	0	1	2	3	4	5	6	7
$\boldsymbol{x}_1^{(k)}$	0	0.72	1.043 08	1.093 13	1.099 13	1.099 89	1.099 99	1.1
$\boldsymbol{x}_2^{(k)}$	0	0.902	1.167 19	1.195 72	1.199 47	1.199 93	1.199 99	1.2
$\boldsymbol{x}_3^{(k)}$	0	1.164 4	1.282 05	1.297 77	1.299 72	1.299 96	1.3	1.3

从此例看出，Gauss-Seidel 迭代法比 Jacobi 迭代法收敛快(达到同样的精度所需迭代次数少)。但这个结论仅在一定条件下才成立，这是由于对于有些方程组，虽然用 Jacobi 迭代法是收敛的，而用 Gauss-Seidel 迭代法却是发散的。

3. 迭代收敛的充分条件

下面给出迭代法收敛的一些充分条件。

定理 2.9　在下列任一条件下，Jacobi 迭代法式(2.22)收敛。

(1) $\|\boldsymbol{B}_1\|_\infty = \max\limits_i \sum\limits_{\substack{j=1\\j\neq i}}^n \dfrac{|a_{ij}|}{|a_{ii}|} < 1$；

(2) $\|\boldsymbol{B}_1\|_1 = \max\limits_j \sum\limits_{\substack{j=1\\j\neq i}}^n \dfrac{|a_{ij}|}{|a_{ii}|} < 1$；

(3) $\|\boldsymbol{I}-\boldsymbol{D}^{-1}\boldsymbol{A}^{\mathrm T}\|_\infty = \max\limits_j \sum\limits_{\substack{j=1\\j\neq i}}^n \dfrac{|a_{ij}|}{|a_{jj}|} < 1$。

定理 2.10　若矩阵 $\boldsymbol{A}$ 正定，则 Gauss-Seidel 迭代法收敛。

证明　把实正定对称矩阵 $\boldsymbol{A}$ 分解为

$$\boldsymbol{A}=\boldsymbol{D}-\boldsymbol{L}-\boldsymbol{L}^{\mathrm T}$$

其中 $\boldsymbol{U}=\boldsymbol{L}^{\mathrm T}$，$\boldsymbol{D}$ 为正定矩阵，迭代矩阵

$$\boldsymbol{B}_2=(\boldsymbol{D}-\boldsymbol{L})^{-1}\boldsymbol{L}^{\mathrm T}$$

设 λ 是 $\boldsymbol{B}_2$ 的任一特征值，$\boldsymbol{x}$ 为相应的特征向量，则

$$(\boldsymbol{D}-\boldsymbol{L})^{-1}\boldsymbol{L}^{\mathrm T}(\boldsymbol{x})=\lambda\boldsymbol{x}$$

以 $\boldsymbol{D}-\boldsymbol{L}$ 左乘上式两端，并由 $\boldsymbol{A}=\boldsymbol{D}-\boldsymbol{L}-\boldsymbol{L}^{\mathrm T}$，可得

$$(1-\lambda)\boldsymbol{L}^{\mathrm T}\boldsymbol{x}=\lambda\boldsymbol{A}\boldsymbol{x}$$

用向量 $\boldsymbol{x}$ 的共轭转置左乘上式两端，得

$$(1-\lambda)\overline{\boldsymbol{x}^{\mathrm T}}\boldsymbol{L}^{\mathrm T}\boldsymbol{x}=\lambda\overline{\boldsymbol{x}^{\mathrm T}}\boldsymbol{A}\boldsymbol{x}$$

求上式左右两端的共轭转置，得

$$(1-\bar\lambda)\overline{\boldsymbol{x}^{\mathrm T}}\boldsymbol{L}\boldsymbol{x}=\bar\lambda\overline{\boldsymbol{x}^{\mathrm T}}\boldsymbol{A}\boldsymbol{x}$$

以 $1-\bar\lambda$ 和 $1-\lambda$ 分别乘以上二式然后相加，得

$$(1-\lambda)(1-\bar\lambda)\overline{\boldsymbol{x}^{\mathrm T}}(\boldsymbol{L}^{\mathrm T}+\boldsymbol{L})\boldsymbol{x}=(\lambda+\bar\lambda-2\lambda\bar\lambda)\overline{\boldsymbol{x}^{\mathrm T}}\boldsymbol{A}\boldsymbol{x}$$

由 $A = D - L - L^{T}$，得

$$(1-\lambda)(1-\bar{\lambda})\overline{x}^{T}(D-A)x = (\lambda+\bar{\lambda}-2\lambda\bar{\lambda})\overline{x}^{T}Ax$$

即

$$|1-\lambda|^{2}\overline{x}^{T}Lx = (1-|\lambda|^{2})\lambda\overline{x}^{T}Ax$$

因为 A 和 D 都是正定的，且 x 不是零向量，所以由 $(1-\lambda)\overline{x}^{T}L^{T}x = \lambda\overline{x}^{T}Ax$ 得 $\lambda \neq 1$，而由 $|1-\lambda|^{2}\overline{x}^{T}Lx = (1-|\lambda|^{2})\lambda\overline{x}^{T}Ax$ 得 $1-|\lambda|^{2} > 0$，即 $|\lambda| < 1$，从而 $\rho(B_2) < 1$，因而 Gauss-Seidel 迭代法收敛。

定理 2.11　如果 A 为严格对角占优矩阵或为不可约弱对角占优矩阵，则对任意 $x^{(0)}$，Jacobi 迭代法与 Gauss-Seidel 迭代法均收敛。

证明　下面我们以 A 为不可约弱对角占优矩阵为例，证明 Jacobi 迭代法收敛，其他证明留给读者。

要证明 Jacobi 迭代法收敛，只要证明 $\rho(B_1) < 1$，B_1 是迭代矩阵。

用反证法，设矩阵 B_1 有某个特征值 μ，使得 $|\mu| \geqslant 1$，则 $\det(\mu I - B_1) = 0$，由于 A 不可约，且具有弱对角优势，所以 D^{-1} 存在，且

$$\mu I - B_1 = \mu I - (I - D^{-1}A) = D^{-1}(\mu D + A - D)$$

从而有

$$\det(\mu D + A - D) = 0$$

另一方面，矩阵 $(\mu D + A - D)$ 与矩阵 A 的非零元素的位置是完全相同的，所以 $(\mu D + A - D)$ 也是不可约的，又由于 $|\mu| \geqslant 1$，且 A 弱对角占优，所以

$$|\mu a_{ii}| \geqslant |a_{ii}| \geqslant \sum_{\substack{j=1 \\ j\neq i}}^{n} |a_{ii}|, \quad i = 1,2,\cdots,n$$

并且至少有一个 i 使不等号严格成立。因此，矩阵 $(\mu D + A - D)$ 弱对角占优，故 $(\mu D + A - D)$ 为不可约弱对角占优矩阵。从而可得

$$\det(\mu D + A - D) \neq 0$$

矛盾，故 B_1 的特征值不能大于等于 1，定理得证。

2.2.3　逐次超松弛迭代法

逐次超松弛迭代法（Successive Over Relaxation Method，简称 SOR 方法）是 Gauss-Seidel 方法的一种加速方法，是解大型稀疏矩阵方程组的有效方法之一，它具有计算公式简单，程序设计容易，占用计算机内存较少等优点，但需要较好的加速因子（即最佳松弛因子）。下面我们首先说说松弛一词的含义，再利用它来解释 Jacobi 迭代法与 Gauss-Seidel 迭代法，最后给出逐次超松弛迭代法的推算公式和收敛性条件。

设线性方程组

$$Ax = b$$

其中 $A = (a_{ij})_{n\times n}$ 可逆，且对角元素 $a_{11}, a_{22}, \cdots, a_{nn}$ 均不为 0，如果 $x^{(0)} = (x_1^{(0)}, x_2^{(0)}, \cdots x_n^{(0)})^{T}$ 是 $Ax = b$ 的近似解，则有

$$r_i = b_i - \sum_{j=1}^{n} a_{ij}x_j, \quad i = 1,2,\cdots,n \tag{2.32}$$

不为 0，这可理解为 $\boldsymbol{x}$"不合格"。把不合格的 $\boldsymbol{x}$ 更换为新的近似解 $\boldsymbol{X}$，希望新的残向量 $\boldsymbol{r}'$"变小"，想实现这一点的简单方法是每一次只把 $\boldsymbol{x}$ 在式(2.32)中的任意一个式子(例如第 i 个式子)中的一个分量进行更换，使新的残向量的第 i 个分量变成 0。这样，我们就说第 i 个方程被松弛了。一般都把式(2.35)中第 i 个式子中的第 i 个元 $\boldsymbol{x}_i$ 换掉，这相当于求 ξ，使

$$0=\boldsymbol{b}_i-\sum_{j=1}^{i-1}a_{ij}\boldsymbol{x}_j-a_{ii}\xi-\sum_{j=i+1}^{n}a_{ij}\boldsymbol{x}_j$$

因此，Jacobi 迭代法将 $\boldsymbol{x}^{(k)}$ 代换为 $\boldsymbol{x}^{(k+1)}$ 的过程，实际上是对 $1\leqslant i\leqslant n$ 把

$$\boldsymbol{r}_i^{(k)}=\boldsymbol{b}_i-\sum_{j=1}^{n}a_{ij}\boldsymbol{x}_j^{(k)}$$

变为

$$0=\boldsymbol{b}_i-\sum_{j=1}^{i-1}a_{ij}\boldsymbol{x}_j^{(k)}-a_{ii}\boldsymbol{x}_i^{(k+1)}-\sum_{j=i+1}^{n}a_{ij}\boldsymbol{x}_j^{(k)}$$

的过程(松弛的过程)。

由 $\boldsymbol{x}^{(k)}$ 代换为 $\boldsymbol{x}^{(k+1)}$ 还可看作是

$$\boldsymbol{x}^{(k+1)}=\boldsymbol{x}^{(k)}+\text{修正向量}$$

而修正向量与修正公式可写为

$$\boldsymbol{x}_i^{(k+1)}=\boldsymbol{x}_i^{(k)}+\frac{1}{a_{ii}}\boldsymbol{r}_i^{(k)},\quad i=1,2,\cdots,n$$

倘若在修正向量之前乘以一个因子 ω，即以第 i 个分量

$$\hat{\boldsymbol{x}}_i^{(k+1)}=\boldsymbol{x}_i^{(k)}+\omega\frac{1}{a_{ii}}\boldsymbol{r}_i^{(k)},\ i=1,2,\cdots,n \tag{2.34}$$

为向量作新的近似向量(第 $k+1$ 次迭代向量)代替原来的 $\boldsymbol{x}^{(k)}$ 就得到所谓带松弛因子 ω 的迭代法。

注意到，用式(2.34)中的 $\hat{\boldsymbol{x}}_i^{(k+1)}$ 代替 Jacobi 迭代法中的 $\boldsymbol{x}_i^{(k)}$，一般并不能使

$$\hat{\boldsymbol{r}}_i^{(k+1)}=\boldsymbol{b}_i-\sum_{j=1}^{i-1}a_{ij}\boldsymbol{x}_j^{(k)}-a_{ii}\hat{\boldsymbol{x}}_i^{(k+1)}-\sum_{j=i+1}^{n}a_{ij}\boldsymbol{x}_j^{(k)}$$

为 0，而为

$$\hat{\boldsymbol{r}}_i^{(k+1)}=(1-\omega)\boldsymbol{r}_i^{(k)}$$

在式(2.34)中取 $\omega=1$,$\hat{\boldsymbol{x}}_i^{(k+1)}$ 就是式(2.33)中的 $\boldsymbol{x}_i^{(k+1)}$，恰好使新的残向量 $\hat{\boldsymbol{r}}_i^{(k+1)}$ 为 0，这就使第 i 个方程松弛了；若取 $\omega>1$，则用 $\hat{\boldsymbol{x}}_i^{(k+1)}$ 代换第 i 个方程中的 $\boldsymbol{x}_i^{(k)}$ 将使残向量由 $\boldsymbol{r}_i^{(k)}$ 变成与 $\boldsymbol{r}_i^{(k)}$ 有不同符号的新残向量 $\hat{\boldsymbol{r}}_i^{(k+1)}$，于是我们就说第 i 个方程被松弛过头了(超松弛)，或说 $\boldsymbol{x}_i^{(k)}$ 被修改过分了(超过了使残向量正好为 0 的程度)；若取 $\omega<1$，则用 $\hat{x}_i^{(k+1)}$ 代换第 i 个方程中的 $x_i^{(k)}$ 时，新残向量 $\hat{\boldsymbol{r}}_i^{(k+1)}$ 与 $\boldsymbol{r}_i^{(k)}$ 同号，并且当 $\omega>0$ 时，它的绝对值小于 $\boldsymbol{r}_i^{(k)}$ 之绝对值，于是我们不妨认为第 i 个方程还松弛得不够(低松弛)或称 $\boldsymbol{x}_i^{(k)}$ 被修改得不够。不管是超松弛还是低松弛($\omega>1$ 或 $\omega<1$)，我们一概都称为超松弛，即 $\omega\neq 1$ 时，我们称

$$\boldsymbol{x}_i^{(k+1)}=\boldsymbol{x}_i^{(k)}+\omega\frac{1}{a_{ii}}\left(\boldsymbol{b}_i-\sum_{j=i}^{n}a_{ij}\boldsymbol{x}_j^{(k)}\right),\quad i=1,2,\cdots,n,\ k=0,1,2,\cdots,n \tag{2.35}$$

为带松弛因子 ω 的同时迭代法(公式)。

带松弛因子 ω 的同时迭代法用处并不大，讲它的目的是为了解释迭代、修改和松弛的

含义，使读者更好地理解逐次超松弛法。下面介绍什么是逐次超松弛法。

类似于 Gauss-Seidel 迭代法，在式(2.35)中用新的 $\boldsymbol{x}_j^{(k+1)}$ 代替旧的 $\boldsymbol{x}_j^{(k)}$，$j=1,2,\cdots i-1$，可得

$$\boldsymbol{x}_i^{(k+1)}=\boldsymbol{x}_i^{(k)}+\omega\frac{1}{a_{ii}}\left(b_i-\sum_{j=1}^{i-1}a_{ij}\boldsymbol{x}_j^{(k+1)}-\sum_{j=i}^{n}a_{ij}\boldsymbol{x}_j^{(k)}\right),\ i=1,2,\cdots,n,\ k=0,1,2,\cdots,n \tag{2.36}$$

则式(2.36)称为带松弛因子 ω 的逐次法或逐次超松弛迭代法(公式)。显然，式(2.36)可改写成

$$\boldsymbol{x}_i^{(k+1)}=(1-\omega)\boldsymbol{x}_i^{(k)}+\omega\widetilde{\boldsymbol{x}}_i^{(k+1)}$$

其中

$$\widetilde{\boldsymbol{x}}_i^{(k+1)}=\frac{1}{a_{ii}}\left(b_i-\sum_{j=1}^{i-1}a_{ij}\boldsymbol{x}_j^{(k+1)}-\sum_{j=i}^{n}a_{ij}\boldsymbol{x}_j^{(k)}\right)$$

为 Gauss-Seidel 迭代法迭代所得，所以逐次超松弛迭代法是 Gauss-Seidel 迭代法的一种加速方法。

由式(2.36)可得

$$a_{ii}\boldsymbol{x}_i^{(k+1)}=(1-\omega)a_{ii}\boldsymbol{x}_i^{(k)}+\omega\left(\boldsymbol{b}_i-\sum_{j=1}^{i-1}a_{ij}\boldsymbol{x}_j^{(k+1)}-\sum_{j=i}^{n}a_{ij}\boldsymbol{x}_j^{(k)}\right)$$

用分解式 $\boldsymbol{A}=\boldsymbol{D}-\boldsymbol{L}-\boldsymbol{U}$，则上式为

$$\boldsymbol{D}\boldsymbol{x}^{(k+1)}=(1-\omega)\boldsymbol{D}\boldsymbol{x}^{(k)}+\omega\left(\boldsymbol{b}-\sum_{j=1}^{i-1}a_{ij}\boldsymbol{x}_j^{(k+1)}-\sum_{j=i}^{n}a_{ij}\boldsymbol{x}_j^{(k)}\right)$$

即

$$\boldsymbol{x}^{(k+1)}=\boldsymbol{B}_\omega\boldsymbol{x}^{(k)}+\boldsymbol{f}_\omega \tag{2.37}$$

其中

$$\boldsymbol{B}_\omega=(\boldsymbol{D}-\omega\boldsymbol{L})^{-1}[(1-\omega)\boldsymbol{D}+\omega\boldsymbol{U}]$$
$$\boldsymbol{f}_\omega=\omega(\boldsymbol{D}-\omega\boldsymbol{L})^{-1}\boldsymbol{b}$$

式(2.37)为超松弛迭代法(公式)的矩阵形式，$\boldsymbol{B}_\omega$ 为其迭代矩阵。

例 2.13　用逐次超松弛迭代法求解方程组

$$\begin{cases}10x_1-x_2-2x_3=7.2\\-x_1+10x_2-2x_3=8.3\\-x_1-x_2+5x_3=4.2\end{cases}$$

解　取 $\boldsymbol{x}^{(0)}=(x_1^{(0)},x_2^{(0)},x_3^{(0)})^{\mathrm T}=(0,0,0)^{\mathrm T}$，迭代公式如下：

$$\begin{cases}x_1^{(k+1)}=x_1^{(k)}+\omega\cdot\dfrac{1}{10}(7.2-10x_1^{(k)}+x_2^{(k)}+2x_3^{(k)})\\[2ex]x_2^{(k+1)}=x_2^{(k)}+\omega\cdot\dfrac{1}{10}(8.3+10x_1^{(k+1)}+x_2^{(k)}+2x_3^{(k)})\\[2ex]x_3^{(k+1)}=x_3^{(k)}+\omega\cdot\dfrac{1}{5}(4.2+x_1^{(k+1)}+x_2^{(k+1)}-5x_3^{(k)})\end{cases}$$

取 $\omega=1.055$，计算结果如表 2.3 所示。

表 2.3　逐次超松弛迭代法计算结果

k	0	1	2	3	4	5	…
$x_1^{(k)}$	0	0.7236	1.0466	1.0940	1.0992	1.0999	…
$x_2^{(k)}$	0	0.9069	1.1703	1.1963	1.1996	1.1999	…
$x_3^{(k)}$	0	1.1719	1.2840	1.2981	1.2998	1.2999	…

对 ω 取其他值，计算结果满足误差

$$\| \boldsymbol{x}^{(k)} - \boldsymbol{x}^* \|_\infty \leqslant 10^{-5}$$

其迭代次数如表 2.4 所示。

表 2.4　逐次超松弛迭代次数计算

ω	0.1	0.2	0.3	0.4	0.5	0.6	0.7	0.8	0.9	1	1.1	1.2	1.3	1.4	1.5	1.6	1.7	1.8	1.9
k	163	77	49	34	26	20	15	12	9	6	6	8	10	13	17	22	31	51	105

从此例看到，松弛因子选择得好，会使超松弛迭代法的收敛大大加速。使收敛最快的松弛因子称为最佳松弛因子。本例的最佳松弛因子为 $\omega=1.055$。一般情况下，最佳松弛因子 ω^* 应满足：

$$\rho(\boldsymbol{B}_{\omega^*}) = \min \rho(\boldsymbol{B}_\omega)。$$

Guass-Seidel 迭代法与 SOR 方法的程序如下：

```
#程序 ch2p7.py
#Gauss-Seidel 和 SOR 方法
import math
import numpy as np
from numpy import *

def Reform(a,b):
    p=np.column_stack((a,b))
    row=p.shape[0]
    for m in range(0,row):
        if m<row:
            big=np.argmax(abs(p[m:,m]))
            #找到最大元素对应的行
        else:
            big=0
        b1=big+m        #以下是主元和对角线所在行交换
        c= np.copy(p[b1,:])
        p[b1,:]=p[m,:]
        p[m,:]=c
    return p

def GaussS(a,b, x):    #Guass-Seidel 迭代法
    p=Reform(a,b)       #预处理，将每一列最大值移到对角线
```

```
    row=p.shape[0]        #获取行数
    a0=p[:,0:row]         #系数矩阵
    b0=p[:,row]           #常数矩阵
#   print('p',p)
    j=0
    err=100.
    print("Gauss-Seidel 方法")
    while(err>1.e-6 and j <2500):
        i=0
        while( i < x.size):
            if a0[i,i]==0:
                print('a[i,i]=0, i=',i)
            x[i]=-(np.dot(a0[i,:],x)-b0[i]-a0[i,i]*x[i])/a0[i,i]
            i=i+1
        j=j+1
        err=Norm(a0,b0, x)
        print('Gauss-Seidel 方法迭代计算过程:',j,x)
    return x,j

def SOR(a,b, x,omiga): #SOR 迭代法
    p=Reform(a,b)         #预处理,将每一列最大值移到对角线
    row=p.shape[0]        #获取行数
    a0=p[:,0:row]         #系数矩阵
    b0=p[:,row]
    err=100.
    j=0
    while(err>1.e-6 and j < 2500):
        i=0
        while( i < x.size):
            if a0[i,i]==0:
                print('a[i,i]=0, i=', i)
            x[i]=(1-omiga)*x[i]-omiga*(np.dot(a0[i,:],x)-b0[i]-a0[i,i]*x[i])/a0[i,i]
            i=i+1
        j=j+1
        err=Norm(a0,b0, x)
        print('SOR 方法迭代计算过程:',j, x)
    return x, j

def Norm(a,b, x):
    axb=np.dot(a,x)-b
    normaxb=np.linalg.norm(axb, ord=2)
    return normaxb
```

```
#主程序
n=3
a=np.array([
[10.,-1.,-2.],
[-1.,10.,-2.],
[-1., -1.,5 ],
])
b=np.array([7.2,8.3,4.2])
x=np.zeros(n,dtype=float)
print('系数矩阵 A:',a)
print('常数向量 b:',b)

loosefactor=1.005
result,j=SOR(np.copy(a),np.copy(b),np.copy(x), 1.005)

print('SOR 方法:j=',j)
print('x=',result)
result2,j=GaussS(np.copy(a),np.copy(b),np.copy(x))

print('Gauss-Seidel 方法:j=',j)
print('x=',result2)
print(x)
```

运行结果:

```
系数矩阵 A:[[10.  -1.  -2.]
           [-1.  10.  -2.]
           [-1.  -1.   5.]]
常数向量 b:[7.2 8.3 4.2]
SOR 方法迭代计算过程: 1 [0.7236     0.9068718  1.17192483]
SOR 方法迭代计算过程: 2 [1.04667951 1.17036382 1.28396609]
SOR 方法迭代计算过程: 3 [1.09406535 1.19632893 1.29814942]
SOR 方法迭代计算过程: 4 [1.09928876 1.19957491 1.29978085]
SOR 方法迭代计算过程: 5 [1.09991679 1.19994971 1.29997426]
SOR 方法迭代计算过程: 6 [1.09999019 1.19999409 1.29999697]
SOR 方法迭代计算过程: 7 [1.09999885 1.1999993  1.29999964]
SOR 方法迭代计算过程: 8 [1.09999986 1.19999992 1.29999996]
SOR 方法迭代计算过程: 9 [1.09999998 1.19999999 1.3       ]
SOR 方法:j= 9
x= [1.09999998 1.19999999 1.3       ]
Gauss-Seidel 方法
Gauss-Seidel 方法迭代计算过程: 1 [0.72    0.902   1.1644]
Gauss-Seidel 方法迭代计算过程: 2 [1.04308    1.167188   1.2820536]
Gauss-Seidel 方法迭代计算过程: 3 [1.09312952 1.19572367 1.29777064]
Gauss-Seidel 方法迭代计算过程: 4 [1.09912649 1.19946678 1.29971865]
```

```
Gauss-Seidel 方法迭代计算过程： 5 [1.09989041 1.19993277 1.29996464]
Gauss-Seidel 方法迭代计算过程： 6 [1.0999862  1.19999155 1.29999555]
Gauss-Seidel 方法迭代计算过程： 7 [1.09999826 1.19999894 1.29999944]
Gauss-Seidel 方法迭代计算过程： 8 [1.09999978 1.19999987 1.29999993]
Gauss-Seidel 方法迭代计算过程： 9 [1.09999997 1.19999998 1.29999999]
Gauss-Seidel 方法：j= 9
x= [1.09999997 1.19999998 1.29999999]
[0. 0. 0.]
```

定理 2.12　设 $a_{ii} \neq 0$，$i=1,2,\cdots n$，且超松弛迭代公式(2.36)收敛，则松弛因子为

$$0 < \omega < 2 \tag{2.38}$$

证明　设 SOR 方法收敛，根据迭代法收敛的充要条件可知 $\rho(\boldsymbol{B}_\omega) < 1$。

设 $\boldsymbol{B}_\omega$ 的特征值为 $\lambda_1, \lambda_2, \cdots \lambda_n$，则

$$|\det(\boldsymbol{B}_\omega)| = |\lambda_1 \lambda_2 \cdots \lambda_n| \leqslant (\rho(\boldsymbol{B}_\omega))^n$$

即

$$|\det(\boldsymbol{B}_\omega)|^{\frac{1}{n}} \leqslant (\rho(\boldsymbol{B}_\omega))^n < 1$$

而

$$\begin{aligned}\det(\boldsymbol{B}_\omega) &= \det((\boldsymbol{D} - \omega L)^{-1}) \cdot \det((1-\omega)\boldsymbol{D} + \omega \boldsymbol{U}) \\ &= (1-\omega)^n\end{aligned}$$

所以

$$|1-\omega| < 1$$

该定理说明对于解一般线性方程组 $\boldsymbol{Ax} = \boldsymbol{b}$ ($a_{ii} \neq 0$，$i=1,2,\cdots,n$)，超松弛迭代法只有取松弛因子 ω 在 (0,2) 范围内才能收敛。反过来，当 $\boldsymbol{A}$ 是正定矩阵时，有下面结果。

定理 2.13　设 $\boldsymbol{A}$ 是对称正定矩阵，且 $0 < \omega < 2$，则超松弛迭代公式(2.36)收敛。

证明　设 λ 是 $\boldsymbol{B}_\omega$ 的任一特征值，在上述假定下，若能证明 $|\lambda| < 1$，那么定理得证。

事实上，设 $\boldsymbol{x}$ 为 λ 对应特征向量，即

$$\boldsymbol{B}_\omega \boldsymbol{x} = \lambda \boldsymbol{x}, \quad \boldsymbol{x} \neq 0$$

亦即

$$((1-\omega)\boldsymbol{D} + \omega \boldsymbol{U})\boldsymbol{x} = \lambda(\boldsymbol{D} - \omega \boldsymbol{L})\boldsymbol{x}$$

考虑数量积：

$$(((1-\omega)\boldsymbol{D} + \omega \boldsymbol{U})\boldsymbol{x}, \boldsymbol{x}) = \lambda((\boldsymbol{D} - \omega \boldsymbol{L})\boldsymbol{x}, \boldsymbol{x})$$

则

$$\lambda = \frac{(\boldsymbol{Dx}, \boldsymbol{x}) - \omega(\boldsymbol{Dx}, \boldsymbol{x}) + \omega(\boldsymbol{Ux}, \boldsymbol{x})}{(\boldsymbol{Dx}, \boldsymbol{x}) - \omega(\boldsymbol{Lx}, \boldsymbol{x})}$$

显然

$$(\boldsymbol{Dx}, \boldsymbol{x}) = \sum_{i=1}^{n} a_{ii} |\boldsymbol{x}_i|^2 \equiv \sigma > 0$$

记

$$-(\boldsymbol{Lx}, \boldsymbol{x}) = \alpha + i\beta$$

由于 $\boldsymbol{A} = \boldsymbol{A}^{\mathrm{T}}$，所以

$$U = L^{T}$$

$$-(Ux, x) = -(x, Lx) = -\overline{(Lx, x)} = \alpha - i\beta$$

$$0 < (Ax, x) = ((D - L - U)x, x) = \sigma + 2\alpha$$

所以

$$\lambda = \frac{(\sigma - \omega\sigma - 2\omega) + i\omega\beta}{(\sigma + \alpha\omega) + i\omega\beta}$$

从而有

$$|\lambda|^2 = \frac{(\sigma - \omega\sigma - \alpha\omega)^2 + \omega^2\beta^2}{(\sigma + \alpha\omega)^2 + \omega^2\beta^2}$$

当 $0 < \omega < 2$ 时，有

$$(\sigma - \omega\sigma - \alpha\omega)^2 - (\sigma + \alpha\omega)^2 = \omega\sigma(\sigma + 2\alpha)(yy\omega - 2) < 0$$

即 $|\lambda| < 1$。

应用实例：CT图像重建

CT(Computerized Tomography，电子计算机断层扫描)技术已经被人类广泛应用在医学诊断、工业检测、安全检查、射电天文学等领域。特别是在医学诊断方面，CT 技术为诊断疾病提供了一种无损害诊断的好方法。CT 图像重建是指通过对物体进行不同角度的射线扫描，根据检测到的数据来重建物体内部截面图像的技术。目前主要的图像重建算法有两类，分别为迭代类重建算法和解析类重建算法。解析类重建算法简单，计算量小，重建速度快，但在投影数据不完备或投影数据噪声大的情况下，获得的图像效果并不好，目前运用较多的迭代类重建算法有代数重建算法(ART)和联合代数重建算法(SART)，该类算法可以获得较好的重建图像。

医学检测中，CT 的本质是从多个角度通过 X 光得到三维组织的二维投影，再设法重建体内组织的三维图像，这个过程中涉及许多数学问题，我们考虑一个简单的模型，介绍 CT 图像重建的代数模型与方法，以此作为线性方程组的数值解法的应用实例之一。

以二维问题为例，对于一幅由若干小块拼起来的图像，所谓 1024×768 分辨率的图像，即是一个 1024×768 的矩阵，其元素即是图像在该点的灰度值(如果是彩色图像，则须同时记录该点的颜色)。假设每个小块的灰度只有 1 和 0 两个值，如图 2.1 所示。分别沿 x 和 y 轴投影，则记录到的一维投影值如图 2.1 中的数字所示。

如果假设每个小块的灰度是未知的，它们的行和 r_1, r_2, r_3 与列和 c_1, c_2, c_3 是一维投影值，如图 2.2 所示，也即我们可以得到的数据。这时，按照灰度值待求解的数学问题可表示成如下的方程形式：

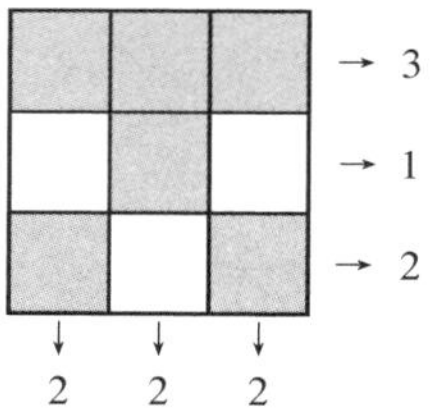

图 2.1　灰度值示例图

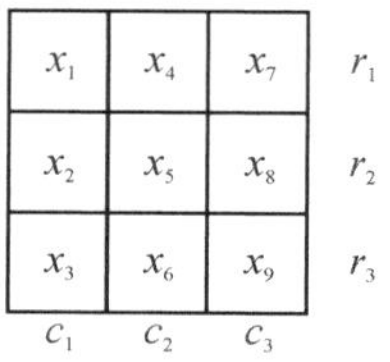

图 2.2　灰度值图

$$\begin{pmatrix}1&1&1&0&0&0&0&0&0\\0&0&0&1&1&1&0&0&0\\0&0&0&0&0&0&1&1&1\\1&0&0&1&0&0&1&0&0\\0&1&0&0&1&0&0&1&0\\0&0&1&0&0&1&0&0&1\end{pmatrix}\begin{pmatrix}x_1\\x_2\\x_3\\x_4\\x_5\\x_6\\x_7\\x_8\\x_9\end{pmatrix}=\begin{pmatrix}c_1\\c_2\\c_3\\r_1\\r_2\\r_3\end{pmatrix}$$

显然，该方程组的解不是唯一的。若取 $r_1=r_2=r_3=c_1=c_2=c_3=1$，则以下三种情况均可能发生(如图 2.3 所示)。因此，要重建原来的图像，需要从更多的角度投影，进而得到更多方程，从而较精确地重构原始图像。

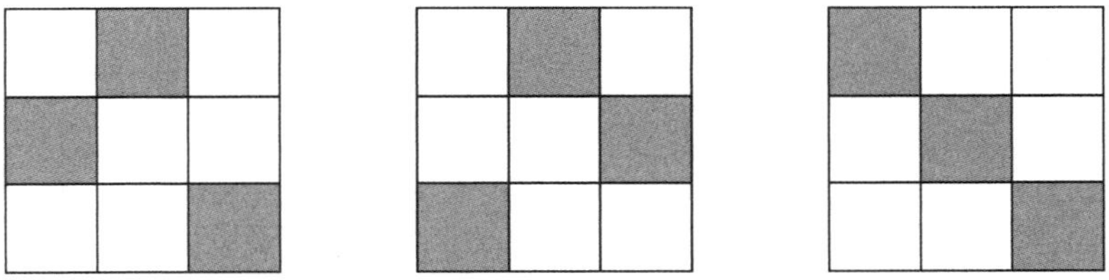

图 2.3　可能情况

课外拓展:《九章算术》中的方程问题

《九章算术》是一部现有传本中最古老的中国数学经典著作。书中收集了二百四十六个应用问题及其相应解法，分别隶属于方田、粟米、衰分、少广、商功、均输、盈不足、方程、勾股九章。根据问题的性质可以分成算术、几何与代数三大类。《九章算术》中有了分数的概念，且在仅能用汉字描述数字的情况下，利用算筹进行类似于 Gauss 消元法的计算方法。下面对这一问题作一介绍。

《九章算术》的方程章中提到的“方程”是指联立的一次方程组。例如，第 1 题：今有上禾三秉，中禾二秉，下禾一秉，实三十九斗；上禾二秉，中禾三秉，下禾一秉，实三十四斗；上禾一秉，中禾二秉，下禾三秉，实二十六斗。问上、中、下禾实一秉各几何。

“禾”是黍米，“一秉”是一捆，“实”是打下来的黍米谷子。秦汉时期一“斗”的量约等于现在的二升。“上禾三秉，中禾二秉，下禾一秉，实三十九斗”译成现代语是：三捆上等的谷子，二捆中等的谷子，一捆下等的谷子，打出来的黍米谷子一共有 39 斗。

设 x、y、z 依次为每捆上、中、下等谷子的“斗”数，那么这个问题可转换为求解下列三元一次方程组：

$$\begin{cases}3x+2y+z=39 & (1)\\2x+3y+z=34 & (2)\\x+2y+3z=26 & (3)\end{cases}$$

用算筹布置起来，如图 2.4 所示，各行由上而下列出的算筹表示 x、y、z 的系数和常数项。三元一次方程组各项未知量的系数用算筹表示就像方阵，所以叫作“方程”。古代数学书中的“方程”和现在一般所谓的方程是两个不同的概念。

以上面所举的第 1 题为例，依照方程章的“方程术”演算如下：

用式(1)内 x 的系数 3 乘以式(2)中的各项，得

$$6x+9y+3z=102 \tag{4}$$

将式(4)“直除”式(1)，也就是两次减去式(1)的各项，得

$$5y+z=24 \tag{5}$$

同样，用式(1)内 x 的系数 3 乘以式(3)中的各项，得

$$3x+6y+9z=78 \tag{6}$$

将式(6)“直除”式(1)，得

$$4y+8z=39 \tag{7}$$

用算筹来演算，结果如图 2.5 所示。

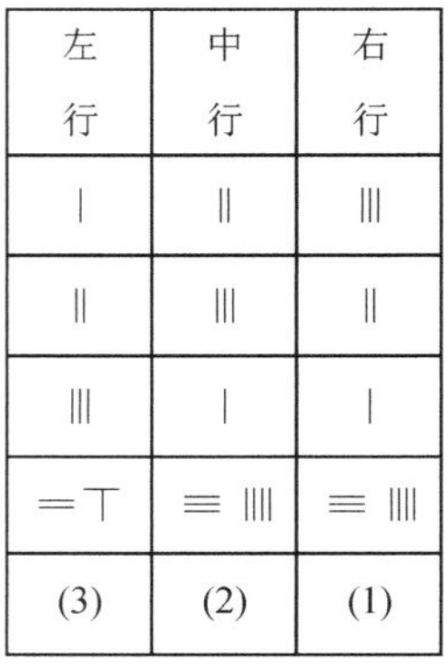

图 2.4　算筹布置

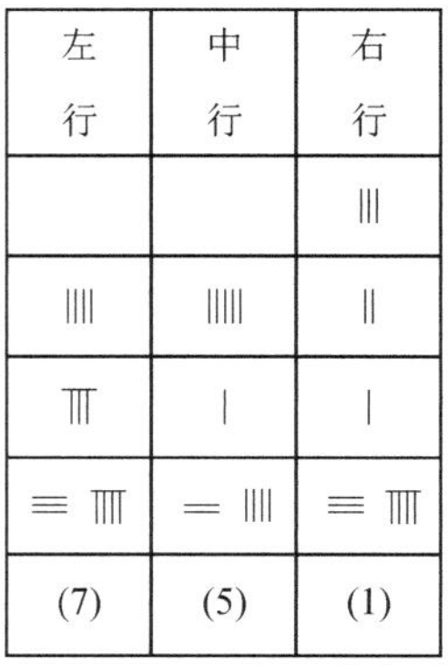

图 2.5　算筹演算

然后，用式(5)内 x 的系数 5 乘以式(7)中的各项，得

$$20y+40z=195 \tag{8}$$

将式(8)“直除”式(5)，得

$$36z=99 \tag{9}$$

将式(9)的两端同时除以 9，得

$$4z=11 \tag{10}$$

筹式如图 2.6 所示。

在图 2.6 中，左行的未知量项只剩一项，用 4 除以 11，即得 $z=2\dfrac{3}{4}$。求 x 和 y，还是用“遍乘直除”的方法。用式(10)的系数 4 乘以式(5)的各项，得 $20y+4z=96$，再“直除”式(10)得 $20y=85$，将两端同时除以 5，得

$$4y=17 \tag{11}$$

用式(10)的系数 4 乘以式(11)的各项，得 $12x+8y+4z=156$，“直除”式(10)，得 $12x+8y=145$；再“直除”式(11)，得 $12x=111$，将两端同时除以 3，得

$$4x=37 \tag{12}$$

筹式如图 2.7 所示。

左行	中行	右行
		𝍢
	𝍤	𝍡
𝍣	𝍠	𝍠
𝍩𝍠	𝍪𝍣	𝍫𝍨
(10)	(5)	(1)

图 2.6　算筹布置

左行	中行	右行
		𝍣
	𝍤	
𝍣		
𝍩𝍠	𝍩𝍦	𝍫𝍦
(10)	(11)	(12)

图 2.7　算筹布置

从图 2.4 到图 2.7，方程组的算筹形式始终保持右、中、左三行，运筹演算相当便利。最后由式(10)～式(12)，计算得 $x=9\frac{1}{4}$，$y=4\frac{1}{4}$，$z=2\frac{3}{4}$。

如果我们把上列消元过程中的四个筹算图写成现代代数学中矩阵的形式：

$$\begin{pmatrix} 1 & 2 & 3 \\ 2 & 3 & 2 \\ 3 & 1 & 1 \\ 26 & 34 & 39 \end{pmatrix},\quad \begin{pmatrix} 0 & 0 & 3 \\ 4 & 5 & 2 \\ 8 & 1 & 1 \\ 39 & 24 & 39 \end{pmatrix},\quad \begin{pmatrix} 0 & 0 & 3 \\ 0 & 5 & 2 \\ 4 & 1 & 1 \\ 11 & 24 & 39 \end{pmatrix},\quad \begin{pmatrix} 0 & 0 & 4 \\ 0 & 4 & 0 \\ 4 & 0 & 0 \\ 11 & 17 & 37 \end{pmatrix}$$

那么，利用直除法的方程术就是一种关于矩阵的计算。《九章算术》的方程章中有十八个联立一次方程组问题，其中二元的有八题，三元的有六题，四元的、五元的各有两题，都用上述的演算程序解答多元一次方程组。当时我国还没有小数的概念，也没有阿拉伯数字这样的简单数字符号，而《九章算术》中的方程术的提出，其计算的思想和方法却比西方同类方法要早近两千年，不但是中国古代数学中的伟大成就，在世界数学史上，也是一份十分宝贵的财产。

“方程”的每一行是由多项未知量和一个已知量所组成的等式，其中可能有相反意义的数量，由此产生正数与负数的对立概念。用“直除”法消元，当减数大于被减数时，也需要负数的概念来扩充减法的功用。因此，中国数学家在方程章里提出了正负数的不同表示法和正负数的加减法则，这在数学史上是一个无比伟大的成就。

习　题　2

一、理论习题

1. 用 Gauss 消元法解方程组：

$$\begin{cases} x_1+3x_2-2x_3=4 \\ 2x_1+3x_2+4x_3=5 \\ x_1-2x_2+5x_3=6 \end{cases}$$

2. 用追赶法解三角方程组：

$$\begin{pmatrix} 2 & -1 & 0 & 0 & 0 \\ -1 & 2 & -1 & 0 & 0 \\ 0 & -1 & 2 & -1 & 0 \\ 0 & 0 & -1 & 2 & -1 \\ 0 & 0 & 0 & -1 & 2 \end{pmatrix} \begin{pmatrix} x_1 \\ x_2 \\ x_3 \\ x_4 \\ x_5 \end{pmatrix} = \begin{pmatrix} 1 \\ 0 \\ 0 \\ 0 \\ 0 \end{pmatrix}$$

3. 用三角分解法解方程组：

$$\begin{bmatrix} 2 & -4 & -8 \\ -4 & 18 & -16 \\ -6 & 2 & -20 \end{bmatrix} \begin{bmatrix} x_1 \\ x_2 \\ x_3 \end{bmatrix} = \begin{bmatrix} 7 \\ 8 \\ 3 \end{bmatrix}$$

4. 用选主元素法计算下列行列式的值：

$$\begin{vmatrix} 1 & 5 & 2 \\ 3 & 8 & 4 \\ 9 & -5 & 3 \end{vmatrix}$$

5. 证明：非奇异矩阵 $\boldsymbol{A}$ 不一定有 $\boldsymbol{LU}$ 分解。

6. 设 $\boldsymbol{U}$ 为非奇异的上三角矩阵：

(1) 推导求解 $\boldsymbol{Ux}=\boldsymbol{d}$ 的一般公式，并写出算法；

(2) 计算求解上三角形方程组 $\boldsymbol{Ux}=\boldsymbol{d}$ 的乘除法次数。

7. 设 $\boldsymbol{L}$ 为非奇异的下三角矩阵：

(1) 列出逐次代入求解 $\boldsymbol{Lx}=\boldsymbol{d}$ 的公式。

(2) 上述求解过程共需多少次乘除法运算？

(3) 给出求 $\boldsymbol{L}^{-1}$ 的计算公式。

8. 用平方根法求解方程组：

$$\begin{pmatrix} 1 & 1 & 1 & 1 & 1 \\ 1 & 2 & 2 & 2 & 2 \\ 1 & 2 & 3 & 3 & 3 \\ 1 & 2 & 3 & 4 & 4 \\ 1 & 2 & 3 & 4 & 5 \end{pmatrix} \begin{pmatrix} x_1 \\ x_2 \\ x_3 \\ x_4 \\ x_5 \end{pmatrix} = \begin{pmatrix} 5 \\ 9 \\ 12 \\ 14 \\ 15 \end{pmatrix}$$

9. 已知方程组，其中

$$\boldsymbol{A} = \begin{bmatrix} 2 & -1 & b \\ -1 & 2 & a \\ b & -1 & 2 \end{bmatrix}, \ \boldsymbol{f} = \begin{bmatrix} 0 \\ 1 \\ 0 \end{bmatrix}$$

(1) 试问参数 a 和 b 满足什么条件时，可选用平方根法求解该方程组？

(2) 取 $b=0$，$a=1$，试用追赶法求解该方程组。

10. 设有线性方程组 $\boldsymbol{Ax}=\boldsymbol{b}$，其中系数矩阵为

$$\begin{bmatrix} 1 & 2 & -2 \\ 1 & 1 & 1 \\ 2 & 2 & 1 \end{bmatrix}$$

证明 Jacobi 迭代法收敛，而 Gauss-Seidel 迭代法发散。

11. 设有线性方程组 $\boldsymbol{Ax}=\boldsymbol{b}$，其中系数矩阵为

$$\begin{pmatrix} 4 & -1 & & \\ -1 & 4 & -1 & \\ & -1 & 4 & -1 \\ & & -1 & 4 \end{pmatrix}$$

证明用 Jacobi 迭代法，Gauss-Seidel 迭代法，SOR 方法求解上述方程组都是收敛的。

12. 设常数 $a\neq 0$，试求 a 的取值范围，使求解方程

$$\begin{bmatrix} a & 1 & 4 \\ 1 & a & 2 \\ -4 & 2 & a \end{bmatrix}\begin{bmatrix} x_1 \\ x_2 \\ x_3 \end{bmatrix}=\begin{bmatrix} b_1 \\ b_2 \\ b_3 \end{bmatrix}$$

的 Jacobi 迭代法关于任意初始向量都收敛。

13. 设有方程组：

$$\begin{cases} x_1+3x_2+5x_3=-10 \\ -2x_1+2x_2+4x_3=20 \\ 3x_1-2x_2+10x_3=6 \end{cases}$$

(1) 试讨论分别用 Jacobi 迭代法，Gauss-Seidel 迭代法解此方程组的收敛性；

(2) 用 Jacobi 迭代法及 Gauss-Seidel 迭代法解方程组，要求当 $\|\boldsymbol{x}^{(k+1)}-\boldsymbol{x}^{(k)}\|_\infty<10^{-4}$ 时迭代终止。

14. 用 SOR 方法解下列方程组(取松弛因子 $\omega=1.25$)，要求 $\|\boldsymbol{x}^{(k+1)}-\boldsymbol{x}^{(k)}\|_\infty<10^{-6}$。

$$\begin{cases} 2x_1+3x_2-2x_3=1 \\ 2x_1+5x_2+4x_3=2 \\ -2x_1-2x_2+5x_3=0 \end{cases}$$

15. 给定线性方程组 $\boldsymbol{Ax}=\boldsymbol{b}$，其中 $\boldsymbol{A}=\begin{bmatrix} 1 & \beta \\ 4\beta & 1 \end{bmatrix}\boldsymbol{x}$，$\boldsymbol{b}\in\mathbf{R}^2$。

(1) 求出使 Jacobi 迭代法和 Gauss-Seidel 迭代法均收敛的 β 的取值范围；

(2) 当 $\beta\neq 0$ 时，给出这两种迭代法的收敛速度之比。

16. 设矩阵 $\boldsymbol{A}$ 非奇异。试证：对于任意初始向量 $\boldsymbol{x}^{(0)}$，用 Gauss-Seidel 迭代法求解方程组 $\boldsymbol{A}^{\mathrm{T}}\boldsymbol{Ax}=\boldsymbol{b}$ 必收敛。

17. 设 $\boldsymbol{H}$ 为 n 阶实对称矩阵，$\boldsymbol{A}$ 为 n 阶对称正定矩阵，考虑迭代格式：

$$\boldsymbol{x}^{(k+1)}=\boldsymbol{Hx}^{(k)}+\boldsymbol{b},\ k=0,1,2,\cdots$$

如果 $\boldsymbol{A}$-$\boldsymbol{HAH}$ 正定，试证此格式从任意初始向量 $\boldsymbol{x}^{(0)}$ 出发都收敛。

18. 试找一个矩阵 $\boldsymbol{A}$，使得虽然范数 $\|\boldsymbol{A}\|_1=\|\boldsymbol{A}\|_\infty>1$，但级数

$$\boldsymbol{E}+\boldsymbol{A}+\boldsymbol{A}^2+\cdots+\boldsymbol{A}^k+\cdots$$

仍然是收敛的。

19. 已知下列方程组：

① $\begin{cases} x_1+2x_2-2x_3=1 \\ x_1+x_2+x_3=3 \\ 2x_1+2x_2+x_3=5 \end{cases}$，精确解 $\boldsymbol{x}=\begin{bmatrix}1\\1\\1\end{bmatrix}$；

② $\boldsymbol{x}=\boldsymbol{Bx}+\boldsymbol{F}$，$\boldsymbol{B}=\begin{bmatrix} 0 & 0.5 & -\frac{1}{\sqrt{2}} \\ 0.5 & 0 & 0.5 \\ \frac{1}{\sqrt{2}} & 0.5 & 0 \end{bmatrix}$，$\boldsymbol{F}=\begin{pmatrix}-0.5\\1\\-0.5\end{pmatrix}$，精确解 $\boldsymbol{x}=\begin{bmatrix}0\\1\\0\end{bmatrix}$。

分别解决以下问题：

(1) 分别写出①和②的 Jacobi 迭代格式；

(2) 由初值 $\boldsymbol{x}_{(0)}=(0,0,0)^{\mathrm{T}}$ 分别计算①和②的前 6 个迭代值 $\boldsymbol{x}_i$，$i=1,2,\cdots,6$；

(3) 分别求出两个迭代矩阵的谱半径；

(4) 证明求解 n 阶方程组 $\boldsymbol{x}=\boldsymbol{Bx}+\boldsymbol{F}$ 的迭代公式：

$$\boldsymbol{x}^{(k+1)}=\boldsymbol{Bx}^{(k)}+\boldsymbol{F},\ k=0,1,\cdots$$

(5) 如果谱半径 $\rho(\boldsymbol{B})=0$，则对任意初始向量 $\boldsymbol{x}_0$，迭代值 $\boldsymbol{x}_n$ 就是方程组的精确解。

二、上机实验

1. 按要求求解线性方程组：

$$\begin{pmatrix} 10 & 7 & 0 & 1 \\ -3 & 2.099998 & 6 & 2 \\ 5 & -1 & 5 & -1 \\ 2 & 1 & 0 & 2 \end{pmatrix}\begin{pmatrix}x_1\\x_2\\x_3\\x_4\end{pmatrix}=\begin{pmatrix}8\\5.900002\\5\\1\end{pmatrix}$$

(1) 利用 LU 分解法计算系数矩阵 $\boldsymbol{A}$ 分解的矩阵 $\boldsymbol{L}$ 和 $\boldsymbol{U}$，解向量 $\boldsymbol{x}$ 与行列式 $|\boldsymbol{A}|$；

(2) 利用列主元素消元法求解向量 $\boldsymbol{x}$ 与行列式 $|\boldsymbol{A}|$；

(3) 比较两种方法所得结果的异同并分析原因。

2. 利用追赶法编写 Python 程序求解以下三对角线性方程组：

$$\begin{cases} 2x_1-x_2=5 \\ -x_1+2x_2-x_3=-12 \\ -x_2+2x_3-x_4=11 \\ -x_3+2x_4=-1 \end{cases}$$

3. 取初值 $\boldsymbol{x}_{(0)}=(0,0,0)^{\mathrm{T}}$，误差限 $\varepsilon=10^{-6}$，分别利用 Jacobi 迭代法与 Gauss-Seidel 迭代法解下列方程组，并对结果进行分析。

$$\begin{bmatrix} 1 & 0 & 1 \\ -1 & 1 & 0 \\ 1 & 2 & -3 \end{bmatrix}\begin{bmatrix}x_1\\x_2\\x_3\end{bmatrix}=\begin{bmatrix}5\\-7\\-17\end{bmatrix},\quad \begin{bmatrix} 1 & 0.5 & 0.5 \\ 0.5 & 1 & 0.5 \\ 0.5 & 0.5 & 1 \end{bmatrix}\begin{bmatrix}x_1\\x_2\\x_3\end{bmatrix}=\begin{bmatrix}5\\0.5\\-2.5\end{bmatrix}$$

4. 利用超松弛迭代法求解下列方程组：

$$\begin{cases} 4x_1+3x_2=24 \\ 3x_1+4x_2-x_3=30 \\ -x_2+4x_3=-24 \end{cases}$$

取 $\omega=1.25$，$\boldsymbol{x}_{(0)}=(1,1,1)^{\mathrm{T}}$，要求编写矩阵迭代求解的具体程序，并给出计算结果。

5. 给定下列不同类型的线性方程组，选择合适算法进行求解。

(1) 三对角线性方程组：

$$\begin{pmatrix} 4 & -1 & 0 & 0 & 0 & 0 & 0 & 0 & 0 & 0 \\ -1 & 4 & -1 & 0 & 0 & 0 & 0 & 0 & 0 & 0 \\ 0 & -1 & 4 & -1 & 0 & 0 & 0 & 0 & 0 & 0 \\ 0 & 0 & -1 & 4 & -1 & 0 & 0 & 0 & 0 & 0 \\ 0 & 0 & 0 & -1 & 4 & -1 & 0 & 0 & 0 & 0 \\ 0 & 0 & 0 & 0 & -1 & 4 & -1 & 0 & 0 & 0 \\ 0 & 0 & 0 & 0 & 0 & -1 & 4 & -1 & 0 & 0 \\ 0 & 0 & 0 & 0 & 0 & 0 & -1 & 4 & -1 & 0 \\ 0 & 0 & 0 & 0 & 0 & 0 & 0 & -1 & 4 & -1 \\ 0 & 0 & 0 & 0 & 0 & 0 & 0 & 0 & -1 & 4 \end{pmatrix} \begin{pmatrix} x_1 \\ x_2 \\ x_3 \\ x_4 \\ x_5 \\ x_6 \\ x_7 \\ x_8 \\ x_9 \\ x_{10} \end{pmatrix} = \begin{pmatrix} 7 \\ 5 \\ -13 \\ 2 \\ 6 \\ -12 \\ 14 \\ -4 \\ 5 \\ -5 \end{pmatrix}$$

(2) 系数矩阵对称正定的线性方程组：

$$\begin{pmatrix} 4 & 2 & -4 & 0 & 2 & 4 & 0 & 0 \\ 2 & 2 & -1 & -2 & 1 & 3 & 2 & 0 \\ -4 & -1 & 14 & 1 & -8 & -3 & 5 & 6 \\ 0 & -2 & 1 & 6 & -1 & -4 & -3 & 3 \\ 2 & 1 & -8 & -1 & 22 & 4 & -10 & -3 \\ 4 & 3 & -3 & -4 & 4 & 11 & 1 & -4 \\ 0 & 2 & 5 & -3 & -10 & 1 & 14 & 2 \\ 0 & 0 & 6 & 3 & -3 & -4 & 2 & 19 \end{pmatrix} \begin{pmatrix} x_1 \\ x_2 \\ x_3 \\ x_4 \\ x_5 \\ x_6 \\ x_7 \\ x_8 \end{pmatrix} = \begin{pmatrix} 0 \\ -6 \\ 20 \\ 23 \\ 9 \\ -22 \\ -15 \\ 45 \end{pmatrix}$$

(3) 线性方程组：

$$\begin{pmatrix} 4 & 2 & -3 & 1 & 2 & 1 & 0 & 0 & 0 & 0 \\ 8 & 6 & -5 & -3 & 6 & 5 & 0 & 1 & 0 & 0 \\ 4 & 2 & -2 & -1 & 3 & 2 & -1 & 0 & 3 & 1 \\ 0 & -2 & 1 & 5 & -1 & 3 & -1 & 1 & 9 & 4 \\ -4 & 2 & 6 & -1 & 6 & 7 & -3 & 3 & 2 & 3 \\ 8 & 6 & -8 & 5 & 7 & 17 & 2 & 6 & -3 & 5 \\ 0 & 2 & -1 & 3 & -4 & 2 & 5 & 3 & 0 & 1 \\ 8 & 5 & \frac{-11}{2} & \frac{-9}{2} & \frac{17}{2} & 17 & 1 & \frac{-1}{2} & 1 & 1 \\ 4 & 6 & 2 & -7 & 13 & 9 & 2 & 0 & 12 & 4 \\ 0 & 0 & -1 & 8 & -3 & -24 & -8 & 6 & 3 & -1 \end{pmatrix} \begin{pmatrix} x_1 \\ x_2 \\ x_3 \\ x_4 \\ x_5 \\ x_6 \\ x_7 \\ x_8 \\ x_9 \\ x_{10} \end{pmatrix} = \begin{pmatrix} 5 \\ 12 \\ 3 \\ 2 \\ 3 \\ 46 \\ 23 \\ 13 \\ 19 \\ -21 \end{pmatrix}$$

6. 讨论利用 Jacobi 迭代法求解方程组 $\boldsymbol{Ax}=\boldsymbol{b}$ 的收敛性，并说明理由，其中系数矩阵 $\boldsymbol{A}$ 为如下的 100 阶方阵，$\boldsymbol{b}$ 为 100 维列向量。

$$A=\begin{pmatrix}1+\frac{1}{2} & \frac{1}{2} & \frac{1}{3} & \cdots & \frac{1}{n}\\ \frac{1}{2} & \frac{1}{3}+\frac{1}{2} & \frac{1}{4} & \cdots & \frac{1}{n+1}\\ \vdots & \vdots & \vdots & \cdots & \vdots\\ \frac{1}{n} & \frac{1}{n+1} & \frac{1}{n+2} & \cdots & \frac{1}{2n-1}+\frac{1}{2}\end{pmatrix},\ b=\begin{pmatrix}1\\1\\\vdots\\1\\1\end{pmatrix}$$

7. 对于线性方程组 $\boldsymbol{Ax}=\boldsymbol{b}$，其中

$$A=\begin{pmatrix}10 & 7 & 8 & 7\\ 7 & 5 & 6 & 5\\ 8 & 6 & 10 & 9\\ 7 & 5 & 9 & 10\end{pmatrix},\ b=\begin{pmatrix}32\\23\\33\\31\end{pmatrix},\ \delta A=\begin{pmatrix}0 & 0 & 0.1 & 0.2\\ 0.03 & 0.04 & 0 & 0\\ 0 & -0.02 & -0.1 & 0\\ -0.11 & 0 & 0 & -0.02\end{pmatrix}$$

其精确解是 $\boldsymbol{x}^*=(1,1,1,1)^{\mathrm{T}}$。

(1) 利用 Python 计算行列式 $|\boldsymbol{A}|$ 及 $\boldsymbol{A}$ 的所有特征值和 $\mathrm{cond}(\boldsymbol{A})_2$；

(2) 若 $\boldsymbol{A}$ 有扰动如上的 $\delta\boldsymbol{A}$，求解方程 $(\boldsymbol{A}+\delta\boldsymbol{A})(\boldsymbol{x}+\delta\boldsymbol{x})=\boldsymbol{b}$，输出向量 $\delta\boldsymbol{x}$ 和 $\|\delta\boldsymbol{x}\|_2$；

(3) 通过计算分析方程组 $\boldsymbol{Ax}=\boldsymbol{b}$ 解的相对误差 $\frac{\|\delta\boldsymbol{x}\|_2}{\|\boldsymbol{x}\|_2}$ 及 $\boldsymbol{A}$ 的相对误差 $\frac{\|\delta\boldsymbol{A}\|_2}{\|\boldsymbol{A}\|_2}$ 之间的关系。

第 3 章　函数的多项式插值法

本章主要介绍利用插值与数值逼近寻求函数近似表达式的三种方法：多项式插值及其变型、Hermite 插值、曲线拟合。

3.1　多项式插值问题的提出

用插值方法研究函数的近似表达式是古典数值分析中一个重要的内容。在实际问题中，有时我们只知道某个实值函数 $f(x)$ 在彼此不同的实点 $x_0,x_1,\cdots,x_n$ 上的函数值 f_0，$f_1,\cdots,f_n$，这时可以简单地说，函数 $f(x)$ 有 $n+1$ 个数据对 $\{(x_i,f_i)\}_{i=0}^{n}$，假如这些值比较准确，如何应用它们来求出函数 $f(x)$ 在其他点 $\bar{x}$ 上的近似函数值呢？最常见的方法就是插值，即寻求一个相对较为“简单”的函数 $y(x)$ 作为 $f(x)$ 的插值函数，使得在 x_0,x_1，$\cdots,x_n$ 处，$y(x)$ 与 $f(x)$ 有相同的函数值。我们用 $y(\bar{x})$ 作为 $f(\bar{x})$ 的近似值，如果 $y(x)$ 取为多项式，则上述问题就变成多项式插值问题。

1. 多项式插值问题

设函数 $y=f(x)$ 在区间 $[a,b]$ 上有定义且已知函数在区间 $[a,b]$ 上 $n+1$ 个互异点 $x_0,x_1,\cdots,x_n$ 上的函数值，若存在一个简单函数 $y=p(x)$，使其经过 $y=f(x)$ 上的这 $n+1$ 个已知点 $(x_0,y_0),(x_1,y_1),\cdots,(x_n,y_n)$，即

$$p(x_i)=y_i,\ i=0,1,\cdots,n \tag{3.1}$$

那么，函数 $p(x)$ 称为插值函数，点 $x_0,x_1,\cdots,x_n$ 称为插值节点，点 $(x_0,y_0),(x_1,y_1)$，$\cdots,(x_n,y_n)$ 称为插值点，包含插值节点的区间 $[a,b]$ 称为插值区间，求 $p(x)$ 的方法称为插值法。若 $p(x)$ 是次数不超过 n 的多项式，用 $P_n(x)$ 表示，即

$$p_n(x)=a_0+a_1x+a_2x^2+\cdots+a_nx^n$$

则称 $P_n(x)$ 为 n 次插值多项式，相应的插值法称为多项式插值；若 $P(x)$ 为分段多项式，则称为分段插值。多项式插值和分段插值称为代数插值。

2. 插值多项式的存在唯一性

定理 3.1　设节点 $x_0,x_1,\cdots,x_n$ 互异，则在次数不超过 n 的多项式集合 H_n 中，满足条件(3.1)的插值多项式存在且唯一。

证明： 将 $p_n(x)=a_0+a_1x+a_2x^2+\cdots+a_nx^n$ 代入式(3.1)得

$$\begin{cases} a_0 + a_1 x_0 + \cdots + a_n x_0^n = y_0 \\ a_0 + a_1 x_1 + \cdots + a_n x_1^n = y_1 \\ \cdots \\ a_0 + a_1 x_n + \cdots + a_n x_n^n = y_n \end{cases} \tag{3.2}$$

式(3.2)是关于 $a_0, a_1, \cdots, a_n$ 的 $n+1$ 元线性方程组，其系数行列式

$$\begin{vmatrix} 1 & x_0 & \cdots & x_0^n \\ 1 & x_1 & \cdots & x_1^n \\ \vdots & \vdots & \ddots & \vdots \\ 1 & x_n & \cdots & x_n^n \end{vmatrix}$$

是范得蒙(Vandermonde)行列式，故

$$V(x_0, x_1, \cdots, x_n) = \prod_{i=1}^{n} \prod_{j=0}^{i-1} (x_i - x_j)$$

由于 $a_0, a_1, \cdots, a_n$ 互异，所以因子 $x_i - x_j \neq 0 (i \neq j)$，于是

$$V(x_0, x_1, \cdots, x_n) \neq 0$$

再由克拉默法则，方程组(3.2)存在唯一的一组解 $a_0, a_1, \cdots, a_n$，即满足式(3.1)的插值多项式 $P_n(x)$ 存在且唯一。

3.2 Lagrange 插值方法

3.2.1 基函数

由上一节的证明可以看到，插值多项式 $P_n(x)$ 可以通过求方程组(3.2)的解 $a_0, a_1, \cdots, a_n$ 得到，但这样不但计算复杂，且难以得到 $P_n(x)$ 的简单表达式。

下面考虑一个简单的插值问题：设函数在区间 $[a, b]$ 上 $n+1$ 个互异节点 $x_0, x_1, \cdots, x_n$ 处的函数值为

$$y_i = \delta_{ij} = \begin{cases} 1, \ j = i \\ 0, \ j \neq i, \ j \neq 0, 1, \cdots, n \end{cases}$$

求插值多项式 $l_i(x)$，使其满足条件：

$$l_i(x) = \delta_{ij}, \ j = 0, 1, \cdots, n, \ i = 0, 1, \cdots, n$$

由上式可知，$x_0, x_1, \cdots, x_n$ 是 $l_i(x)$ 的根，且 $l_i(x) \in H_n$，可令

$$l_i(x) = A_i (x - x_0)(x - x_1) \cdots (x - x_{i-1})(x - x_{i+1}) \cdots (x - x_n)$$

再由 $l_i(x) = 1$ 得

$$A_i = \frac{1}{(x_i - x_0)(x_i - x_1) \cdots (x_i - x_{i-1})(x_i - x_{i+1}) \cdots (x_i - x_n)}$$

于是可知

$$l_i(x) = \frac{(x - x_0)(x - x_1) \cdots (x - x_{i-1})(x - x_{i+1}) \cdots (x - x_n)}{(x_i - x_0)(x_i - x_1) \cdots (x_i - x_{i-1})(x_i - x_{i+1}) \cdots (x_i - x_n)}$$

$n+1$ 个 n 次多项式 $l_0(x),l_1(x),\cdots,l_n(x)$ 称为以 $x_0,x_1,\cdots,x_n$ 为节点的 n 次插值基函数。

$n=1$ 时的一次基函数为

$$l_0(x)=\frac{x-x_1}{x_0-x_1},\ l_1(x)=\frac{x-x_0}{x_1-x_0}$$

$n=2$ 时的二次基函数为

$$l_0(x)=\frac{(x-x_1)(x-x_2)}{(x_0-x_1)(x_0-x_2)}$$

$$l_1(x)=\frac{(x-x_0)(x-x_2)}{(x_1-x_0)(x_1-x_2)}$$

$$l_2(x)=\frac{(x-x_0)(x-x_1)}{(x_2-x_0)(x_2-x_1)}$$

3.2.2　Lagrange 插值多项式

下面考虑一般的插值问题：设函数在区间 $[a,b]$ 上 $n+1$ 个互异节点 $x_0,x_1,\cdots,x_n$ 处的函数值分别为 $y_0,y_1,\cdots,y_n$，求 n 次插值多项式 $P_n(x)$，使其满足条件：

$$p_n(x_j)=y_j,\ j=0,1,\cdots,n$$

令

$$L_n(x)=y_0l_0(x)+y_1l_1(x)+\cdots+y_nl_n(x)=\sum_{i=0}^{n}y_il_i(x) \tag{3.3}$$

其中，$l_0(x),l_1(x),\cdots,l_n(x)$ 为以 $x_0,x_1,\cdots,x_n$ 为节点的 n 次插值基函数，则 $L_n(x)$ 是次数不超过 n 的多项式，且满足

$$L_n(x_j)=y_j,\ j=0,1,\cdots,n$$

再由插值多项式的唯一性，可得

$$P_n(x)=l_n(x)$$

式(3.3)表示的插值多项式称为 Lagrange 插值多项式。特别地，当 $n=1$ 时，Lagrange 插值称为线性插值，$n=2$ 时称为抛物插值或二次插值。

值得注意的是，插值基函数 $l_0(x)$，$l_1(x),\cdots,l_n(x)$ 仅由插值节点 $x_0,x_1,\cdots,x_n$ 确定，与被插值函数 $f(x)$ 无关。因此，若以 $x_0,x_1,\cdots,x_n$ 为插值节点对函数 $f(x)\equiv1$ 作插值多项式，则由式(3.3)立即得到基函数的一个性质：

$$\sum_{i=0}^{n}l_i(x)\equiv1$$

还应注意，对于插值节点 $x_0,x_1,\cdots,x_n$，只要求它们互异，与大小次序无关。

下面给出 Lagrange 插值公式的算法，当给定 $n+1$ 个已知点 $(x_0,y_0),(x_1,y_1),\cdots,(x_n,y_n)$ 时，可用下述算法求出在 $\bar{x}$ 处的值作为 $f(\bar{x})$ 的近似值。

算法 3.1(Lagrange 插值公式)

1　输入 $\{x_0,x_1,\cdots,x_n,f_0,f_1,\cdots,f_n,\bar{x}\}$

2　$\bar{p}\leftarrow0$

3 对 $i=0,1,\cdots,n$

3.1 $\bar{p}\leftarrow 0$

3.2 对 $j=0,1,\cdots,n$

3.2.1 如果对 $j\neq i$，则 $p\leftarrow p(\bar{x}-x_j)/(x_i-x_j)$

3.3 对 $\bar{p}\leftarrow\bar{p}+f_ip$

4 输出 $\{\bar{x},\bar{p}\}$

说明：上述算法中有两个循环语句，其中步骤3.2用于求 $n+1$ 个插值基函数在 $\bar{x}$ 处的值，而步骤3用于求式(3.3)在 $\bar{x}$ 处的插值多项式的函数值 $y(\bar{x})$，即 $\bar{p}$。

例3.1 已知函数 $f(x)$ 满足表3.1。

表3.1 例3.1数据

x	−3.0	−1.0	1.0	2.0	2.5	3.0
$f(x)$	1.0	1.5	2.0	2.0	1.5	1.0

试用多项式插值方法求 $f(0.3)$ 的近似值。

解 如果取 $n=3$，$x_0=-1.0$，$x_1=1.0$，$x_2=2.0$，$x_3=2.5$，那么，通过Lagrange插值公式算法的步骤3依次算出：

$$p=0.124\,667,\ p=1.602\,667,\ p=-1.334\,667,\ p=0.589\,333\,3$$

并且，最后算出 $\bar{p}=1.643\,000\,0$，此即为 $y(0.3)$，作为 $f(0.3)$ 的近似值。因此，$f(0.3)\approx 1.643\,000\,0$。

如果取 $n=2$，$x_0=-1.0$，$x_1=1.0$，$x_2=2.0$，那么，相同的算法给出 $f(0.3)$ 的近似值为 $\bar{p}=1.900\,833\,3$。

Python代码实现如下：

```
#程序 ch3p1.py
x = [-1, 1, 2, 2.5]
y = [1.5, 2, 2, 1.5]
def lagrange_Interpolation(x1):
    P = []
    L_n = 0
    for i in range(len(x)):
        numerator=1   #分子初始化
        denominator=1   #分母初始化
        for j in range(len(x)):
            if j!=i:
                numerator *=(x1-x[j])
                denominator *=(x[i]-x[j])
        P.append(numerator/denominator)
    for i in range(len(y)):
        L_n+=y[i] * P[i]
    return round(L_n,6)   #保留6位小数
print(lagrange_Interpolation(0.3))
```

3. 插值余项

插值多项式的余项 $R(x)=f(x)-L_n(x)$，也称为插值的截断误差或方法误差。关于余项有如下的余项定理：

定理 3.2　设被插值函数 $f(x)$ 在闭区间 $[a,b]$ 上 n 阶导数连续，$f^{(n+1)}$ 在开区间 (a,b) 内存在，$x_0,x_1,\cdots,x_n$ 是 $x_0,x_1,\cdots,x_n$ 上 $n+1$ 个互异节点，记

$$\omega_{n+1}(x)=\prod_{i=0}^{n}(x-x_i)=(x-x_0)(x-x_1)\cdots(x-x_n)$$

则插值多项式 $L_n(x)$ 的余项为

$$R_n(x)=f(X)-L_n(x)=\frac{f^{(n+1)}(\xi)}{(n+1)!}\omega_{n+1}(x),\ \forall x\in[a,b] \tag{3.4}$$

其中，$\xi=\xi(x)\in(a,b)$。

证明　由插值条件和 $\omega_{n+1}(x)$ 的定义可知，当 $x=x_k$ 时式(3.4)显然成立，并且有

$$R_n(x)=0,\ k=0,1,\cdots,n \tag{3.5}$$

这表明 $x_0,x_1,\cdots,x_n$ 都是函数 $R_n(x)$ 的零点，从而 $R_n(x)$ 可表示为

$$R_n(x)=f(x)-L_n(x)=K(x)\omega_{n+1}(x) \tag{3.6}$$

其中，$K(x)$ 是待定函数。

对于任意固定的 $x\in[a,b]$，$x\neq x_k(k=0,1,\cdots,n)$，构造自变量 t 的辅助函数：

$$\varphi(t)=f(t)-L_n(t)=K(x)\omega_{n+1}(t) \tag{3.7}$$

由式(3.5)和式(3.6)可知 $x_0,x_1,\cdots,x_n$ 和 x 是 $\varphi(t)$ 在区间 $[a,b]$ 上的 $n+2$ 个互异零点，因此，根据罗尔(Rolle)定理，至少存在一点 $\xi=\xi(x)\in(a,b)$，使得

$$\varphi_{n+1}(\xi)=0$$

于是，由式(3.7)得到

$$K(x)=\frac{f^{(n+1)}(\xi)}{(n+1)!}$$

代入式(3.6)即得式(3.4)。

由于 $\xi=\xi(x)$ 一般无法确定，因此式(3.4)只能用作余项估计。如果 $f^{(n+1)}$ 在开区间 (a,b) 上有界，即存在常数 $M_{n+1}>0$，使得

$$|f^{(n+1)}(x)|\leqslant M_{n+1},\quad \forall x\in(a,b)$$

则有余项估计：

$$|R_n(x)|\leqslant\frac{M_{n+1}}{(n+1)!}|\omega_{n+1}(x)|$$

当 $f^{(n+1)}$ 在闭区间$[a,b]$上连续时，可取 $M_{n+1}=\max_{x\in[a,b]}|f^{(n+1)}(x)|$。

推论 3.1　设节点 $x_0<x_1$，$f''(x)$ 在闭区间 $[x_0,x_1]$ 上连续，记 $M_2=\max_{x\in[a,b]}|f''(x)|$，则过点 $(x_0,f(x_0))$,$(x_1,f(x_1))$ 的线性插值余项为

$$R_1(x)=\frac{f''(x)}{2}(x-x_0)(x-x_1),\ \xi=\xi(x)\in(x_0,x_1)$$

由于在 $[x_0,x_1]$ 上，$|(x-x_0)(x-x_1)|$ 在 $x=\dfrac{(x_1+x_0)}{2}$ 时达到最大值 $\dfrac{(x_1+x_0)^2}{4}$，因此可得余项的一个上界估计 $\forall x\in[x_0,x_1]$，且满足

$$|R_1(x)| \leqslant \frac{M_2}{8}(x_1 - x_0)^2$$

例 3.2 设 $f(x)=\sin x$，插值基点是 $x_j = j\pi/10(j=0,1,\cdots,5)$，试估计一下次数不超过 5 次的插值多项式 $y(x)$ 在 $\bar{x}=\pi/7$ 处的误差 $R_5(\pi/7)$。

解 取 $n=5$，由式(3.4)，得

$$R_n(\bar{x}) = \sin\bar{x} - y(\bar{x}) = -\frac{-\sin\xi}{720}(\bar{x}-x_0)(\bar{x}-x_1)\cdots(\bar{x}-x_5)$$

由于 $|f^{(6)}(x)| = |-\sin x| \leqslant 1$，从上式可以推出：

$$R_5(\bar{x}) = \sin\bar{x} - y(\bar{x}) \leqslant \frac{1}{720}|(\bar{x}-x_0)(\bar{x}-x_1)\cdots(\bar{x}-x_5)|$$

特别地，当取 $\bar{x}=\pi/7$ 时，可得

$$|R_5(\pi/7)| \leqslant 6.741\ 64 \times 10^{-6}$$

例 3.3 设 $f(x)=\ln x$，已知它满足表 3.2 的数据。

表 3.2 例 3.3 数据

x	0.40	0.50	0.70	0.80
$\ln x$	−0.916 291	−0.693 147	−0.356 675	−0.223 144

试用多项式插值方法估计 ln0.60 的值。

解 取 $n=3$，$x_0=0.40$，$x_1=0.50$，$x_2=0.70$，$x_3=0.80$，$\bar{x}=0.60$，由 Lagrange 公式算法求出

$$y(0.60) = -0.509\ 975$$

由式(3.4)，得

$$R_3(0.60) = \ln 0.60 - y(0.60) = -\frac{1}{4\xi^4} \times 0.0004 = -\xi^{-4} \times 10^{-4},\ \xi \in [0.40, 0.80]$$

但由于

$$\frac{10^4}{4096} < \xi^{-4} < \frac{10^4}{256}$$

故有余项估计式：

$$-\frac{1}{256} < R_3(0.60) < -\frac{1}{4096}$$

于是，ln0.60 的值应该满足：

$$y(0.60) - \frac{1}{256} < \ln 0.60 < y(0.60) < -\frac{1}{4096}$$

或者

$$-0.513\ 881 < \ln 0.60 < -0.510\ 219$$

实际上，ln0.6 取值为(取 6 位小数)

$$\ln(0.60) = -0.510\ 826$$

3.3 Newton 插值方法

Lagrange 插值的优点是插值多项式特别容易建立，缺点是增加节点时原有多项式不能利

用，必须重新建立，即所有基函数都要重新计算，这就造成计算量的浪费；Newton 插值多项式是代数插值的另一种表现形式，当增加节点时它具有所谓的“承袭性”，这要用到差商的概念。

3.3.1　差商的定义与性质

设给定函数 $f(x)$ 满足表 3.3 的数据。

表 3.3　函 数 数 据

x	x_0	x_1	x_2	x_3	…
$f(x)$	f_0	f_1	f_2	f_3	…

这里，当 $i \neq j$ 时，$x_i \neq x_j$。

定义 3.1　令 $f[x_k]=f(x_k)(k=0,1,\cdots)$，我们将

$$f[x_0,x_1,\cdots,x_k]=\frac{f[x_1,x_2,\cdots,x_k]-f[x_0,x_1,\cdots,x_{k-1}]}{x_k-x_0} \tag{3.8}$$

叫作函数 f 在点 $x_0,x_1,\cdots,x_k$ 的 k 阶差商（$k \geqslant 1$）。

于是，按照上述定义，f 在 x_0,x_1 处的一阶差商为

$$f[x_0,x_1]=\frac{f(x_1)-f(x_0)}{x_1-x_0} \tag{3.9}$$

f 在 x_0,x_1,x_2 处的二阶差商为

$$\begin{aligned} f[x_0,x_1,x_2] &= \frac{f[x_1,x_2]-f[x_0,x_1]}{x_2-x_0} \\ &= \frac{f(x_2)(x_1-x_0)-f(x_1)(x_2-x_0)+f(x_0)(x_2-x_1)}{(x_1-x_0)(x_2-x_0)(x_2-x_1)} \end{aligned} \tag{3.10}$$

差商具有以下性质：

性质 1　n 阶差商可以表示成 $n+1$ 个函数值 $f(x_0),f(x_1),\cdots,f(x_n)$ 的线性组合，即

$$f[x_0,x_1,\cdots,x_n]=\sum_{i=0}^{n}\frac{f(x_i)}{(x_i-x_0)\cdots(x_i-x_{i-1})(x_i-x_{i+1})\cdots(x_i-x_n)}$$

性质 2（对称性）　差商与节点的顺序无关，如

$$f[x_0,x_1]=f[x_1,x_0]$$

$$f[x_0,x_1,x_2]=f[x_1,x_2,x_0]=f[x_2,x_0,x_1]$$

这一点可以从性质 1 看出。

性质 3　若 $f(x)$ 是 x 的 n 次多项式，则一阶差商 $f[x,x_0]$ 是 x 的 $n-1$ 次多项式，二阶差商 $f[x,x_0,x_1]$ 是 x 的 $n-2$ 次多项式；一般地，函数 $f(x)$ 的 k 阶差商 $f[x,x_0,\cdots x_{k-1}]$ 是 x 的 $n-k$ 次多项式（$k \leqslant n$），而 $k>n$ 时，k 阶差商为零。

利用差商的递推定义，可以用递推来计算差商，如表 3.4 所示。

表 3.4　差　商　表

x	$f(x)$	一阶差商	二阶差商	三阶差商	…
x_0	$f(x_0)$				
x_1	$f(x_1)$	1 $f[x_0,x_1]$			

续表

x	$f(x)$	一阶差商	二阶差商	三阶差商	…
x_2	$f(x_2)$	2 $f[x_1,x_2]$	3 $f[x_0,x_1,x_2]$		
x_3	$f(x_3)$	4 $f[x_2,x_3]$	5 $f[x_1,x_2,x_3]$	6 $f[x_0,x_1,x_2,x_3]$	
⋮	⋮	⋮	⋮	⋮	⋮

3.3.2 Newton 插值公式

1. Newton 插值多项式

设 x 是 $[a,b]$ 上任意一点，则由 $f(x)$ 的一阶差商定义式 $f[x,x_0]=\dfrac{f(x)-f(x_0)}{x-x_0}$ 可得

$$f(x)=f(x_0)+f[x,x_0](x-x_0)$$

同理，由 $f(x)$ 的二阶差商定义式 $f[x,x_0,x_1]=\dfrac{f[x,x_0]-f[x,x_1]}{x-x_1}$ 可得

$$f[x,x_0]=f[x_0,x_1]+f[x,x_0,x_1](x-x_1)$$

一般地，由 $f(x)$ 的 $n+1$ 阶差商定义式可得

$$f[x,x_0,\cdots,x_n]=\frac{f[x_0,x_1,\cdots,x_{n-1}]-f[x_1,x_2,\cdots,x_n]}{x_0-x_n}$$

有

$$f[x,x_0,x_1\cdots,x_{n-1}]=f[x_0,x_1,\cdots,x_n]+f[x,x_0,x_1,\cdots,x_n](x-x_n)$$

从而得到一系列等式：

$$f(x)=f(x_0)+f[x,x_0](x-x_0)$$
$$f[x,x_0]=f[x_0,x_1]+f[x,x_0,x_1](x-x_1)$$
$$\cdots$$
$$f[x,x_0,x_1\cdots,x_{n-1}]=f[x_0,x_1,\cdots,x_n]+f[x,x_0,x_1,\cdots,x_n](x-x_n)$$

依次将后式代入前式可得

$$\begin{aligned}f(x)=&f(x_0)+f[x_0,x_1](x-x_0)+f[x_0,x_1,x_2](x-x_0)(x-x_1)+\cdots\\&+f[x_0,x_1,\cdots,x_n](x-x_0)\cdots(x-x_{n-1})\\&+f[x,x_0,x_1,\cdots,x_n](x-x_0)(x-x_1)\cdots(x-x_n)\end{aligned}$$

上式可以写作

$$f(x)=N_n(x)+R_n(x)$$

其中：

$$\begin{aligned}N_n(x)=&f(x_0)+f[x_0,x_1](x-x_0)+f[x_0,x_1,x_2](x-x_0)(x-x_1)+\cdots\\&+f[x_0,x_1,\cdots,x_n](x-x_0)\cdots(x-x_{n-1})\end{aligned}\tag{3.11}$$

$$R_n(x)=f[x,x_0,x_1,\cdots,x_n](x-x_0)(x-x_1)\cdots(x-x_n)\tag{3.12}$$

可以看出，$N_n(x)$ 是关于 x 的次数不超过 n 的多项式，并且当 $x=x_i$ 时，有

$$R_n(x_i)=0,\ (i=0,1,\cdots,n)$$

因而有

$$N_n(x_i)=f(x_i),\ (i=0,1,\cdots,n)$$

亦即 $N_n(x)$ 满足插值条件，称为 Newton 插值多项式，再由插值多项式的唯一性可知 $L_n(x)\equiv N_n(x)$，因而 Newton 与 Lagrange 插值多项式对应的余项是相等的，即

$$f[x,x_0,x_1,\cdots,x_n]\omega_{n+1}(x)=\frac{f^{(n+1)}(\xi)}{(n+1)!}\omega_{n+1}(x)$$

由此可得差商与倒数的关系如下：

性质 4　若 $f(x)$ 在 $[a,b]$ 上存在 n 阶导数，且 $x_i\in[a,b](i=0,1,\cdots,n)$，则

$$f[x_0,x_1,\cdots,x_n]\omega_{n+1}(x)=\frac{f^{(n)}(\xi)}{n!},\ \xi\in[a,b]$$

2. Newton 插值公式的算法及其计算量

实际应用 Newton 插值公式计算被插值函数 $f(x)$ 在某插值点 $\bar{x}$ 处的近似函数值时，一般分为两个步骤：首先，建立计算对应于差商表的算法，求得式(3.11)中的系数 $f[x_0,x_1],f[x_0,x_1,x_2],\cdots,f[x_0,x_1,\cdots,x_n]$，然后，应用这些系数值，按式(3.11)求 $N_n(x)$。下面先讨论求 Newton(牛顿)插值公式系数 $f[x_0,x_1,\cdots,x_k](k=1,\cdots,n)$ 的算法。由前面的差商表可以看出，为了求得这些系数，需要应用初始的 $n+1$ 个 $\{(x_j,f(x_j))\}_{j=0}^{n}$ 数据对自左向右地计算出相应的各阶差商值。而且，这些系数值可以最后存放在初始数据对中函数值的单元中，按照这种想法，我们建立如下的计算 $f[x_0,x_1,\cdots,x_k]$ $(k=1,\cdots,n)$ 的算法。

算法 3.2(Newton 插值公式系数)

1　输入 $\{x_0,x_1,\cdots,x_n,f_0,f_1,\cdots,f_n\}$

2　对 $j=0,1,\cdots,n$

　2.1 $d_j\leftarrow f_j$

3　对 $k=0,1,\cdots,n-1$

　3.1　对 $j=n,n-1,\cdots,k+1$

　　3.1.1 $d_j=(d_j-d_{j-1})/(x_j-x_{j-k-1})$

4　输出 $\{d_0,d_1,\cdots,d_n\}$

注意： 在步骤 3 中，当 $k=0$ 时，由步骤 3.1 算出的实际上是 $f[x_{n-1},x_n],f[x_{n-2},x_{n-1}],\cdots,f[x_0,x_1]$；当 $k=1$ 时，由步骤 3.1 算出的是 $f[x_{n-2},x_{n-1},x_n],\cdots,f[x_0,x_1,x_2],\cdots$；当 $k=n-1$ 时，由步骤 3.1 算出的是 $f[x_0,x_1,\cdots,x_n]$。最后，步骤 4 输出 $\{d_0,d_1,\cdots,d_n\}$，即是 $\{f[x_0],f[x_0,x_1],\cdots,f[x_0,x_1,\cdots,x_n]\}$。

有了上述算法的输出结果，我们容易应用 Newton 插值公式按照以下算法求出在任意插值点 $\bar{x}$ 处的 $N_n(\bar{x})$ 值作为 $f(\bar{x})$ 的近似值。

算法 3.3(Newton 插值公式的求值)

(输入数据包含 $n+1$ 个插值基点 $x_0,x_1,\cdots,x_n$，由算法 3.2 求得的 $d_0,d_1,\cdots,d_n$，以及 $\bar{x}$)

1　输入 $\{x_0,x_1,\cdots,x_n,f_0,f_1,\cdots,f_n\}$

2　$p\leftarrow d_n$

3　对于 $i=n-1,n-2\cdots,0$

　3.1 $p\leftarrow p(\bar{x}-x_i)+d_i$

4　输出 $\{\bar{x}, p\}$

下面讨论算法 3.2 与 3.3 的计算量。前者四则运算集中在步骤 3，其中步骤 3.1.1 包含两次加减法与一次除法，步骤 3 共演算 $n+(n-1)+\cdots+1=n(n+1)/2$ 次。因此，算法 3.2 的计算量为

$$n(n+1)\text{ 次加减法}+\frac{n(n+1)}{2}\text{ 次除法}$$

算法 3.3 求多项式函数值的计算量为

$$2n\text{ 次加减法}+n\text{ 次乘法}$$

这样一来，应用算法 3.2 与算法 3.3 求单个点 $\bar{x}$ 处的值的计算量是

$$n(n+3)\text{ 次加减法}+n\text{ 次乘法}+\frac{n(n+1)}{2}\text{ 次除法}$$

例 3.4　设函数 $f(x)$ 的数值如表 3.5 所示。

表 3.5　例 3.4 数据

x	-1	2	3	5
$f(x)$	2	3	4	1

试用 Newton 插值方法估计 $x=1.5$ 处的值。

解　根据差商表，我们有如表 3.6 所示的结果。

表 3.6　例 3.4 差商表

x_0, x_1, x_2, x_3	$f(x)$	一阶差商	二阶差商	三阶差商
-1	2			
2	3	$\frac{3-2}{2-(-1)}=\frac{1}{3}$		
3	4	$\frac{4-3}{3-2}=1$	$\frac{1-\frac{1}{3}}{3-(-1)}=\frac{1}{6}$	
5	1	$\frac{1-4}{5-3}=-\frac{3}{2}$	$\frac{-\frac{3}{2}-1}{5-2}=-\frac{5}{6}$	$\frac{-\frac{5}{6}-\frac{1}{6}}{5-(-1)}=-\frac{1}{6}$

由表 3.6 可知：

$$f[x_0,x_1]=\frac{1}{3},f[x_1,x_2]=1,f[x_2,x_3]=-\frac{3}{2},f[x_0,x_1,x_2]=-\frac{1}{6},$$

$$f[x_1,x_2,x_3]=-\frac{5}{6},\ f[x_0,x_1,x_2,x_3]=-\frac{1}{6}$$

利用 Newton 插值法，可得函数的 Newton 插值公式为

$$\begin{aligned}f(x)&=2+\frac{1}{3}(x-(-1))-\frac{1}{6}(x-(-1))(x-2)-\frac{1}{6}(x-(-1))(x-2)(x-3)\\&=-\frac{1}{6}x^3-\frac{5}{6}x^2+\frac{4}{3}x+\frac{5}{3}\end{aligned}$$

Python 代码实现如下：

```
#程序 ch3p2.py
```

```
def func(x,y,X,infor=True):
    list2=[y[0]]                        #差商表的对角线的第一个元素
    count=1
    while(True):
        if len(y)>1:
            list=[]
            for i in range(len(y)-1):
                n=x[i+count]-x[i]
                m=y[i+1]-y[i]
                l=m/n
                list.append(l)
            list2.append(list[0])        # list2 用来记录差商表的对角线元素
            count += 1
            y = list
        else:
            break
    if infor:                            #判断是否要继续计算
        W=0
        for i in range(len(list2)):
            if i==0:
                w=list2[i]
            else:
                w = list2[i]
                for j in range(i):
                    w *=(X-x[j])
            W+=w
return W

x = [-1, 2, 3, 5]
y = [2, 3, 4, 1]
print(x,y)
result=func(x,y,1.5)
print(result)
```

运行结果：

```
[-1, 2, 3, 5] [2, 3, 4, 1]
2.3124999999999996
```

3.4　Hermite 插值与分段插值

3.4.1　Hermite 插值

前面讨论的 Lagrange 与 Newton 插值多项式的插值条件只要求在插值节点上，插值函数与被插值函数的函数值相等，即满足表 3.7。

表 3.7　函数数据

x	x_0	x_1	x_2	…	x_n
$f(x)$	f_0	f_1	f_2	…	f_n
$f'(x)$	f'_0	f'_1	f'_2	…	f'_n

需要寻求多项式 $y(x) \in P_{2n+1}$ 满足如下 $2n+2$ 个条件：

$$y(x_j)=f_j,\ y'(x_j)=f'_j,\ j=0,1,\cdots,n \tag{3.13}$$

这就是 Hermite 插值问题。

从几何上看，上述问题可以理解为：给定平面上 $n+1$ 个不同点 $(x_j, f_j)(0 \leqslant j \leqslant n)$ 以及函数 f 在这些点处的斜率 $f'_j(0 \leqslant j \leqslant n)$，要寻求一个次数不超过 $2n+1$ 的多项式曲线通过这些已知点，并在这些点处与原来的函数 f"密切"。

应用类似于前一节中的推证，我们也可以得出：满足式(3.13)的 P_{2n+1} 中的多项式是唯一的。通常，将这样的多项式 $y(x) \in P_{2n+1}$ 叫作 Hermite 插值多项式。下面讨论它的存在性与具体表达式。

先讨论 $n=1$ 的情形。这时，式(3.13)中有四个条件。仿照 Lagrange 公式的构造方法，我们将待求的 P_3 中的 Hermite 插值多项式写成如下的线性组合形式：

$$y(x)=h_0(x)f_0+h_1(x)f_1+\overline{h_0}(x)f'_0+\overline{h_1}(x)f'_1 \tag{3.14}$$

为了让 $y(x)$ 满足式(3.13)(取 $n=1$)，这里的三次多项式 $h_0, h_1, \overline{h_0}, \overline{h_1}$ 必须满足下列条件：

$$\begin{cases} h_0(x_0)=1, h_0(x_1)=h'_0(x_0)=h'_0(x_1)=0; \\ h_1(x_1)=1, h_1(x_0)=h'_1(x_0)=h'_1(x_1)=0 \\ \bar{h}'_0(x_0)=1, \bar{h}_0(x_0)=\bar{h}_0(x_1)==\bar{h}'_0(x_1)=0 \\ \bar{h}'_1(x_1)=1, \bar{h}_1(x_0)=\bar{h}_1(x_1)==\bar{h}'_1(x_0)=0 \end{cases} \tag{3.15}$$

从上述条件可以唯一地确定出三次多项式 $h_0(x), h_1(x), \overline{h_0}(x), \overline{h_1}(x)$，下面仅以 $h_0(x)$ 为例说明一下具体方法。

由 $h_0(x_1)=\bar{h}'_0(x_1)=0$ 可知，三次多项式 $h_0(x)$ 有因子 $(x-x_1)^2$，于是，可将 $h_0(x)$ 写为

$$h_0(x)=[a+b(x-x_0)]l_0^2(x)$$

其中，$l_0(x)=(x-x_1)/(x_0-x_1)$，a 与 b 为待定常数。当 $h_0(x_0)=1$ 与 $h'_0(x_0)=0$ 时，可求得

$$a=1,\ b=-2l'_0(x_0)=\frac{-2}{x_0-x_1}$$

因此，可得

$$\begin{aligned} h_0(x) &= [1-2(x-x_0)l'_0(x_0)]l_0^2(x) \\ &= \left[1+2\frac{x-x_0}{x_1-x_0}\right]l_0^2(x)=3l_0^2(x)-2l_0^3(x) \end{aligned} \tag{3.16}$$

同理，有

$$\begin{cases} h_1(x)=\left[1+2\dfrac{x-x_1}{x_0-x_1}\right]l_1^2(x)=3l_1^2(x)-2l_1^3(x) \\ \bar{h}_0(x)=(x-x_0)l_0^2(x)=(x_1-x_0)[l_0^2(x)-l_0^3(x)] \\ \bar{h}_1(x)=(x-x_1)l_1^2(x)=-(x_1-x_0)[l_1^2(x)-l_1^3(x)] \end{cases} \tag{3.17}$$

其中，$l_0(x)$ 与 $l_1(x)$ 为插值基函数，即

$$l_0(x)=\frac{x-x_1}{x_0-x_1},\ l_1(x)=\frac{x-x_0}{x_1-x_0} \tag{3.18}$$

将式(3.16)与式(3.17)代入式(3.14)，便得到所需要的 P_3 中的 Hermite 插值多项式 $y(x)$：

$$y(x)=\sum_{j=0}^{1}[1-2l'_j(x_j)(x-x_j)]l_j^2(x)f_j+\sum_{j=0}^{1}(x-x_j)]l_j^2(x)f'_j$$

或者应用式(3.18)，可得

$$y(x)=(x_0-x_1)^{-2}\left[\left(1-2\frac{x-x_0}{x_0-x_1}\right)(x-x_1)^2f_0+\left(1-2\frac{x-x_1}{x_1-x_0}\right)(x-x_0)^2f_1+\right.$$
$$\left.(x-x_0)(x-x_1)^2f'_0+(x-x_1)(x-x_0)^2f'_1\right]$$

对于一般 $n+1$ 个不同插值基点的情形，我们仿照 $n=1$ 情形下的讨论也可将待求的 P_{2n+1} 中的多项式 $y(x)$ 表示为

$$y(x)=\sum_{j=0}^{n}h_j(x)f_j+\sum_{j=0}^{n}\bar{h}_j(x)f'_j \tag{3.19}$$

为了使上式中 $y(x)$ 满足式(3.13)的条件，各个 $h_j(x)$ 与 $\bar{h}_j(x)(0\leqslant j\leqslant n)$ 应该是满足下列条件的 $2n+1$ 次多项式：

$$h_j(x_k)=\delta_{jk}\quad(j,k=0,1,\cdots,n) \tag{3.20}$$

$$h'_j(x_k)=0\quad(j,k=0,1,\cdots,n) \tag{3.21}$$

$$\bar{h}_j(x_k)=0\quad(j,k=0,1,\cdots,n) \tag{3.22}$$

$$\bar{h}'_j(x_k)=\delta_{jk}\quad(j,k=0,1,\cdots,n) \tag{3.23}$$

其中，δ_{jk} 是 Kronecker 符号，即 $\delta_{jj}=1$。假如 $j\neq k$，$\delta_{jk}=0$，由这些条件可以确定出 $h_j(x)$ 与 $\bar{h}_j(x)(0\leqslant j\leqslant n)$，具体推导如下：

由于 $h_j(x)$ 满足条件式(3.20)与式(3.21)的条件，故 $h_j(x)$ 在 $x_0,x_1,\cdots,x_{j-1},x_{j+1},\cdots,x_n$ 处有二重根，于是 $h_j(x)\in p_{2n+1}$ 可写成

$$h_j(x)=[a+b(x-x_j)]l_j^2(x)$$

其中，a 与 b 为待定常数，而 $l_j(x)$ 为插值基函数。再由余下的两个条件 $h_j(x_j)=1$ 与 $h'_j(x_j)=0$ 便可确定出 $a=1$，$b=-2l'_j(x_j)$。因此，有

$$h_j(x)=[1-2l'_j(x_j)(x-x_j)]l_j^2(x)\quad(0\leqslant j\leqslant n) \tag{3.24}$$

同理可得

$$\bar{h}_j(x)=(x-x_j)l_j^2(x)\quad(0\leqslant j\leqslant n) \tag{3.25}$$

将以上两式代入式(3.19)便可求出满足式(3.13)的 Hermite 插值多项式 $y(x)$：

$$y(x)=\sum_{j=0}^{n}[1-2l'_j(x_j)(x-x_j)]l_j^2(x)f_j+\sum_{j=0}^{n}(x-x_j)l_j^2(x)f'_j \tag{3.26}$$

这时，$h_j(x)$ 与 $\bar{h}_j(x)(0 \leqslant j \leqslant n)$ 叫作 Hermite 插值基函数。

综上所述，我们有如下基本结论：

定理 3.3 假如给出 $n+1$ 个在不同插值基点 $x_0, x_1, \cdots, x_n$ 上的函数 $f(x)$ 的值 $f_0, f_1, \cdots, f_n$ 与导数值 $f'_0, f'_1, \cdots, f'_n$，则存在唯一的 Hermite 插值多项式 $y(x) \in p_{2n+1}$ 满足式(3.13)，且 $y(x)$ 存在表达式(3.26)。

下面讨论 Hermite 插值多项式 $y(x)$ 逼近 $f(x)$ 的误差，即 $E(x)=f(x)-y(x)$ 的表达式。

定理 3.4 设函数 $f(x)$ 在含有 $n+1$ 个不同插值基点 $x_0, x_1, \cdots, x_n$ 的闭区间 $[a,b]$ 上有 $2n+2$ 阶导数，并且，$y(x) \in p_{2n+1}$ 是满足式(3.13)的 Hermite 插值多项式，则对任意 $\bar{x} \in [a,b]$，存在 $\zeta \in [a,b]$，使得

$$E(\bar{x})=f(\bar{x})-y(\bar{x})=\frac{f^{(2n+2)}(\zeta)}{(2n+2)!}[(\bar{x}-x_0)(\bar{x}-x_1)\cdots(\bar{x}-x_n)]^2 \tag{3.27}$$

证明 类似于 Lagrange 插值余项定理的证明，不妨设 $\bar{x}$ 不是任一插值基点。记

$$p_{n+1}(x)=(x-x_0)(x-x_1)\cdots(x-x_n)$$

并考虑辅助函数 $H(t)$：

$$H(t)=E(\bar{x})p_{n+1}^2(t)-E(t)p_{n+1}^2(\bar{x})$$

由直接验证得出，$H(t)$ 有单根 $\bar{x}$ 与二重根 $x_0, x_1, \cdots, x_n$。于是，应用罗尔定理可推出 $H'(t)$ 在 $[a,b]$ 内有 $2(n+1)$ 个零点，$H''(t)$ 在 $[a,b]$ 内有 $2n+1$ 个零点……最后，$H^{(2n+2)}$ 在 $[a,b]$ 内有一个零点，记为 ζ，因此，有

$$0=H^{(2n+2)}(\zeta)=E(\bar{x})[p_{n+1}^2(t)]_{t=\zeta}^{(2n+2)}-[E(t)]_{t=\zeta}^{(2n+2)}p_{n+1}^2(\bar{x})$$

但是，又因为

$$[p_{n+1}^2(t)]_{t=\zeta}^{(2n+2)}=(2n+2)!$$

$$[E(t)]_{t=\zeta}^{(2n+2)}=f^{(2n+2)}(\zeta)$$

而 $y(x) \in p_{2n+1}$，故上式可改写为

$$E(\bar{x})=f(\bar{x})-y(\bar{x})=\frac{f^{(2n+2)}(\zeta)}{(2n+2)!}p_{n+1}^2(\bar{x})$$

由此即可证明式(3.27)成立。

上述定理有以下直接推论：

推论 3.1 如果 $f(x) \in p_{2n+1}$，则满足条件式(3.13)的 Hermite 插值多项式 $y(x) \in p_{2n+1}$ 恒等于 $f(x)$。

证明 因为这时 $f^{(2n+2)}(\zeta)=0$，对一切 ζ 成立，由式(3.27)可得

$$E(x)=f(x)-y(x)\equiv 0$$

例 3.5 假定 $f(x)=\ln x$ 有如表 3.8 所示的数据。

表 3.8 例 3.5 数据

x	0.40	0.50	0.70	0.80
$\ln x$	−0.916 291	−0.693 147	−0.356 675	−0.223 144
$(\ln x)'=x^{-1}$	2.50	2.00	1.43	1.25

试用 Hermite 多项式插值方法估计 ln0.60 的值。

现取 $x_0=0.40, x_1=0.50, x_2=0.70, x_3=0.80$，由式(3.24)与式(3.25)（$n=3$）算得

$$h_0(0.60)=\frac{11}{54}, h_1(0.60)=\frac{8}{27}, h_2(0.60)=\frac{8}{27}, h_3(0.60)=\frac{11}{54},$$

$$\bar{h}_0(0.60)=\frac{1}{180}, \bar{h}_1(0.60)=\frac{2}{45}, \bar{h}_2(0.60)=-\frac{2}{45}, \bar{h}_3(0.60)=-\frac{1}{180}$$

将这些值代入式(3.19)（$n=3$），可得

$$\ln 0.60 \approx y(0.60)=-0.510\,824$$

应用误差公式(3.27)以及类似于上节例 3.4 中最后部分的推导方法，容易估计出

$$-0.000\,031 < E(0.60) < -0.000\,001$$

因此，由 $\ln x = y(x)+E(x)$ 得出

$$-0.510\,855 < \ln(0.60) < -0.510\,824\,1$$

实际上，ln0.60 的真值为−0.510 826(取六位小数)。

可以看出，这里的估计比起例 3.3 中的估计显然更为精确。以下是 Python 代码实现：

```
#程序 ch3p3.py
import matplotlib.pyplot as plt
import numpy as np
def gl(i, xi, x):#计算基函数值
    deno = 1.0
    nu = 1.0
    for j in range(0, len(xi)):
        if j!= i:
            deno *= (xi[i]-xi[j])
            nu *= (x-xi[j])
    return nu/deno
def gdl(i, xi):#计算基函数的导数值
    result = 0.0
    for j in range(0,len(xi)):
        if j!=i:
            result += 1/(xi[i]-xi[j])
    result *= 2
    return result
def get_Hermite(xi, yi, dyi):#计算 Hermite 插值函数
    def he(x):
        result = 0.0
        for i in range(0, len(xi)):
            result += (yi[i]+(x-xi[i])*(dyi[i]-2*yi[i]*gdl(i, xi))) * ((gl(i,xi,x))**2)
        return result
    return he
        #return round(he,6)   #保留 6 位小数
import math
sr_x = [0.4, 0.5, 0.7, 0.8]
sr_fx =[-0.916291, -0.693147, -0.356675, -0.223144]
```

```
deriv = [2.5, 2.0, 1.43, 1.25]
Hx = get_Hermite(sr_x, sr_fx, deriv)
rel_x = [i * 0.1 for i in range(-5, 10)] rel_y = [Hx(i) for i in rel_x]
print(round(Hx(0.6),6))
plt.plot(sr_x, sr_fx, 'ro')
plt.plot(rel_x, rel_y, 'b-')
plt.title('Hermite Interpolation')
plt.show()
```

Hermite 插值结果如图 3.1 所示。

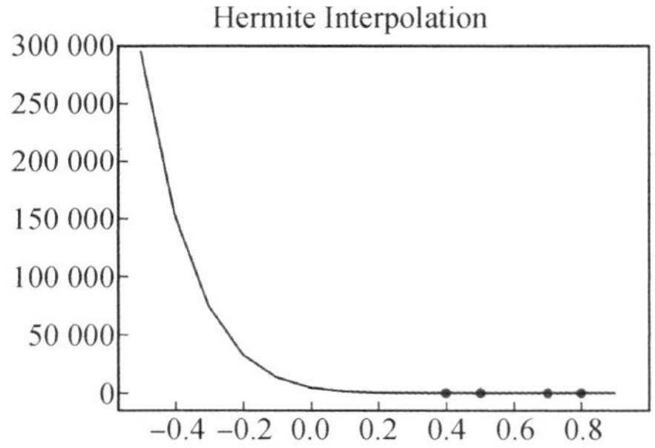

图 3.1 Hermite 插值结果

3.4.2 分段插值

随着插值节点增加，插值多项式的次数也相应增加，而对于高次插值容易带来的剧烈振荡问题，会造成数值不稳定，因此若既要增加插值节点，减小插值区间，又不增加插值多项式的次数以减少误差，我们可以采用分段插值的办法。

设给定节点 $a=x_0<x_1<\cdots<x_n=b$，记

$$h_i=x_{i+1}-x_i,\ h=\max h_i$$

1. 分段插值的必要性

前面我们讨论了多项式插值与 Hermite 插值的余项公式，由这些公式看出余项 $E(x)$ 的大小与插值基点的个数 $n+1$ 有关。但是，不能简单地认为在一确定的区间里基点越多(即 n 越大)，误差 $E(x)$ 就越小。这个理由在于应用余项公式是有前提条件的，而这些函数的光滑性条件随着插值基点个数 n 的增加而变得更加苛刻，一般被插值函数不一定能满足这些条件，甚至我们有时原本不知道有关函数的导数性质。另外，即使函数具有很好的光滑性条件，但余项中的导数项有时会随着 n 增大而变得很大，这样，虽然在插值基点及其邻近点处，函数 $f(x)$ 与插值多项式 $y(x)$ 的数值比较接近，但在其他的非插值基点处，当 n 很大时，这两个值往往并不接近，甚至还有相当大的差距。

鉴于这些原因，在实际应用中，选用的插值多项式的次数一般都不超过 6、7，并且通常会采用分段低次的插值来提高近似程度。在本节后面的内容里，我们只介绍分段线性插值与分段三次 Hermite 插值，它们都属于局部化的分段插值类型。

2. 分段线性插值(折线插值)

假设函数 $f(x)$ 给定节点 $a=x_0<x_1<\cdots<x_n=b$ 的函数值为 $y_i=f(x_i)(i=0,1,$

$\cdots,n$)，将它们看成为平面上的 $n+1$ 个点 $A_0(x_0,y_0),A_1(x_1,y_1),\cdots,A_n(x_n,y_n)$，并依次序相连，即得以这些点为顶点的折线，其对应的函数记为 $y(x)$。显然，在 $[x_j,x_{j+1}]$ 区间上，折线的方程是

$$y(x)=f_i\frac{x-x_{i+1}}{x_i-x_{i+1}}+f_{i+1}\frac{x-x_i}{x_{i+1}-x_i}\quad(i=0,1,\cdots,n-1)\tag{3.28}$$

通常，我们将上述 $y(x)$ 叫作函数 $f(x)$ 的满足式(3.1)的分段线性插值函数(或折线插值函数)。容易证明，满足式(3.1)的函数 $f(x)$ 的分段线性插值函数也是唯一的。下面讨论分段线性插值函数 $y(x)$ 的误差 $E(x)=f(x)-y(x)$ 的估计。

定理 3.5　假设 $f(x)$ 在含有 $n+1$ 个不同的插值基点 $a=x_0<x_1<\cdots<x_n=b$ 的区间 $[a,b]$ 上二阶连续可微，且 $y(x)$ 是满足式(3.1)的分段线性插值函数，则对任意 $\bar{x}\in[a,b]$，有

$$|E(\bar{x})|=|f(\bar{x})-y(\bar{x})|\leqslant\frac{h^2}{8}\max_{x\in[a,b]}|f''(x)|\tag{3.29}$$

其中，$h=\max\limits_{0\leqslant j\leqslant n-1}|x_{j+1}-x_j|$。

证明：对任意 $\bar{x}\in[a,b]$，必有 $\bar{x}\in[x_j,x_{j+1}]$，按余项公式(3.4)(取 $n=1$)，可得

$$E(\bar{x})=f(\bar{x})-y(\bar{x})=\frac{f''(\xi)}{2}(\bar{x}-x_j)(\bar{x}-x_{j+1}),\ \xi\in[x_j,x_{j+1}]$$

但是，由于

$$\max_{\bar{x}\in[x_j,x_{j+1}]}\{|\bar{x}-x_j||\bar{x}-x_{j+1}|\}=\frac{(x_{j+1}-x_j)^2}{4}$$

且按假定，$\max\limits_{x\in[a,b]}|f''(x)|$ 为有限的非负数，于是，可得

$$|E(\bar{x})|=|f(\bar{x})-y(\bar{x})|\leqslant\frac{(x_{j+1}-x_j)^2}{8}\max_{x\in[x_j,x_{j+1}]}|f''(x)|,\ \bar{x}\in[x_j,x_{j+1}]$$

从而可证明式(3.29)对所有 $\bar{x}\in[a,b]$ 成立。

注意，分段线性插值在每一个子区间 $[x_j,x_{j+1}]$ 上的函数表达式(3.28)只依赖于该区间端点上的函数值 f_j 与 f_{j+1}，而与其他插值基点处的函数值无关，因而这种插值正是所谓局部化的分段插值的最简单的情形。

分段线性插值的不足之处在于它的插值函数虽在插值区间上连续，但在“拼接点”处一般有尖点，因而曲线不光滑。下面介绍的 Hermite 分段三次插值，在“拼接点”处有一阶连续导数，因而具有光滑性。

3. Hermite 分段三次插值

假定函数 $f(x)$ 及其导数 $f'(x)$ 在给定节点 $a=x_0<x_1<\cdots<x_n=b$ 的函数值及导数值分别为 $f(x)$，$f'(x_i)(i=0,1,\cdots,n)$。所谓分段三次 Hermite 插值问题，就是寻求一个插值函数 $y(x)$，使得在每个子区间 $[x_j,x_{j+1}](0\leqslant j\leqslant n-1)$ 上，$y(x)$属于 P_3，而在整个区间 $[a,b]$ 上，$y(x)$ 有一阶连续导数，并且

$$y(x_i)=f_i,\ y'(x_i)=f'_i\quad(i=0,1,2,\cdots,n)\tag{3.30}$$

我们通常称满足上述条件的函数 $y(x)$ 为分段三次 Hermite 插值函数。

如同折线插值的情形，这样的插值函数 $y(x)$ 可以用在上节介绍过的各个子区间 $[x_j,x_{j+1}]$ 上的 P_3 中的 Hermite 插值多项式“拼接”起来。显然，这样构造的分段函数满足前面提到的

所有条件。并且，可以从 $n=1$ 时 Hermite 多项式在 P_3 中的唯一性直接推出，分段三次 Hermite 插值函数也是唯一的。具体做法如下：

易知分段三次 Hermite 插值函数 $y(x)$ 及其导数 $y'(x)$ 都是区间 $[a,b]$ 上的连续函数，因而是一种光滑的分段插值，在每个小区间 $[x_i,x_{i+1}](i=0,1,\cdots,n-1)$ 上，有

$$y(x)=(x_j-x_{j+1})^{-2}\left[f_i\left(1-2\frac{x-x_i}{x_i-x_{i+1}}\right)(x-x_{i+1})^2+f_{i+1}\left(1-2\frac{x-x_{i+1}}{x_{i+1}-x_i}\right)(x-x_i)^2\right.$$
$$\left.+f'_i(x-x_i)(x-x_{i+1})^2+f'_{i+1}(x-x_{i+1})(x-x_i)^2\right] \tag{3.31}$$

特殊情况下，当 x 取为区间 $[x_i,x_{i+1}]$ 的中点时，即 $x=(x_i+x_{i+1})/2$，有

$$y\left(\frac{x_i+x_{i+1}}{2}\right)=\frac{1}{2}(f_i+f_{i+1})+\frac{1}{8}(x_{i+1}-x_i)(f'_i+f'_{i+1}) \tag{3.32}$$

关于分段三次 Hermite 插值函数 $y(x)$ 的误差 $E(x)=f(x)-y(x)$，我们有以下的估计。

定理 3.6 设 $f(x)$ 在含有 $n+1$ 个插值节点 $a=x_0<x_1<\cdots<x_n=b$ 的区间 $[a,b]$ 上连续，在 $f^{(4)}(x)$ 的区间 $[a,b]$ 上连续可微，且 $y(x)$ 是满足式(3.30)的分段三次 Hermite 插值函数，则对任意 $\bar{x}\in[a,b]$，有

$$|E(\bar{x})|=|f(\bar{x})-y(\bar{x})|\leqslant\frac{h^4}{384}\max_{x\in[a,b]}|f^{(4)}(x)| \tag{3.33}$$

其中，$h=\max\limits_{0\leqslant j\leqslant n-1}|x_{j+1}-x_j|$。

证明 利用误差公式(3.29)(取 $n=1$)以及

$$\max_{\bar{x}\in[x_j,x_{j+1}]}\{(\bar{x}-x_j)^2(\bar{x}-x_{j+1})^2\}=\frac{(x_{j+1}-x_j)^4}{16}$$

仿照上述定理的证明，便可得出式(3.33)。

例 3.6 设函数 $f(x)=1/(1+25x^2)$ 及其导数如表 3.9 所示。

表 3.9 例 3.6 数据

x_j	−1.00	−0.80	−0.60	−0.40	−0.20	−0.00
$f(x_j)$	0.038 46	0.058 82	0.100 00	0.200 00	0.500 00	1.000 00
$f'(x_j)$	0.073 96	0.138 41	0.300 00	0.800 00	2.500 00	0.000 00

应用分段三次 Hermite 插值，求出在各个子区间中 −0.90，−0.70，−0.50，−0.30，−0.10 处函数 $f(x)$ 的近似值。

显然这时插值基点是等距分布在区间 [−1.00，0.00] 上的，即对所有 j，$x_{j+1}-x_j=0.2$，应用式(3.32)，此时有

$$y\left(\frac{x_j+x_{j+1}}{2}\right)=0.5(f_j+f_{j+1})+0.025(f'_j+f'_{j+1})$$

具体计算结果与 $f(x)$ 的真值如表 3.10 所示。

表 3.10 计 算 结 果

x	−0.90	−0.70	−0.50	−0.30	−0.10
$y(x)$	0.047 03	0.075 37	0.137 50	0.307 50	0.812 50
$f(x)$	0.047 06	0.075 47	0.137 93	0.307 69	0.800 00

注意：分段三次 Hermite 插值在每个子区间 $[x_j, x_{j+1}]$ 上的函数表达式(3.31)只依赖于该区间端点处的函数值 f_j, f_{j+1} 与导数值 f'_j, f'_{j+1}，而与其他插值基点处的函数值与导数值无关，因而与折线插值情形一样，它也属于局部化分段插值的类型。

3.5　三次样条插值

高次插值函数的计算量大，有剧烈振荡，且数值稳定性差；在分段插值中，分段线性插值在分段点上仅连续而不可导，分段三次 Hermite 插值有连续的一阶导数，但如此的光滑程度常不能满足物理问题的需要。样条函数可以同时解决这两个问题，使插值函数既是低阶分段函数，又是光滑的函数，并且只需在区间端点提供某些导数的信息即可。

本节介绍一种常用的全局化的分段插值方法——三次样条插值，它在整个插值区间上有二阶连续导数。与前一节介绍过的所谓局部化的分段插值不同，三次样条插值在每一个子区间上的函数表达式要由被插值函数的 $n+1$ 个数据对 $\{(x_j, f_j)\}_{j=0}^{n}$ 来确定。确切的定义如下：

定义 3.2　设在区间 $[a, b]$ 上取 $n+1$ 个节点 $a = x_0 < x_1 < \cdots < x_n = b$，函数 $f(x)$ 在各个节点处的函数值为 $f_i(i=0,1,\cdots,n)$，一个定义在 $[a, b]$ 上的函数 $S(x)$ 叫作插值这些数据的三次自然样条，它满足以下条件：

(1) $S(x_i) = f_i$，$i = 0,1,\cdots,n$；

(2) 在区间 $[a, b]$ 上，$S(x), S'(x), S''(x)$ 连续；

(3) 在每个子区间 $[x_i, x_{i+1}](i=0,1,\cdots,n-1)$ 上，$S(x)$ 是 x 的三次多项式；

(4) $S''(a) = S''(b) = 0$。

下面我们来推导三次自然样条的计算公式，并由此证明满足上述定义中条件(1)和(4)的三次自然样条 $S(x)$ 是唯一存在的。

3.5.1　三次自然样条 $S(x)$ 的计算公式

设 $h_j = x_j - x_{j-1}(j=1,2,\cdots,n)$，并令 $M_j = S''(x_j)(j=0,1,\cdots,n)$。因为在 $[x_{j-1}, x_j]$ 上，$S(x) \in P_3$，所以 $S''(x)$ 在同一子区间上一定属于 P_1，于是有

$$S''(x) = \frac{x_j - x}{h_j} M_{j-1} + \frac{x - x_{j-1}}{h_j} M_j,\ x \in [x_{j-1}, x_j],\ j = 1,\cdots,n \tag{3.34}$$

将上式积分两次，并将最后积分中含有的任意线性函数记为 $c_j(x_j - x) + d_j(x - x_{j-1})$，其中 c_j, d_j 为待定常数，则得到

$$S(x) = \frac{(x_j - x)^3}{6h_j} M_{j-1} + \frac{(x - x_{j-1})^3}{6h_j} M_j + c_j(x_j - x) + d_j(x - x_{j-1})$$

应用定义 3.2 中的条件(1) $S(x_{j-1}) = f_{j-1}$ 与 $S(x_j) = f_j$ 来确定上式中的待定常数 c_j, d_j，得出

$$S(x) = \frac{(x_j - x)^3}{6h_j} M_{j-1} + \frac{(x - x_{j-1})^3}{6h_j} M_j + \left(f_{j-1} - \frac{M_{j-1} h_j^2}{6}\right) \frac{x_j - x}{h_j} + \left(f_j - \frac{M_j h_j^2}{6}\right) \frac{x - x_{j-1}}{h_j},\ x \in [x_{j-1}, x_j] \tag{3.35}$$

对上式求导，得

$$S'(x)=-\frac{(x_j-x)^2}{2h_j}M_{j-1}+\frac{(x-x_{j-1})^2}{2h_j}M_j+\frac{f_j-f_{j-1}}{h_j}-\frac{M_j-M_{j-1}}{6}h_j \tag{3.36}$$

利用 $S(x)$ 一阶导数连续的性质，得

$$S'(x_j-0)=\frac{h_j}{6}M_{j-1}+\frac{h_j}{3}M_j+\frac{f_j-f_{j-1}}{h_j}$$

$$S'(x_j+0)=-\frac{h_{j+1}}{3}M_j-\frac{h_{j+1}}{6}M_{j+1}+\frac{f_{j+1}-f_j}{h_{j+1}}$$

这将产生如下的 $n-1$ 个方程：

$$h_jM_{j-1}+2M_j(h_j+h_{j+1})+h_{j+1}M_{j+1}=6\left(\frac{f_{j+1}-f_j}{h_{j+1}}-\frac{f_j-f_{j-1}}{h_j}\right) \tag{3.37}$$

这是含有 $n-1$ 个未知量 $M_1, M_2, \cdots, M_{n-1}$ 的 $n-1$ 个方程组成的线性方程组。一旦确定出这些 M_j 的值，将它们代入式(3.35)，便可求出所需要的三次自然样条 $S(x)$。因此，确定三次自然样条 $S(x)$ 的问题便主要归结为求解 $n-1$ 元线性方程组(3.37)。

为了简化方程组(3.37)，我们引入符号：

$$\begin{cases}\sigma_j=\dfrac{f_j-f_{j-1}}{h_j}, & j=1,2,\cdots,n\\ d_j=6(\sigma_{j+1}-\sigma_j), & j=1,2,\cdots,n-1\end{cases} \tag{3.38}$$

这时，方程组(3.37)可以改写成

$$h_jM_{j-1}+2(h_j+h_{j+1})M_j+h_{j+1}M_{j+1}=d_j,\quad j=1,2,\cdots,n-1 \tag{3.39}$$

或者

$$\begin{bmatrix}2(h_1+h_2) & h_2 & & & \\ h_2 & 2(h_2+h_3) & h_3 & & \\ & \ddots & \ddots & \ddots & \\ & & h_{n-2} & 2(h_{n-2}+h_{n-1}) & h_{n-1}\\ & & & h_{n-1} & 2(h_{n-1}+h_n)\end{bmatrix}\times\begin{bmatrix}M_1\\ M_2\\ \vdots\\ M_{n-2}\\ M_{n-1}\end{bmatrix}=\begin{bmatrix}d_1\\ d_2\\ \vdots\\ d_{n-2}\\ d_{n-1}\end{bmatrix} \tag{3.40}$$

上式便是三对角方程组。容易看出，它的系数矩阵是实对称且严格对角占优的。因此，方程(3.39)或方程(3.40)有唯一解，并且这个解可以用追赶法算出。

更直接的，我们可以令

$$\begin{cases}a_1=2(h_1+h_2)\\ a_k=2(h_k+h_{k+1})-\dfrac{h_k^2}{a_{k-1}} & (k=2,3,\cdots,n-1)\\ b_1=d_1\\ b_k=d_k-\dfrac{h_kb_{k-1}}{a_{k-1}} & (k=2,3,\cdots,n-1)\end{cases} \tag{3.41}$$

再对方程组(3.40)应用高斯顺序消去法，则得出方程(3.40)的等价方程组：

$$\begin{bmatrix} a_1 & h_2 & & & \\ & a_2 & h_3 & & \\ & \ddots & \ddots & \ddots & \\ & & & a_{n-2} & h_{n-1} \\ & & & & a_{n-1} \end{bmatrix} \times \begin{bmatrix} M_1 \\ M_2 \\ \vdots \\ M_{n-2} \\ M_{n-1} \end{bmatrix} = \begin{bmatrix} b_1 \\ b_2 \\ \vdots \\ b_{n-2} \\ b_{n-1} \end{bmatrix} \tag{3.42}$$

由它应用向后回代，推出

$$\begin{cases} M_{n-1} = \dfrac{b_{n-1}}{a_{n-1}} \\ M_k = \dfrac{b_k - h_{k+1} M_{k+1}}{a_k}, \quad k = n-2, n-3, \cdots, 1 \end{cases} \tag{3.43}$$

值得指出的是，方程组(3.40)或方程(3.42)的系数矩阵的所有元素只与节点 $\{x_j\}_{j=0}^n$ 在 $[a,b]$ 中的分布位置有关，而与 $\{f_j\}_{j=0}^n$ 的值无关。因此，它的元素的计算结果可适用于各种被逼近的函数 $f(x)$。

综合前面的推证，我们有如下结论：

定理 3.7　对函数 f 的 $n+1$ 个数据对 $\{(x_j, f_j)\}_{j=0}^n$，其中，$a = x_0 < x_1 < \cdots < x_n = b$，线性代数方程组(3.40)有唯一解，并且，插值这些数据对的三次自然样条是唯一存在的。

下面写出利用三次自然样条求 $S(x)$ 值的算法。

算法 3.4　(按三次自然样条求 $S(\bar{x})$ 值)

1　输入 $\{x_0, x_1, \cdots, x_n, f_0, f_1, \cdots, f_n, \bar{x}\}$

2　对 $k = 1, 2, \cdots, n$

　2.1　$h_k \leftarrow x_k - x_{k-1}$

3　$a_1 \leftarrow 2(h_1 + h_2)$

4　对 $k = 2, 3, \cdots, n-1$

　4.1　$a_k \leftarrow 2(h_k - h_{k+1}) - h_k^2 / a_{k-1}$

5　对 $k = 1, 2, \cdots, n$

　5.1　$c_k \leftarrow (f_k - f_{k-1}) / h_k$

6　对 $k = 1, 2, \cdots, n, n-1$

　6.1　$d_k \leftarrow 6(c_{k+1} - c_k)$

7　$b_1 \leftarrow d_1$

8　对 $k = 2, 3, \cdots, n-1$

　8.1　$b_k \leftarrow d_k - h_k b_{k-1}) / a_{k-1}$

9　$M_{n-1} \leftarrow b_{n-1} / a_{n-1}$

10　对 $k = n-2, n-3, \cdots, 1$

　10.1　$M_k \leftarrow (b_k - h_{k+1} M_{k+1}) / a_k$

11　$M_0 \leftarrow 0, M_n \leftarrow 0$

12　$x \leftarrow x_0 + h_1$

13　对 $k = 1, 2, \cdots, n$

　13.1　如果 $x_{k-1} \leqslant \bar{x} \leqslant x$，转到步骤 15

　13.2　如果 $k = n$，转到步骤 14

13.3 $x \leftarrow x + h_{k+1}$

14 输出"$\bar{x}$ 不在区间 $[a,b]$ 内"，停止执行

15 $s \leftarrow M_{k-1}(x_k - \bar{x})^3/(6h_k) + M_k(\bar{x} - x_{k-1})^3/(6h_k) + (f_{k-1} - M_{k-1}h_k^2/6)(x_k - \bar{x})/h_k + (f_k - M_k h_k^2/6)(\bar{x} - x_{k-1})/h_k$

16 输出 $\{\bar{x}, s\}$

注意：上述算法中，步骤 3、4 计算 $a_1, a_2 \cdots, a_{n-1}$；步骤 5、6 计算 $d_1, d_2, \cdots, d_{n-1}$；步骤 9、10 计算 $M_1, M_2, \cdots, M_{n-1}$；步骤 12、13 判定 $\bar{x} \in [a,b]$，并可求出 k 的值，使得 $x_{k-1} \leqslant \bar{x} \leqslant x_k$；步骤 15 计算 $S(\bar{x})$。

例 3.7 编写 Python 程序，利用三次样条插值方法求解函数 $f(x) = \dfrac{1}{1+x^2}$，$x \in [-5,5]$ 的插值，并画图表示。

解 根据三次样条插值方法，编写程序如下：

```
#程序 ch3p4.py
import numpy as np
from sympy import *
import matplotlib.pyplot as plt
def f(x):
    return 1 / (1 + x ** 2)
def cal(begin, end, i):
    by = f(begin)
    ey = f(end)
    I=Ms[i] * ((end-n) ** 3)/6+Ms[i+1] * ((n-begin) ** 3)/6+(by-Ms[i]/6) * (end-n)+(ey
    -Ms[i+1]/6) * (n-begin)
    return I
def ff(x):  # f[x0, x1, …, xk]
    ans = 0
    for i in range(len(x)):
        temp = 1
        for j in range(len(x)):
            if i != j:
                temp * = (x[i] - x[j])
        ans += f(x[i]) / temp
    return ans
def calM():
    lam = [1]+[1/2] * 9
    miu = [1/2] * 9+[1]
    # Y = 1/(1+n ** 2)
    # df = diff(Y, n)
    x = np.array(range(11)) - 5
    # ds = [6 * (ff(x[0:2]) - df.subs(n, x[0]))]
    ds = [6 * (ff(x[0:2]) - 1)]
```

```
    for i in range(9):
        ds.append(6 * ff(x[i: i + 3]))
    # ds.append(6 * (df.subs(n, x[10]) - ff(x[-2:])))
    ds.append(6 * (1 - ff(x[-2:])))
    Mat = np.eye(11, 11) * 2
    for i in range(11):
        if i == 0:
            Mat[i][1] = lam[i]
        elif i == 10:
            Mat[i][9] = miu[i - 1]
        else:
            Mat[i][i - 1] = miu[i - 1]
            Mat[i][i + 1] = lam[i]
    ds = np.mat(ds)
    Mat = np.mat(Mat)
    Ms = ds * Mat.I
    return Ms.tolist()[0]
def calnf(x):
    nf = []
    for i in range(len(x) - 1):
        nf.append(cal(x[i], x[i + 1], i))
    return nf
def calf(f, x):
    y = []
    for i in x:
        y.append(f.subs(n, i))
    return y
def nfSub(x, nf):
    tempx = np.array(range(11)) - 5
    dx = []
    for i in range(10):
        labelx = []
        for j in range(len(x)):
            if x[j] >= tempx[i] and x[j] < tempx[i + 1]:
                labelx.append(x[j])
            elif i == 9 and x[j] >= tempx[i] and x[j] <= tempx[i + 1]:
                labelx.append(x[j])
        dx = dx + calf(nf[i], labelx)
    return np.array(dx)
def draw(nf):
    plt.rcParams['font.sans-serif'] = ['SimHei']
    plt.rcParams['axes.unicode_minus'] = False
    x = np.linspace(-5, 5, 101)
```

```
    y = f(x)
    Ly = nfSub(x, nf)
    plt.plot(x, y, label='原函数')
    plt.plot(x, Ly, label='三次样条插值函数')
    plt.xlabel('x')
    plt.ylabel('y')
    plt.legend()
    plt.savefig('1.png')
    plt.show()
def lossCal(nf):
    x = np.linspace(-5, 5, 101)
    y = f(x)
    Ly = nfSub(x, nf)
    Ly = np.array(Ly)
    temp = Ly - y
    temp = abs(temp)
    print(temp.mean())
if __name__ == '__main__':
    x = np.array(range(11)) - 5
    y = f(x)
    n, m = symbols('n m')
    init_printing(use_unicode=True)
    Ms = calM()
    nf = calnf(x)
    draw(nf)
    lossCal(nf)
```

数值计算结果如图 3.2 所示。

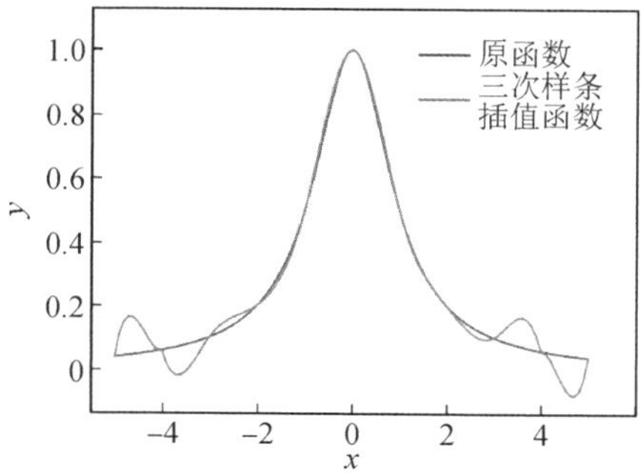

图 3.2 三次样条仿真结果

3.5.2 三次自然样条 $S(x)$ 的误差估计

简单起见，我们只考虑等距节点的情形，即有 $h_i = h$，$j = 1, 2, \cdots, n$，推出关于误差 $E(x) = f(x) - S(x)$ 的估计式。

定理 3.8　设 $a < x_1 < \cdots < x_n = b$ 为区间 $[a,b]$ 的等距划分，即有 $h_j = x_j - x_{j-1} = h = \dfrac{b-a}{n}(j=0,1,\cdots,n)$，又设函数 $f(x)$ 在 $[a,b]$ 上有二阶连续导数。如果 $S(x)$ 是插值 $n+1$ 各数据对 $\{(x_j,f_j)\}_{j=0}^n$ 的三次自然样条，则对任意 $\bar{x}\in[a,b]$，有

$$|E(\bar{x})| = |f(\bar{x}) - S(\bar{x})| \leqslant \frac{7}{8}h^2 \max_{x\in[a,b]} |f''(x)| \tag{3.44}$$

证明　不妨设 $\bar{x}\in(x_{j-1},x_j)$，定义辅助函数 $H(t)$ 为

$$H(t) = E(\bar{x})(t-x_{j-1})(t-x_j) - E(t)(\bar{x}-x_{j-1})(\bar{x}-x_j)$$

这时，对 $t=\bar{x}, x_{j-1}$ 与 x_j，$H(t)=0$。因此，根据罗尔定理，$H'(t)$ 在 $[x_{j-1},x_j]$ 上有两个不同的零点，$H''(t)$ 有一个零点，记为 $\tau\in[x_{j-1},x_j]$。对 $H(t)$ 求导两次得到

$$H''(t) = 2E(\bar{x}) - E''(t)(\bar{x}-x_{j-1})(\bar{x}-x_j)$$

于是，由 $H''(\tau)=0$，可得

$$E(\bar{x}) = \frac{1}{2}[f''(\tau) - S''(\tau)](\bar{x}-x_{j-1})(\bar{x}-x_j)$$

由于

$$|(\bar{x}-x_{j-1})(\bar{x}-x_j)| \leqslant \frac{1}{4}(x_j-x_{j-1})^2 = \frac{1}{4}h^2$$

根据上式可得

$$|E(\bar{x})| = \frac{1}{8}h^2(|f''(\tau)| + |S''(\tau)|) \leqslant \frac{1}{8}h^2[\max_{x\in[a,b]}|f''(x)| + |S''(\tau)|]$$

下面来寻求 $S''(\tau)$ 的上界。按定义 3.2 的条件(3)，$S(x)$ 在 $[x_{j-1},x_j]$ 上属于 p_3。因此，$S''(x)$ 在这个区间上属于 p_1。于是可得

$$|S''(\tau)| \leqslant \max\{|S''(x_{j-1})|, |S''(x_j)|\} \leqslant \max_{1\leqslant j\leqslant n-1}|M_j|$$

现令 $|M_i| = \max\limits_{1\leqslant j\leqslant n-1}|M_j|$。这时，方程组(3.39)中的第 i 个方程变为

$$\frac{1}{2}M_{i-1} + 2M_i + \frac{1}{2} = \frac{3(f_{i+1}-2f_i+f_{i-1})}{h^2}$$

但是，因为 $|M_{i-1}| \leqslant |M_i|$ 与 $|M_{i+1}| \leqslant |M_i|$，由上式可推出

$$2M_i \leqslant \frac{3|f_{i+1}-2f_i+f_{i-1}|}{h^2} + \frac{1}{2}|M_{i-1}| + \frac{1}{2}|M_{i+1}|$$

$$\leqslant 3\max_{1\leqslant j\leqslant n-1}\frac{|f_{i+1}-2f_i+f_{i-1}|}{h^2} + M_i$$

因而可得

$$M_i \leqslant 3\max_{1\leqslant j\leqslant n-1}\frac{|f_{i+1}-2f_i+f_{i-1}|}{h^2}$$

按微分学中值定理，对于 $1\leqslant i\leqslant n-1$，有

$$f_{i+1}-2f_i+f_{i-1} = (f_{i+1}-f_i) - (f_i - f_{i-1}) = [f'(\xi_i) - f'(\xi_{i-1})]h$$

其中，$\xi_i\in[x_i,x_{i+1}]$，$\xi_{i-1}\in[x_{i-1},x_i]$。于是，有 $\eta_i\in[\xi_{i-1},\xi_i]$ 使得

$$|f'(\xi_i) - f'(\xi_{i-1})| = |f''(\eta_i)(\xi_i - \xi_{i-1})| \leqslant 2h\max_{x\in[a,b]}|f''(x)|$$

如此可得

$$|f_{i+1}-2f_i+f_{i-1}|\leqslant 2h^2\max_{x\in[a,b]}|f''(x)|$$

因而可得

$$|S''(\tau)|\leqslant \max_{1\leqslant j\leqslant n-1}|M_j|\leqslant 6\max_{x\in[a,b]}|f''(x)|$$

因此，最后得出

$$|E(\bar{x})|\leqslant \frac{7}{8}h^2\max_{x\in[a,b]}|f''(x)|$$

3.5.3 三次自然样条的最小均方曲率性质

我们知道，一个定义在区间 $[a,b]$ 上的二阶连续可微函数 $y(x)$ 在 x 点的曲率为

$$\frac{y''(x)}{[1+(y'(x))^2]^{3/2}}$$

当 $y'(x)$ 变化缓慢时，上式中分母接近于某个正常数，因而函数 $y(x)$ 的曲率与其二阶导数近似成正比。此时，我们可以利用

$$\left\{\int_a^b[y''(x)]^2\mathrm{d}x^{\frac{1}{2}}\right\}$$

来定义函数 $y(x)$ 在 $[a,b]$ 上的均方曲率，并用这个量来描述函数曲线的“光顺性”，即该积分平方根越小，函数曲线的光顺性越好。下面的定理告诉我们，三次自然样条在一定范围内具有最小均方曲率的特性，即在一定范围内，它的曲线最光顺。

定理 3.9 设 $S(x)$ 是满足定义 3.2 中四个条件的三次自然样条，又设 $g(x)$ 是满足定义 3.2 中条件(1)与(2)的 $[a,b]$ 上的其他函数，则有

$$\int_a^b[g''(t)]^2\mathrm{d}t\geqslant\int_a^b[S''(t)]^2\mathrm{d}t \tag{3.45}$$

并且，如果在 $[a,b]$ 上 $g(x)\neq S(x)$，那么上式中严格不等式成立。

证明 为了证明本定理的结果，只需要推导下面的等式：

$$\int_a^b[g''(t)]^2\mathrm{d}t=\int_a^b[S''(t)]^2\mathrm{d}t+\int_a^b[g''(t)-S''(t)]^2\mathrm{d}t \tag{3.46}$$

这是因为

$$\int_a^b[f''(t)-S''(t)]^2\mathrm{d}t\geqslant 0$$

且只有当 $g''(t)=S''(t)$ 对一切 $t\in[a,b]$ 成立时，这个积分为零，但若 $g''(t)=S''(t)$，则由定义 3.2 条件(1)和(2)推出 $g(t)=S(t)$，$t\in[a,b]$。事实上，由 $g''(t)=S''(t)$ 推出 $g(t)=S(t)+\alpha t+\beta$，α,β 是常数。取 $t=a,t=b$，按题可得 $\alpha a+\beta=0$，$\alpha b+\beta=0$，但 $a\neq b$，故有 $\alpha=\beta=0$，因此，$S(t)=g(t)$，$t\in[a,b]$。

但是，由于

$$\int_a^b[f''(t)-S''(t)]^2\mathrm{d}t=\int_a^b[g''(t)]^2\mathrm{d}t-\int_a^b[S''(t)]^2\mathrm{d}t-2\int_a^b[g''(t)-S''(t)]S''(t)\mathrm{d}t$$

因此，为了证明式(3.46)，只需要证明上式中右端最后一个定积分是零就可以了。

事实上，按照分步积分公式，有

$$\int_a^b [f''(t)-S''(t)]S''(t)\mathrm{d}t=[g'(t)-S'(t)]S''(t)\mid_{t=a}^{t=b}-\int_a^b [g'(t)-S'(t)]S'''(t)\mathrm{d}t$$

$$=-\sum_{i=0}^{n-1}\int_{x_i}^{x_{i+1}}[g'(t)-S'(t)]S'''(t)\mathrm{d}t \tag{3.47}$$

这里用到 $S''(a)=S''(b)=0$ 的条件。另一方面，因为 $S(x)$ 在各个子区间 $[x_i,x_{i+1}]$ 上是属于 P_3 的，所以 $S'''(t)$ 在这些区间上是常数：$S'''(t)=c_i=$常数，$t\in[x_i,x_{i+1}]$。于是，式(3.47)等于

$$-\sum_{i=0}^{n-1}\int_{x_i}^{x_{i+1}}[g'(t)-S'(t)]\mathrm{d}t=-\sum_{i=0}^{n-1}[g(t)-S(t)]\mid_{x_i}^{x_{i+1}}=0$$

这是因为按照假设，有

$$g(x_i)=S(x_i)=f_i,f(x_{i+1})=S(x_{i+1})=f_{i+1}$$

因此，式(3.46)成立。

3.6　曲线拟合的最小二乘法

本节主要讨论曲线拟合中经常遇到的线性最小二乘拟合问题。下面首先介绍曲线拟合的基本概念。

3.6.1　最小二乘拟合问题

假设通过实验或观测得到物理量 x 与 y 的一组离散的数据对 $(x_i,y_i)(i=1,2,\cdots,m)$，其中 x_i 彼此不同，我们希望用较为简单的函数 $y=F(x)$，如多项式函数，来反映物理量 x 与 y 之间的依赖关系。一般来说，当 m 较大时，要求用多项式作为近似函数是不现实的。因为高次的插值多项式往往导致在非插值点处有较大的误差，同时实验和观测的数据对 (x_i,y_i) 一般包含初始数据误差，应用严格通过点 (x_i,y_i) 插值的办法也是不可取的。因此，我们希望寻找次数远比 m 低的多项式或其他简单函数 $F(x)$，使它在一定度量意义下最好地逼近或拟合与原始的数据中的函数关系。

这样一来，所谓的曲线拟合问题，即是给定 m 个数据对 $\{(x_i,y_i)\}_{i=1}^m$ 与某个函数集合(称为可取函数集合)，以及函数拟合于数据对 $\{(x_i,y_i)\}_{i=1}^m$ 的某种度量，需要在这个可取函数集合内寻找函数 $F(x)$，使得这个度量变为最小。这里所说的“拟合”，即不要求所做的曲线完全通过所有的数据点，只要求所得的近似曲线能反映数据的基本趋势。

一个函数 $F(x)$ 拟合于数据对 $\{(x_i,y_i)\}_{i=1}^m$ 的度量有许多种方式，最常见的一种是应用在各点处偏差 $y_i-F(x_i)$ 的平方和的平方根：

$$R=\left\{\sum_{i=1}^m[y_i-F(x_i)]^2\right\}^{\frac{1}{2}} \tag{3.48}$$

选取这样的度量在数学上较为容易处理，并且可以避免正项与负项之间可能引起的灾难性抵消。

由于我们取偏差的平方和的平方根作为函数 $F(x)$ 拟合于数据对 $\{(x_i,y_i)\}_{i=1}^m$ 的度量，因此通常也称上述曲线拟合问题为最小二乘拟合问题。

式(3.48)中的可取函数集合$\{F(x)\}$是多种多样的，通常上述曲线拟合问题中的可取函数集合可以方便地选为若干个线性无关的给定函数的线性组合，譬如：

$$F(x)=a_1\varphi_1(x)+a_2\varphi_2(x)+\cdots+a_n\varphi_n(x) \tag{3.49}$$

其中，$a_1,a_2,\cdots,a_n$ 是常数参数。于是，式(3.48)中的 $F(x_i)$ 可写为

$$F(x_i)=a_1\varphi_1(x_i)+a_2\varphi_2(x_i)+\cdots+a_n\varphi_n(x_i),1\leqslant i\leqslant m$$

也就是说，每一个 $F(x_i)$ 关于 $a_1,a_2,\cdots,a_n$ 是线性的，因而该式中的 R 的平方可表示为

$$\begin{aligned}R^2&=\sum_{i=1}^{m}[y_i-(a_1\varphi_1(x_i)+a_2\varphi_2(x_i)+\cdots+a_n\varphi_n(x_i))]^2\\&=\sum_{i=1}^{m}\left[y_i-\sum_{k=1}^{n}a_k\varphi_k(x_i)\right]^2\end{aligned} \tag{3.50}$$

这时，曲线拟合问题变成寻找式(3.49)中的 n 个参数 $a_1,a_2,\cdots,a_n$ 使得式(3.50)变为最小。为区别其他形式的最小二乘拟合问题，我们将与式(3.50)对应的曲线拟合问题称为线性最小二乘拟合问题。这种拟合问题可化为解 n 元线性代数方程组的问题。

现令 $\boldsymbol{a}=(a_1,a_2,\cdots,a_n)^{\mathrm{T}}\in\mathbf{R}^n$，$\boldsymbol{y}=(y_1,y_2,\cdots,y_m)^{\mathrm{T}}\in\mathbf{R}^m$，

$$\boldsymbol{A}=\begin{pmatrix}\varphi_1(x_1)&\varphi_2(x_1)&\cdots&\varphi_n(x_1)\\\varphi_1(x_2)&\varphi_2(x_2)&\cdots&\varphi_n(x_2)\\\vdots&\vdots&&\vdots\\\varphi_1(x_m)&\varphi_2(x_m)&\cdots&\varphi_n(x_m)\end{pmatrix}$$

则按 $\mathbf{R}^m$ 上向量欧氏范数 $\|\cdot\|_2$ 的定义，式(3.50)可改写为范数形式：

$$R^2=\|\boldsymbol{y}-\boldsymbol{A}\boldsymbol{a}\|_2^2$$

此时线性最小二乘拟合问题便转化为已知 $\boldsymbol{y}\in\mathbf{R}^m$ 与 $m\times n$ 实矩阵 $\boldsymbol{A}$，要寻求向量 $\tilde{\boldsymbol{a}}\in\mathbf{R}^n$，使得

$$\|\boldsymbol{y}-\boldsymbol{A}\tilde{\boldsymbol{a}}\|_2^2=\min_{\boldsymbol{a}\in\mathbf{R}^n}\|\boldsymbol{y}-\boldsymbol{A}\boldsymbol{a}\|_2^2 \tag{3.51}$$

例 3.8 假设曲线拟合问题中可取函数集合为次数不超过 $n-1$ 的多项式集 P_{n-1}，即有

$$P_{n-1}=\{F(x)=a_1x^{n-1}+a_2x^{n-2}+\cdots+a_{n-1}x+a_n(a_1,a_2,\cdots,a_n)^{\mathrm{T}}\in R^n\}$$

也就是说，在式(3.49)中取 $\varphi_j(x)=x^{n-j}$，$j=1,2,\cdots n$，则有

$$F(x_i)=a_1x_i^{n-1}+a_2x_i^{n-2}+\cdots+a_{n-1}x_i+a_n\quad(1\leqslant i\leqslant m)$$

对于参数 $a_1,a_2,\cdots,a_n$ 而言，上式显然是线性的。这时，对应的线性最小二乘拟合问题变为寻找 $\tilde{\boldsymbol{a}}=(\tilde{a}_1,\tilde{a}_2,\cdots,\tilde{a}_n)^{\mathrm{T}}\in\mathbf{R}^n$，使得

$$\sum_{i=1}^{m}\left[y_i-\sum_{k=1}^{n}a_kx_i^{n-k}\right]^2 \tag{3.52}$$

变为极小，或者

$$\|\boldsymbol{y}-\boldsymbol{A}\tilde{\boldsymbol{a}}\|_2^2=\min_{\boldsymbol{a}\in\mathbf{R}^n}\|\boldsymbol{y}-\boldsymbol{A}\boldsymbol{a}\|_2^2 \tag{3.53}$$

其中，$\boldsymbol{y}=(y_1,y_2,\cdots,y_m)^{\mathrm{T}}$ 与 $\boldsymbol{A}=(x_i^{n-k})_{i,k=1}^{m,n}$ 由已知的 m 个数据对 $\{(x_i,y_i)\}_{i=1}^{m}$ 确定。

例 3.9 若可取函数类由下列形式的函数组成：

$$F(x)=a_1\mathrm{e}^x+a_2\frac{1}{x}+a_3\sin x$$

也就是说，在式中取 $\varphi_1(x)=e^x$，$\varphi_2(x)=\dfrac{1}{x}$，$\varphi_3(x)=\sin x$，其中，$a_1,a_2,a_3$ 是参数，则对应的也是线性最小二乘拟合问题。具体而言，寻找 $\tilde{\boldsymbol{a}}=(\tilde{a}_1,\tilde{a}_2,\tilde{a}_3)^{\mathrm{T}}\in\mathbf{R}^3$，使得

$$\sum_{i=1}^{m}\left[y_i-\left(a_1e^{x_i}+\frac{a_2}{x_i}+a_3\sin x_i\right)\right]^2$$

变为最小，或者

$$\|\boldsymbol{y}-\boldsymbol{A}\tilde{\boldsymbol{a}}\|_2^2=\min_{\boldsymbol{a}\in\mathbf{R}^3}\|\boldsymbol{y}-\boldsymbol{A}\boldsymbol{a}\|_2^2$$

其中，$\boldsymbol{y}=(y_1,y_2,\cdots,y_m)^{\mathrm{T}}\in\mathbf{R}^m$ 与 $m\times 3$ 矩阵

$$\boldsymbol{A}=\begin{pmatrix} e^{x_1} & 1/x_1 & \sin x_1\\ e^{x_2} & 1/x_2 & \sin x_2\\ \vdots & \vdots & \vdots\\ e^{x_m} & 1/x_m & \sin x_m\end{pmatrix}$$

由已知的 m 个数据对 $\{(x_i,y_i)\}_{i=1}^m$ 与 $\varphi_1,\varphi_2,\varphi_3$ 确定。

除了式(3.49)的情形外，根据问题的需要可取函数还可以选为其他的形式，例如 $F(x)=ae^{bx}$（a,b 为参数）。显然，$F(x_i)=ae^{bx_i}$ 对 a 是线性的，但对 b 不是线性的。此时，我们的曲线拟合问题变为已知 m 个数据对 $\{(x_i,y_i)\}_{i=1}^m$，要寻求 $\tilde{a}$ 与 $\tilde{b}$，使得

$$\sum_{i=1}^{m}[y_i-ae^{bx_i}]^2$$

变为最小。诸如这样的曲线拟合问题称为非线性最小二乘拟合问题。本节主要考虑线性拟合问题。

值得注意的是，当给出 m 个数据对 $\{(x_i,y_i)\}_{i=1}^m$ 时，选取何种类型的简单函数 $F(x)$ 去拟合它们，往往带有一定的随意性，但它与直觉经验以及问题的物理背景有着密切的关系。在现实中，一般先在坐标纸上描出这些数据对应的点，再凭经验和数学知识选择合适的可取函数类。

3.6.2　线性最小二乘拟合问题的解法

假如线性方程组 $\boldsymbol{Ax}=\boldsymbol{y}$ 有解 $\tilde{\boldsymbol{a}}$，那么，这个解 $\tilde{\boldsymbol{a}}$ 一定就是我们拟合问题的解，因为 $\|\boldsymbol{y}-\boldsymbol{A}\tilde{\boldsymbol{a}}\|_2=0$。但是，由于 m 通常大于 n，即 $\boldsymbol{Aa}=\boldsymbol{y}$ 中方程的个数 m 要比未知量个数 n 多，因此，一般的 $\boldsymbol{Aa}=\boldsymbol{y}$ 是矛盾方程组，即它是没有解的，这表明 $\|\boldsymbol{y}-\boldsymbol{Aa}\|_2>0$ 对所有的 $\boldsymbol{a}\in\mathbf{R}^n$ 成立，此时我们可以寻求方程组 $\boldsymbol{Aa}=\boldsymbol{y}$ 的最小二乘解 $\tilde{\boldsymbol{a}}\in\mathbf{R}^n$，即满足 $\|\boldsymbol{y}-\boldsymbol{A}\tilde{\boldsymbol{a}}\|_2^2=\min\limits_{\boldsymbol{a}\in\mathbf{R}^n}\|\boldsymbol{y}-\boldsymbol{Aa}\|_2^2$ 的 $\tilde{\boldsymbol{a}}$。假如这样的 $\tilde{\boldsymbol{a}}$ 存在，那么，类似于前面的分析，其分量 $\tilde{\boldsymbol{a}}_1,\tilde{\boldsymbol{a}}_2,\cdots,\tilde{\boldsymbol{a}}_n$ 必须满足下面的所谓的法方程组：

$$\frac{\partial}{\partial a_j}\sum_{i=i}^{m}\left[y_i-\sum_{k=1}^{n}\varphi_{ik}a_k\right]^2=0\quad(j=1,2,\cdots,n)\tag{3.54}$$

经过计算，法方程组可以写成：

$$\sum_{i=1}^{m}\sum_{k=1}^{n}\varphi_{ik}\varphi_{ij}a_k=\sum_{i=1}^{m}\varphi_{ij}y_i$$

或者写成矩阵形式：

$$A^{T}Aa = A^{T}y$$

现假定 $m \times n$ 矩阵 A 的 n 个列向量是线性无关的，即 A 是所谓列满秩的，这时，对任意 n 维列向量 $b \neq 0$ 一定推出 $Ab \neq 0$。在 A 为列满秩的假定之下还可推出 n 阶矩阵 $A^{T}A$ 是非奇异的。事实上，如果 $A^{T}A$ 奇异，则有 R^{n} 中的向量 $b \neq 0$ 满足 $A^{T}Ab = 0$。于是，$0 = b^{T}A^{T}Ab = \| Ab \|_{2}^{2}$，此与 $Ab \neq 0$ 矛盾。因此，法方程组有唯一解 $\tilde{a} = (A^{T}A)^{-1}A^{T}y$。这样，我们证明了在 A 列满秩的假定下，线性最小二乘拟合问题至多有一个解 $\tilde{a} \in R^{n}$。

下面证明，$\tilde{a} = (A^{T}A)^{-1}A^{T}y$ 确实是线性最小二乘拟合问题的解，即式(3.51)成立。可知：

$$\begin{aligned} \| y - Aa \|_{2}^{2} &= \| y - A\tilde{a} + A(\tilde{a} - a) \|_{2}^{2} \\ &= \| y - A\tilde{a} \|_{2}^{2} + 2(y - A\tilde{a}, A(\tilde{a} - a)) + \| A(\tilde{a} - a) \|_{2}^{2} \\ &= \| y - A\tilde{a} \|_{2}^{2} + \| A(\tilde{a} - a) \|_{2}^{2} \\ &\geqslant \| y - A\tilde{a} \|_{2}^{2} \end{aligned}$$

(在上式推倒中用到了内积 $(y - A\tilde{a}, A(\tilde{a} - a)) = (A^{T}y - A^{T}A\tilde{a}, \tilde{a} - a) = 0$ 的事实)并且，$A\tilde{a}$ 近似于 y 的误差 $\| y - A\tilde{a} \|_{2}$ 由直接计算，可知它等于

$$\| y - A\tilde{a} \|_{2} = \left[\| y \|_{2}^{2} - (y, A\tilde{a}) \right]^{\frac{1}{2}}$$

上面讨论的结果可用以下定理表示：

定理 3.10 对于线性最小二乘拟合问题

$$\min_{a \in R^{n}} \| y - Aa \|_{2}^{2}$$

当 $m \times n$ 矩阵 A 是列满秩时，有唯一解 $\tilde{a} = (A^{T}A)^{-1}A^{T}y$。并且，用 $A\tilde{a}$ 近似 y 的误差 $\| y - A\tilde{a} \|_{2}$ 等于 $[\| y \|_{2}^{2} - (y, A\tilde{a})]^{1/2}$。

最后，我们来看关于曲线拟合问题的具体例子。

例 3.10 已知平面上四个点 (0,1),(1,2.1),(2,2.9),(3,3.2)，试求出一直线方程拟合这个四个点，使偏差平方和变为最小。

解 根据题意，可取相应坐标 $x_1 = 0, x_2 = 1, x_3 = 2, x_4 = 3; y_1 = 1, y_2 = 2.1, y_3 = 2.9, y_4 = 3.2$。根据题意，我们要寻求 a_1 与 a_2 使得 $\sum_{i=1}^{4} [y_i - (a_1 x_i + a_2)]^2$ 变为最小。这时 $m = 4, n = 2$，$F(x_i) = a_1 x_i + a_2$，$(i = 1,2,3,4)$，于是，有

$$A = \begin{pmatrix} x_1 & 1 \\ x_2 & 1 \\ x_3 & 1 \\ x_4 & 1 \end{pmatrix} = \begin{pmatrix} 0 & 1 \\ 1 & 1 \\ 2 & 1 \\ 3 & 1 \end{pmatrix}$$

因此，法方程组 $A^{T}Aa = A^{T}y$ 变为

$$\begin{bmatrix} 14 & 6 \\ 6 & 4 \end{bmatrix} \begin{bmatrix} a_1 \\ a_2 \end{bmatrix} = \begin{bmatrix} 17.5 \\ 9.2 \end{bmatrix}$$

它的唯一解是 $\tilde{a}_1 = 0.74$，$\tilde{a}_2 = 1.19$。于是，所求的直线方程为 $F(x) = 0.74x + 1.19$，为了研究上述拟合结果的精确度，我们计算对应的偏差平方和的平方根，得

$$\left\{\sum_{i=1}^{4}[y_i-\tilde{\boldsymbol{a}}_1x_i-\tilde{\boldsymbol{a}}_2]^2\right\}^{\frac{1}{2}}=[(1-1.19)^2+(2.1-1.93)^2+(2.9-2.67)^2+(3.2-3.41)^2]^{\frac{1}{2}}$$

$$=\sqrt{0.162}=0.402\,492\,236$$

Python 代码实现如下：

```
#程序 ch3p5.py
from numpy import polyfit, polyval, array, arange
import matplotlib.pyplot as plt
x0=array([0, 1, 2, 3])
y0=array([1, 2.1, 2.9, 3.2])
p=polyfit(x0, y0, 1) #拟合一次多项式
print("拟合的一次多项式从高次幂到低次幂的系数分别为:",p)
yhat=polyval(p,[1, 2, 3]); print("x=1,2,3 预测值分别为: ", yhat)
plt.rc('font',size=16)
plt.plot(x0, y0, '*', x0, polyval(p, x0), '-');
plt.xlabel("x");plt.ylabel("y");
plt.savefig('fig3_1.png',dpi=500); plt.show( )
```

运行结果：

```
拟合的一次多项式从高次幂到低次幂的系数分别为：[0.74 1.19]
x=1,2,3 预测值分别为：[1.93 2.67 3.41]
```

直线拟合结果如图 3.3 所示。

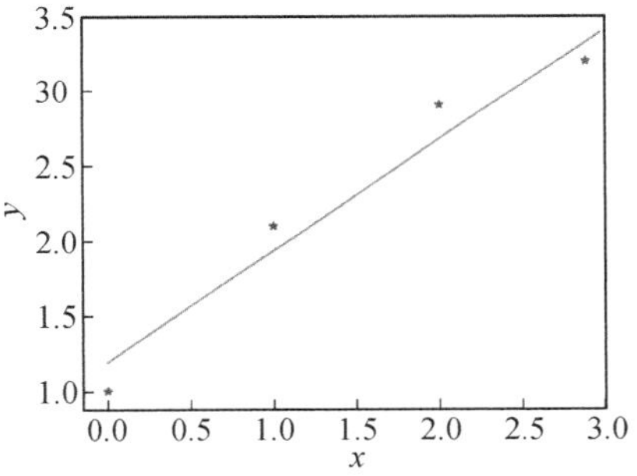

图 3.3　直线拟合

例 3.11　已知数据如表 3.11 所示。

表 3.11　例 3.11 数据

x_i	1	2	3	6
y_i	10	5	2	1

试求：(1) 对应的抛物线拟合表达式；(2) $F(x)=a_0+a_1/x$，拟合这些数据使得式(3.48)中 R 最小，并比较它们的拟合结果。

解　(1) 对抛物线情形，可取函数类为

$$\{F(x)=a_1x^2+a_2x+a_3，其中 a_1,a_2,a_3 为参数\}$$

按照题意，需要寻求 a_1，a_2，a_3，使得

$$\sum_{i=1}^{4}[y_i-(a_1x_i^2+a_2x_i+a_3)]^2$$

变为最小，其中，$x_1=1, x_2=2, x_3=4, x_4=6, y_1=10, y_2=3, y_3=2, y_4=1$，这时，$m=4$，$n=3$，

$$\boldsymbol{A}=\begin{pmatrix} x_1^2 & x_1 & 1 \\ x_2^2 & x_2 & 1 \\ x_3^2 & x_3 & 1 \\ x_4^2 & x_4 & 1 \end{pmatrix}=\begin{pmatrix} 1 & 1 & 1 \\ 4 & 2 & 1 \\ 16 & 4 & 1 \\ 36 & 6 & 1 \end{pmatrix}$$

因此，法方程组 $\boldsymbol{A}^{\mathrm{T}}\boldsymbol{A}\boldsymbol{a}=\boldsymbol{A}^{\mathrm{T}}\boldsymbol{y}$ 变为

$$\begin{cases} 1500a_1+289a_2+57a_3=98 \\ 289a_1+57a_2+13a_3=34 \\ 57a_1+13a_2+4a_3=18 \end{cases}$$

它的唯一解是 $\tilde{a}_1=0.512\ 559\ 87, \tilde{a}_2=-5.266\ 309\ 6, \tilde{a}_3=14.311527$，于是，所求的抛物线表达式为

$$F(x)=0.512\ 559\ 87x^2-5.266\ 309\ 6x+14.311\ 527$$

其对应的偏差平方和的方根为

$$\left\{\sum_{i=1}^{4}[y_i-F(x_i)]^2\right\}^{\frac{1}{2}}=[(10-9.557\ 777\ 27)^2+(5-5.829\ 147\ 28)^2+$$
$$(2-1.447\ 246\ 5)^2+(1-1.165\ 824\ 72)^2]^{\frac{1}{2}}$$
$$=\sqrt{1.216\ 080\ 424\ 37}=1.102\ 760\ 365\ 8$$

(2) 对 $F(x)=a_0+a_1/x$ 情形，按照题意，需要寻求 a_0 与 a_1 使得 $\sum_{i=1}^{4}\left[y_i-\left(a_0+\frac{a_1}{x_i}\right)\right]^2$ 变为最小。这也是一个线性最小二乘拟合问题，因为 $F(x_i)$ 关于 a_0 与 a_1 是线性的，$1\leqslant i\leqslant 4$。这时，有

$$\boldsymbol{A}=\begin{pmatrix} 1 & 1/x_1 \\ 1 & 1/x_2 \\ 1 & 1/x_3 \\ 1 & 1/x_4 \end{pmatrix}=\begin{pmatrix} 1 & 1 \\ 1 & 0.500\ 00 \\ 1 & 0.250\ 00 \\ 1 & 0.166\ 67 \end{pmatrix}$$

因此，法方程组 $\boldsymbol{A}^{\mathrm{T}}\boldsymbol{A}\boldsymbol{a}=\boldsymbol{A}^{\mathrm{T}}\boldsymbol{y}$ 变为

$$\begin{cases} 4a_0+1.916\ 67a_1=18 \\ 1.916\ 67a_0+1.340\ 28a_1=13.166\ 67 \end{cases}$$

它的唯一解是 $\tilde{a}_0=-0.658\ 444, \tilde{a}_1=10.76\ 543$。于是，所求的拟合函数为

$$F(x)=-0.658\ 444+\frac{10.76\ 543}{x}$$

对应的偏差平方和的方根为

$$\left\{\sum_{i=1}^{4}[y_i - F(x_i)]^2\right\}^{\frac{1}{2}} = [(10-10.106\,986)^2 + (5-4.724\,271)^2 + (2-2.032\,913\,5)^2 + (1-1.135\,794\,33)^2]^{\frac{1}{2}} = \sqrt{0.106\,995\,88} = 0.327\,102\,247\,01$$

相比于情形(1)的对应值 1.102 760 365 8 可以看出，第二种拟合优于第一种。

下面给出一个将非线性最小二乘拟合问题转化为线性问题的例子。

例 3.12　试求一个形如下式的指数函数：

$$F(x) = a\mathrm{e}^{bx}\ (a \text{ 与 } b \text{ 为参数})$$

使它拟合于表 3.12 所示数据。

表 3.12　例 3.12 数据

x_i	1	2	3	4	5	6	7	8
y_i	15.3	20.5	27.4	36.6	49.1	65.6	87.8	117.6

解　由前面知道，这是一个非线性的拟合问题，但是可以将它变换为线性最小二乘拟合问题来处理。事实上，若对 $F(x) = a\mathrm{e}^{bx}$ 两边取自然对数，便有

$$\ln F(x) = \ln a + bx$$

现令 $u(x) = \ln F(x), a_1 = b, a_2 = \ln a$，则有

$$u(x) = a_1 x + a_2$$

这时，对应原来的数据 $y_i(1 \leqslant i \leqslant 8)$，有表 3.13 所示的数据。

表 3.13　对 应 数 据

x_i	1	2	3	4	5	6	7	8
$v_i = \ln y_i$	2.727	3.0204	3.3105	3.6000	3.8939	4.1836	4.4751	4.4673

对于数据对 $(x_i, v_i)(1 \leqslant i \leqslant 8)$，我们可以按照线性最小二乘拟合问题的解法确定出 a_1 与 a_2，使得 $\sum_{i=1}^{8} v_i - [a_1 x_i + a_2]^2$ 变为最小。这时，节点个数 $m = 2$，拟合曲线中参数个数 $n = 2$，拟合算法中的矩阵 $\boldsymbol{A}$ 变为：

$$\boldsymbol{A} = \begin{bmatrix} 1 & 2 & 3 & 4 & 5 & 6 & 7 & 8 \\ 1 & 1 & 1 & 1 & 1 & 1 & 1 & 1 \end{bmatrix}^{\mathrm{T}}$$

因此，法方程组 $\boldsymbol{A}^{\mathrm{T}}\boldsymbol{A}\boldsymbol{a} = \boldsymbol{A}^{\mathrm{T}}\boldsymbol{v}$ 为

$$\begin{bmatrix} 204 & 36 \\ 36 & 8 \end{bmatrix}\begin{bmatrix} a_1 \\ a_2 \end{bmatrix} = \begin{bmatrix} 147.1350 \\ 29.9787 \end{bmatrix}$$

它的唯一解是 $\tilde{a}_1 = 0.2912$，$\tilde{a}_2 = 2.4370$，于是，$\tilde{b} = \tilde{a}_1 = 0.2912$，$\tilde{a} = \mathrm{e}^{\tilde{a}_2} = 11.4387$。因此，所求的函数为

$$F(x) = 11.4387\mathrm{e}^{0.2912x}$$

在本例中，不是极小化 $\sum_{i=1}^{8}[y_i - F(x_i)]^2$，而是极小化 $\sum_{i=1}^{8}[\ln y_i - \ln F(x_i)]^2$，因为后者是一个线性的最小二乘拟合问题，较为容易求解。

课外拓展：刘焯及二次内插算法

刘焯(544～610)，字士元，信都昌亭(今河北衡水冀州)人，隋代著名的天文学家、经学家，刘献之三传弟子，与刘炫齐名，时称“二刘”。刘焯一生着力研习《九章算术》《周髀》《七曜历书》等，著有《稽极》《历书》各10卷，编有《皇极历》。清马国翰《玉函山房辑佚书》中辑有《尚书刘氏义疏》1卷。唐魏征《隋书》“儒林”中介绍刘焯时说：“论者以为数百年以来，博学通儒，无能出其右者。”

中国古代数理天文学的重要特点是利用代数方法处理天文观测数据，并不断地提高算法精度，其中内插算法起着重要作用。隋代之前，一般多用线性插值。

北齐时张子信于海岛以浑仪测日达30余年，其“言日行在春分后则迟，秋分后则速”见《隋书天文志》，并以算步其“差变之数”，揭开了中国古代历法对太阳视运动不均匀性研究的新篇章。太阳视运动并非像前人认识的那样日行一度。但是，在那个时代，太阳一年内每日的实际行度受实测手段的限制，不可能一一测定。故此，古历以1节气时段为限，测出每气内太阳实行度与平行度之差的累积值，即给出各节气点处的中心差值，其他各日的中心差则需利用插值法测算。为了提高计算的精确度，在公元600年左右，刘悼在《皇极历》中创立二次内插算法，并将其应用于计算太阳位置、定朔时刻、日月交食、五星运行等历法问题，从而开创了历法计算的新格局。

刘焯发明的二次等间距内插法，在《隋书律历志·皇极历》中的描述如下：

推每日迟速数术见求所在气迁陟降率，并后气率，半之；以日限乘而泛总除，得气末率。又日限乘二率相减之残，泛总除，为总差。其总差亦日限乘而泛总除，为别差。率：前少者，以总差减末率，为初率，(乃)〔半〕别差加之；前多者，即以总差加末率，皆为气初日陟降数。以别差前多者日减，前少者日加初数，得每日数。所历推定气日，随算其数，陟加、降减其迟速，各为迟速数。

这是由某气迟速数 $f(nL)$、陟降率 Δ_1 和后一气陟降率 Δ_2，求该气每日迟速数 $f(nL+t)$ 的问题(L 为一节气长度，$n=0,1,\cdots,11$；$t=1,2,\cdots,L$)。刘焯认为太阳在一气内每日的改变量(“别差”)是相等的。因此，只要在“初日陟降数”中累次加减“别差”，就可求得每日陟降数 δ，如术文“以别差前多者日减，前少者日加初数，得每日数”。即有：

$$\delta_1=\frac{\Delta_1+\Delta_2}{2L}+\frac{\Delta_1-\Delta_2}{L}-\frac{\Delta_1-\Delta_2}{2L^2}$$

$$\delta_2=\frac{\Delta_1+\Delta_2}{2L}+\frac{\Delta_1-\Delta_2}{L}-\frac{3(\Delta_1-\Delta_2)}{2L^2}$$

$$\delta_3=\frac{\Delta_1+\Delta_2}{2L}+\frac{\Delta_1-\Delta_2}{L}-\frac{5(\Delta_1-\Delta_2)}{2L^2}$$

一般的，$\delta_t=\dfrac{\Delta_1+\Delta_2}{2L}+\dfrac{\Delta_1-\Delta_2}{L}-\dfrac{(2t-1)(\Delta_1-\Delta_2)}{2L^2}$，　$t=1,2,\cdots,L$。

最后，“所历推定气日，随算其数，陟加降减其迟速，各为迟速数。”术中“其迟速”即相应于本气的迟速数 $f(nL)$，“随算其数”即顺次累计自本气初日到时刻之间的各日“陟降数”：$\delta_1, \delta_1+\delta_2, \delta_1+\delta_2+\delta_3, \cdots, \delta_1+\delta_2+\cdots+\delta_t$，故有

$$\delta_1=\frac{\Delta_1+\Delta_2}{2L}+\frac{\Delta_1-\Delta_2}{L}-\frac{\Delta_1-\Delta_2}{2L^2}$$

$$\delta_1+\delta_2=2\frac{\Delta_1+\Delta_2}{2L}+2\frac{\Delta_1-\Delta_2}{L}-\frac{4}{2L^2}(\Delta_1-\Delta_2)$$

$$\delta_1+\delta_2+\delta_3=3\frac{\Delta_1+\Delta_2}{2L}+3\frac{\Delta_1-\Delta_2}{L}-\frac{9}{2L^2}(\Delta_1-\Delta_2)$$

$$\cdots$$

$$\delta_1+\delta_2+\cdots+\delta_t=t\frac{\Delta_1+\Delta_2}{2L}+t\frac{\Delta_1-\Delta_2}{L}-\frac{t^2}{2L^2}(\Delta_1-\Delta_2)$$

可以验证，当 $t=L$ 时，$\delta_1+\delta_2+\cdots+\delta_L=\Delta_1$，即各日“陟降数”累计之和为本气“陟降率”，这样，时刻 t 的迟速数 $f(nL+t)$ 为

$$f(nL+t)=f(nL)+\frac{t}{L}\frac{\Delta_1+\Delta_2}{2}+\frac{t}{L}(\Delta_1-\Delta_2)-\frac{t^2}{2L^2}(\Delta_1-\Delta_2)^2$$

刘焯的二次内插公式对后世历法的编制模式产生了很大的影响，在唐代 300 余年间经历了承袭→发展→改进→简化的历程：

刘焯(公元 604 年) 创立等间距 → 李淳风(公元 665 年) 承用等间距 → 一行(公元 728 年) 发展不等间距 → 徐昂(公元 822 年) 改进不等间距 → 边冈(公元 893 年) 简化等间距

自边冈简化之后，刘焯的“日躔盈缩”算法多为后世历法所沿用，直到郭守敬授时历创制平、立、定三次内插方法，才使这一传统算法跃上一个新台阶。

习　题　3

一、理论习题

1. 若 $f(x)=x^7+x^5+1$，求 $f[2^0,2^1]$，$f[2^0,2^1,2^2]$，$f[2^0,2^1,\cdots,2^7]$，$f[2^0,2^1,\cdots,2^8]$。

2. 设 $x_i(i=5,4,3,2,1,0)$ 为互异节点，$l_i(x)$ 为对应的 5 次 Lagrange 插值基函数，求 $\sum_{i=0}^{5}(x_i^3+2x_i^2+x_i+1)l_i(x)$。

3. 已知函数表 $\sin\frac{\pi}{6}=0.5000$，$\sin\frac{\pi}{4}=0.7071$，$\sin\frac{\pi}{3}=0.8660$，试求：

(1) 分别由线性插值和抛物插值求 $\sin\frac{3\pi}{8}$ 的近似值，并估计其精度；

(2) 利用 Newton 插值求 $\sin\frac{3\pi}{8}$ 的近似值，若增加函数值 $\sin\frac{\pi}{2}=1$，应如何计算？

4. 已知 $y=\sin x$ 的数据如表 3.14 所示。

表 3.14 函数数据

x	1.5	1.6	1.7
$\sin x$	0.997 49	0.999 57	0.991 66

试构造出差商表，利用二次 Newton 插值公式计算 sin(1.609)(保留 6 位小数)，并估计其误差。

5. 已知函数 $y=f(x)$ 的数据如表 3.15 所示。

表 3.15 函数数据

x	1	2	4	−5
$f(x)$	3	4	1	0

(1) 求 y 的三次 Lagrange 插值多项式；

(2) 求 y 的三次 Newton 插值多项式；

(3) 写出插值余项。

6. 试构造一个次数不超过四次的插值多项式 $P(x)$，使它满足 $P(0)=P'(0)=0$，$P(1)=P'(1)=2$，$P(2)=3$，并写出其余项表达式。

7. 求一个四次插值多项式 $H(x)$，使 $x=0$ 时，$H(0)=-1$，$H'(0)=2$；而 $x=1$ 时，$H(1)=0$，$H'(1)=10$，$H''(1)=15$，并写出插值余项的表达式。

8. 对表 3.16 中的数据建立三次样条插值函数。

表 3.16 函数数据

x	1	2	3
$f(x)$	2	4	2
$f'(x)$	1	—	−1

9. 分别求被插值函数 $f(x)$ 在以下不同区间上的三次样条函数 $S(x)$。

(1) 在区间 [1,5] 上，$f(1)=1$，$f(2)=3$，$f(4)=4$，$f(5)=2$，取自然边界条件 $S'(1)=S''(5)=0$。

(2) 在区间 [−1,2] 上，$f(-1)=-1$，$f(0)=1$，$f(1)=1$，$f(2)=0$，取自然边界条件 $S'(-1)=0$，$S''(1)=-1$。

10. 已知实验数据如表 3.17 所示。

表 3.17 实验数据

x	0	1	2	3	5
y	1.1	2.1	3.1	3.6	4.8

试用最小二乘法求经验直线 $y=a_0+a_1x$。

11. 利用最小二乘法求形如 $y=a_0+a_1x+a_2x^2$ 的经验公式，使它与表 3.18 中的数据拟合。

表 3.18 公式数据

x	2	−1	0	1	2
y	0.1	0.1	0.4	0.9	1.6

12. 若用等距节点的三次分段 Hermite 插值多项式在区间[−2, 2]上近似函数 e^x，试

求使用多少个节点时能够保证截断误差不超过 $\frac{1}{2}\times10^{-4}$。

13. 设 $x_j(j=1,2,\cdots,n)$ 为 $n+1$ 个互异节点，$l_j(x)$ 为这组节点上的 n 次 Lagrange 插值基函数，求证：

(1) $\sum_{j=0}^{n} l_j(x)=1$；

(2) $\sum_{j=0}^{n} x_j^k l_j(x)\equiv x^k$，$k=1,2,\cdots,n$；

(3) $\sum_{j=0}^{n} (x_j-x)^k l_j(x)\equiv 0$，$k=1,2,\cdots,n$；

(4) 设 $p(x)$ 是任意一个最高次项系数为 1 的 $n+1$ 次多项式，则

$$p(x)-\sum_{j=0}^{n} p(x_j)l_j(x)\equiv \omega_{n+1}(x)=\prod_{j=0}^{n}(x-x_j)$$

14. 证明两点三次 Hermite 插值余项是：

$$R_3(x)=\frac{1}{4!}f^{(4)}(\xi)(x-x_k)^2(x-x_{k+1})^2,\ \xi\in(x_k,x_{k+1})$$

15. 利用差分性质证明：

$$1^3+2^3+\cdots+n^3=\left[\frac{1}{2}n(n+1)\right]^2$$

二、上机实验

1. 编写 Lagrange 插值法的 Python 程序，求 ln0.62 的近似值。已知 $f(x)=\ln x$ 的数值如表 3.19 所示。

表 3.19　函数数据

x	0.4	0.5	0.6	0.7
$\ln x$	−0.916 291	−0.693 147	−0.510 826	−0.357 765

2. 函数 $y=f(x)$ 由表 3.20 中的数据给出。

表 3.20　函 数 数 据

i	0	1	2	3	4	5	6	7	8
x	−1	−0.75	−0.5	−0.25	0	0.25	0.5	0.75	1
y	−0.221	0.329	0.883	1.439	2.003	2.564	3.133	3.706	4.284

试用 (x_2,y_2)，$(x_3,y_3)(x_4,y_4)$，(x_5,y_5)，(x_6,y_6) 构造四次多项式，分别求出 $y=f(x)$ 在 $x=-0.21$，0.38 处的近似值。

3. 用等距插值点计算区间 $0\leqslant x<\frac{\pi}{2}$ 上函数 $x\cos x$ 的四阶 Lagrange 插值多项式，每间隔 $\frac{\pi}{16}$ 计算一次插值误差，并画出图形。

4. 分别用五点和九点等距插值节点计算区间 $0\leqslant x\leqslant 2\pi$ 上函数 $y=\sin x$ 的四阶和八阶 Lagrange 插值多项式，同时画出插值多项式和 $\sin x$ 的图形，观察误差分布并分析。

5. 编写 Newton 插值法的 Python 程序，求 $f(0.5)$ 的近似值，已知的数值如表 3.21 所示。

表 3.21　程 序 数 据

x_i	0.0	0.2	0.4	0.6	0.8
$f(x_i)$	0.1995	0.3965	0.5881	0.7721	0.9461

6. 编写以函数 $x^k(k=0, 1, \cdots, m)$ 为基的多项式最小二乘拟合的 Python 程序，并对表 3.22 中的数据作三次多项式最小二乘拟合。

表 3.22　程 序 数 据

x_i	−1.0	−0.5	0.0	0.5	1.0	1.5	2.0
y_i	−4.447	−0.452	0.551	0.048	−0.447	0.549	4.552

求拟合曲线 $\phi(x)=a_0+a_1x+\cdots+a_nx^n$ 中的参数 $\{a_i\}$、平方误差 δ^2，并作离散数据 $\{x_i, y_i\}$ 和拟合曲线 $y=\phi(x)$ 的图形。

第 4 章　数值积分与数值微分

科学与工程计算中经常会遇到求解定积分的问题。但在很多情况下，利用 Newton-Leibniz 公式时，$f(x)$ 的原函数不易求得，或者计算非常复杂，甚至有些 $f(x)$，如 $\sin x^2$，$\frac{\sin x}{x}$，$\frac{1}{\ln x}$，e^{-x^2} 不存在原函数，或者是由函数表的形式给出而没有解析表达式，无法使用 Newton-Leibniz 公式。因此十分有必要研究定积分的数值计算方法。本章将介绍定积分近似计算的基本原理，并给出几种常用的数值积分方法，如梯形公式、Simpson 公式、Cotes 公式及其复合求积公式、龙贝格(Romberg)求积法、Gauss 求积公式等，最后简要介绍数值微分的基本方法。

4.1　插值型求积公式

4.1.1　求积算式

除了很有限的几种类型，绝大多数定积分

$$I(f)=\int_a^b f(x)\mathrm{d}x \tag{4.1}$$

的计算需要求助于数值积分方法。确切地说，当 $f(x)$ 是区间 $[a,b]$ 上的连续函数，并假定对于任意 $x\in[a,b]$，$f(x)$ 可以求值时，所谓用数值积分方法求式(4.1)的近似值，一种想法是选取函数 $f(x)$ 在 $n+1$ 个节点 $x_k(k=0,1,2,\cdots,n)$ 的函数值 $f_k=f(x_k)$，构造次代数插值多项式 $L_n(x)$ 来代替，即有

$$\int_a^b f(x)\mathrm{d}x=\int_a^b (L_n(x)+R_n(x))\,\mathrm{d}x$$

将其展开，可得

$$\int_a^b f(x)\mathrm{d}x=\int_a^b L_n(x)\mathrm{d}x+\int_a^b R_n(x)\mathrm{d}x \tag{4.2}$$

上式中，取

$$I=\int_a^b L_n(x)\mathrm{d}x \tag{4.3}$$

作为积分式(4.1)的近似值，这样建立的求积公式称为插值型求积公式。

插值多项式 $L_n(x)$ 的表达式为

$$L_n(x)=\sum_{k=0}^{n} l_k(x)f(x_k)$$

代入式(4.3)，得

$$I=\sum_{k=0}^{n} A_k f(x_k) \tag{4.4}$$

其中

$$A_k=\int_a^b l_k(x)\mathrm{d}x=\int_a^b \prod_{\substack{j=0\\j\neq k}}^{n}\frac{x-x_j}{x_k-x_j}\mathrm{d}x$$
$$=\int_a^b \frac{(x-x_0)\cdots(x-x_{k-1})(x-x_{k+1})\cdots(x-x_n)}{(x_k-x_0)\cdots(x_k-x_{k-1})(x_k-x_{k+1})\cdots(x_k-x_n)}\mathrm{d}x \tag{4.5}$$

称为求积系数，而 $x_k(k=0,1,\cdots,n)$ 则称为求积节点。

式(4.2)中，由插值余项生成的积分称为求积公式(4.4)的余项，也叫作截断误差。由插值余项公式可知，对于插值型求积公式 (4.5)，其余项为

$$R[f]=I(f)-I=\int_a^b \frac{f(n+1)(\xi)}{(n+1)!}\omega(x)\mathrm{d}x \tag{4.6}$$

其中，ξ 与变量 x 有关，且 $\omega(x)=(x-x_0)(x-x_1)\cdots(x-x_n)$。

通常用代数精度表示求积公式的误差。下面给出代数精度的定义。

4.1.2 代数精度

定义 4.1 如果求积公式 (4.4)对于一个不超过 m 次的多项式是准确的，即 $R[f]=0$，而对于 $m+1$ 次以上的多项式是不准确的，则称求积公式 (4.4)的代数精度为 m。

显然，任何一种有价值的求积公式(4.4)都应该具有一定次数的代数精度。特别地，当 $f(x)=1$ 时，总应该有 $R[f]=0$，于是，由式(4.2)可得

$$\sum_{k=0}^{n} A_k=b-a$$

这意味着，插值型求积公式的求积系数之和等于积分区间的长度。

利用代数精度的概念，可以得到下面的结论。

定理 4.1 求积公式 (4.4) 是插值型求积公式的充要条件是：它的代数精度至少为 n。

证明 必要性。若公式 (4.4)是插值型求积公式，则式(4.6)成立。故对于次数不超过 n 的多项式 $f(x)$，由于 $f^{(n+1)}(x)=0$，所以其余项 $R[f]=0$，即求积公式对一切次数不超过 n 次的多项式精确成立，所以含有 $n+1$ 个节点的插值型求积公式 (4.4)至少具有 n 次代数精度。

充分性。若求积公式 (4.4)的代数精度至少为 n，则它对于插值基函数 $l_k(x)(k=0,1,\cdots,n)$ 是准确的，即有

$$\int_a^b l_k(x)\mathrm{d}x=\sum_{j=0}^{n} A_j l_k(x_j)$$

由于 $l_k(x_j)=\delta_{kj}$，上式右边实际上就等于 A_k，即

$$A_k=\int_a^b l_k(x)\mathrm{d}x$$

成立，因此式(4.4)是插值型积分公式。

一般的，若要使求积公式(4.4)具有 m 次代数精度，则只要使求积公式对 $f(x)=1,x,x^2,\cdots,x^m$ 都准确成立即可，即

$$\begin{cases}\sum_{k=0}^{n} A_k = b-a \\ \sum_{k=0}^{n} A_k x_k = \frac{1}{2}(b^2-a^2) \\ \vdots \\ \sum_{k=0}^{n} A_k x_k^m = \frac{1}{m+1}(b^{m+1}-a^{m+1})\end{cases}$$

例 4.1 设有求积公式

$$\int_{-1}^{1} f(x)\mathrm{d}x \approx w_0 f(-1) + w_1 f(0) + w_2 f(1)$$

试确定系数 w_0，w_1，w_2，使上述求积公式的代数精度尽量高，并指出该求积公式所具有的代数精度。

解 令求积公式依次对 $f(x)=1$，$f(x)=x$，$f(x)=x^2$ 都精确成立，即系数 w_0，w_1，w_2 应满足方程组

$$\begin{cases} w_0+w_1+w_2=\int_{-1}^{1} 1\mathrm{d}x=2 \\ -w_0+w_2=\int_{-1}^{1} x\mathrm{d}x=0 \\ w_0+w_2=\int_{-1}^{1} x^2\mathrm{d}x=\frac{2}{3}\end{cases}$$

解得

$$w_0=\frac{1}{3},\ w_1=\frac{4}{3},\ w_2=\frac{1}{3}$$

因此，该求积公式应为

$$\int_{-1}^{1} f(x)\mathrm{d}x \approx \frac{1}{3}f(-1)+\frac{4}{3}f(0)+\frac{1}{3}f(1)$$

又容易验证，该求积公式对于 $f(x)=x^3$ 也精确成立，但对 $f(x)=x^4$，求积公式不能精确成立。因此，该求积公式具有三次代数精度。

例 4.2 证明下面的求积公式具有 3 次代数精度：

$$\int_{0}^{1} f(x)\mathrm{d}x \approx \frac{1}{2}[f(0)+f(1)]-\frac{1}{12}[f'_{(1)}-f'_{(0)}]$$

证 (1) 令 $f(x)=1$，代入求积公式可得左边=1=右边。

(2) 令 $f(x)=x$，代入求积公式得

$$左边=\int_{0}^{1} x\mathrm{d}x=\frac{1}{2}=右边=\frac{1}{2}(0+1)-\frac{1}{12}(1-1)=\frac{1}{2}$$

(3) 令 $f(x)=x^2$，代入求积公式得

$$左边=\int_{0}^{1} x^2\mathrm{d}x=\frac{1}{3}=右边=\frac{1}{2}(0+1)-\frac{1}{12}(2-0)=\frac{1}{2}-\frac{1}{6}=\frac{1}{3}$$

(4) 令 $f(x)=x^3$，代入求积公式得

$$\text{左边}=\int_0^1 x^3\mathrm{d}x=\frac{1}{4}=\text{右边}=\frac{1}{2}(0+1)-\frac{1}{12}(3-0)=\frac{1}{2}-\frac{1}{4}=\frac{1}{4}$$

(5) 令 $f(x)=x^4$，代入求积公式得

$$\text{左边}=\int_0^1 x^4\mathrm{d}x=\frac{1}{5}\neq\text{右边}=\frac{1}{2}(0+1)-\frac{1}{12}(4-0)=\frac{1}{2}-\frac{1}{3}=\frac{1}{6}$$

上述内容表明，所给求积公式对不超过 3 次的多项式是准确的，而对 3 次以上的多项式是不准确的。根据代数精度的定义，该求积公式具有 3 次代数精度。

4.2 Newton-Cotes 求积公式

为了简化求积公式，现在我们来讨论等距节点情形下求积系数 A_k，$k=0,1,\cdots,n$ 的计算问题。

4.2.1 Newton-Cotes 公式的由来

将积分区间 $[a,b]$ 剖分成 n 等分。令步长 $h=\dfrac{b-a}{n}$，并记 $x_0=a, x_n=b$，则 $n+1$ 个节点为

$$x_k=x_0+kh,\ k=0,1,\cdots,n$$

作变换可得

$$t=\frac{x-x_0}{h}$$

代入求积系数公式(4.5)，得

$$\begin{aligned}A_k&=\int_a^b\frac{(x-x_0)\cdots(x-x_{k-1})(x-x_{k+1})\cdots(x-x_n)}{(x_k-x_0)\cdots(x_k-x_{k-1})(x_k-x_{k+1})\cdots(x-x_n)}\mathrm{d}x\\&=\int_0^n\frac{h^n t(t-1)\cdots(t-k+1)(t-k-1)\cdots(t-n)}{(-1)^{n-k}h^n(n-k)!\ k!}h\,\mathrm{d}t\\&=\frac{(-1)^{k-n}h}{(n-k)!\ k!}\int_0^n t(t-1)\cdots(t-k+1)(t-k-1)\cdots(t-n)\mathrm{d}t\end{aligned}\tag{4.7}$$

这种等距节点的插值型求积公式通常称为 Newton-Cotes(牛顿-科茨)公式，简写为 N-C 公式。

这里，为了指明 n 等分情形的求积系数 A_k，特别地将它记为 $A_k^{[n]}$。通常式(4.7)可以改写为如下形式：

$$A_k^{[n]}=(b-a)C_k^{[n]},\quad k=0,1,\cdots,n\tag{4.8}$$

其中，$C_k^{[n]}$ 为

$$C_k^{[n]}=\frac{(-1)^{k-n}}{n\cdot k!\ \cdot(n-k)!}\int_0^n t(t-1)\cdots(t-k+1)(t-k-1)\cdots(t-n)\mathrm{d}t\tag{4.9}$$

是不依赖于函数 f 与区间 $[a,b]$，只与 n，k 有关的常数。由于对固定的正整数 n，

$\sum_{j=0}^{n} A_k^{[n]} = b - a$，故有 $\sum_{k=0}^{n} C_k^{[n]} = 1$。由式(4.9)很容易算出 $C_k^{[n]}$，当 $n=1$ 时，$C_0^{[1]} = \frac{1}{2}$，$C_1^{[1]} = \frac{1}{2}$；当 $n=2$ 时，$C_0^{[2]} = \frac{1}{6}$，$C_1^{[2]} = \frac{4}{6}$，$C_2^{[2]} = \frac{1}{6}$。将算出的值列成表格即得到所谓牛顿-科茨系数表(见表 4.1)。

表 4.1　Newton-Cotes 系数表

n	$C_k^{[n]}(k=0,1\cdots,n)$	误差	求积公式
1	$\frac{1}{2}$　$\frac{1}{2}$	$-\frac{h^3}{12}f^{(2)}(\xi)$	梯形公式(法则)
2	$\frac{1}{6}$　$\frac{4}{6}$　$\frac{1}{6}$	$-\frac{h^5}{90}f^{(4)}(\xi)$	抛物线公式(辛普森法则)
3	$\frac{1}{8}$　$\frac{3}{8}$　$\frac{3}{8}$　$\frac{1}{8}$	$-\frac{3h^5}{80}f^{(4)}(\xi)$	$\frac{3}{8}$ 法则
4	$\frac{7}{90}$　$\frac{32}{90}$　$\frac{12}{90}$　$\frac{32}{90}$　$\frac{7}{90}$	$-\frac{8h^7}{945}f^{(6)}(\xi)$	Milne 法则
5	$\frac{19}{288}$　$\frac{75}{288}$　$\frac{50}{288}$　$\frac{50}{288}$　$\frac{75}{288}$　$\frac{19}{288}$	$-\frac{275h^7}{12096}f^{(6)}(\xi)$	—
6	$\frac{41}{840}$　$\frac{216}{840}$　$\frac{27}{840}$　$\frac{272}{840}$　$\frac{27}{840}$　$\frac{216}{840}$　$\frac{41}{840}$	$-\frac{9h^9}{1400}f^{(8)}(\xi)$	Weddle 法则
7	$\frac{751}{17280}$　$\frac{3577}{17280}$　$\frac{1323}{17280}$　$\frac{2989}{17280}$　$\frac{2989}{17280}$　$\frac{1323}{17280}$　$\frac{3577}{17280}$　$\frac{751}{17280}$	$-\frac{8183h^9}{518400}f^{(8)}(\xi)$	—
8	$\frac{989}{28350}$　$\frac{5888}{28350}$　$-\frac{928}{28350}$　$\frac{10496}{28350}$　$-\frac{4540}{28350}$　$\frac{10496}{28350}$　$-\frac{928}{28350}$　$\frac{5888}{28350}$　$\frac{989}{28350}$	$-\frac{2368h^{11}}{467775}f^{(10)}(\xi)$	—

显然，由式(4.9)可推得 $C_k^{[n]} = C_{n-k}^{[n]}$。并且由表 4.1 看出，当 $n \leqslant 7$ 时，系数 $C_k^{[n]} > 0$，$k=0,1,\cdots,n$。

有了牛顿-科茨系数表，我们可以很容易地写出相应的牛顿-科茨求积公式。先看下面的例题。

例 4.3　利用 Newton-Cotes 求积公式来计算 $\int_0^1 \frac{4}{1+x^2}dx$ 的近似值，取 $n=4$。

解　当 $n=4$ 时，由表 4.1 查得：

$$C_0^{[4]} = \frac{7}{90} = C_4^{[4]},\ C_1^{[1]} = \frac{32}{90} = C_3^{[4]},\ C_2^{[4]} = \frac{12}{90}$$

按已知条件可知 $b-a=1$，$f(x) = \frac{4}{(1+x^2)}$，因此相应的求积算式为

$$\sum_{j}^{[4]} H_j^{[4]} f_j = \frac{1}{90}[7f(0) + 32f(0.25) + 12f(0.5) + 32f(0.75) + 7f(1)]$$
$$= 3.142\,118$$

而$\int_0^1 \frac{4}{1+x^2}dx$ 的精确解是 π。因此，π ≈ 3.142 118。进一步，可知近似值的误差为 $-5.253\,464\times10^{-4}$，相对误差为 $-1.672\,230\times10^{-4}$。

下面介绍几个 Newton-Cotes 公式的特殊形式，并对其截断误差加以分析。

4.2.2 梯形公式及其误差

作为 Newton-Cotes 求积公式的特殊情形，当取 $n=1$ 时，可以推导得出梯形公式。此时 $x_0=a$，$x_1=b$，$h=b-a$，代入公式(4.7)，可计算得

$$A_0=\frac{(-1)^1h}{1!0!}\int_0^1(t-1)dt=-\frac{1}{2}[(1-1)^2-(0-1)^2]h=\frac{b-a}{2}$$

$$A_1=\frac{(-1)^1h}{0!1!}\int_0^1(t)dt=\frac{1}{2}(1^2-0^2)h=\frac{b-a}{2}$$

所以梯形公式为

$$T=\frac{b-a}{2}[f(a)+f(b)] \tag{4.10}$$

当 $f(x)$ 在 $[a,b]$ 上是非负函数时，从几何上来看，梯形公式是用梯形面积来近似代替定积分的曲边梯形面积，如图 4.1 所示。

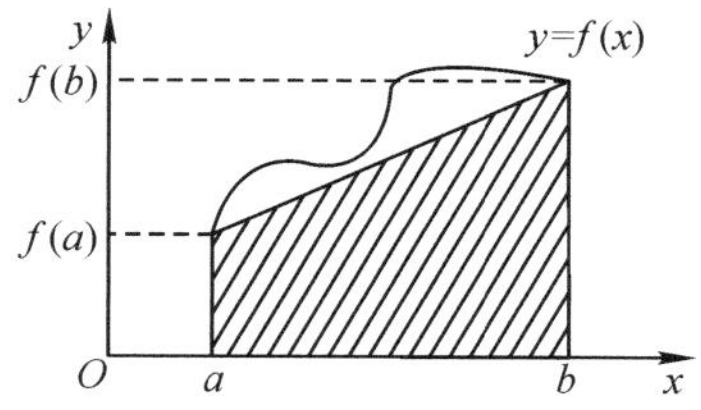

图 4.1 梯形公式的几何意义

由式(4.6)，可得梯形公式的误差为

$$R_T[f]=\int_a^b\frac{f''(\xi_1)}{2!}(x-a)(x-b)\ dx=-\frac{(b-a)^3}{12}f''(\xi_1),\ a<\xi_1<b \tag{4.11}$$

从上述余项公式可以看出，梯形求积公式的代数精度为 1。

例 4.4 利用梯形公式计算 $\int_0^1\frac{4}{1+x^2}dx$ 的近似值。

解 由梯形公式 (4.10)，有

$$\int_0^1\frac{4}{1+x^2}dx\approx\frac{1-0}{2}\left(\frac{4}{1+0^2}+\frac{4}{1+1^2}\right)=3$$

4.2.3 Simpson 公式及其误差

利用 Newton-Cotes 公式，取 $n=2$，即 $x_0=a$，$x_1=\frac{a+b}{2}$，$x_2=b$，此时，$h=\frac{b-a}{2}$，代入式(4.7) 计算，得

$$A_0=\frac{(-1)^2h}{2!0!}\int_0^2(t-1)(t-1)\ dt=\frac{h}{2}\times\frac{2}{3}=\frac{h}{3}=\frac{b-a}{6}$$

$$A_1=\frac{(-1)^1h}{1!1!}\int_0^2t(t-2)\ dt=-h\times\left(-\frac{4}{3}\right)=\frac{4}{3}h=\frac{4(b-a)}{6}$$

$$A_2=\frac{(-1)^0h}{0!2!}\int_0^2t(t-1)\ dt=\frac{h}{2}\times\frac{2}{3}=\frac{h}{3}=\frac{b-a}{6}$$

故 Simpson(辛普森)公式为

$$S=\frac{b-a}{6}[f(a)+4f(c)+f(b)] \tag{4.12}$$

其中，$c=\frac{a+b}{2}$ 为区间 $[a,b]$ 的中点。Simpson 公式通常也称为抛物线公式。可以证明，如果 $f(x)$ 在 $[a,b]$ 上连续，则 Simpson 公式 (4.12)的误差为

$$\begin{aligned}R_S[f]&=\int_a^b f(x)\mathrm{d}x-\frac{b-a}{6}\left[f(a)+4f\left(\frac{a+b}{2}\right)+f(b)\right]\\&=-\frac{1}{90}\left(\frac{b-a}{2}\right)^5 f^{(4)}(\xi_2),\ a<\xi_2<b\end{aligned} \tag{4.13}$$

事实上，假设 $f^{(4)}(x)$ 在 $[a,b]$ 上近似地取定值 C_4，将 $f(x)$ 在 $[a,b]$ 的中点 $c=\frac{a+b}{2}$ 处进行泰勒(Taylor)展开：

$$f(x)=f(c)+f'(c)(x-c)+\frac{f''(c)}{2!}(x-c)^2+\frac{f^{(3)}(c)}{3!}(x-c)^3+\frac{C_4}{4!}(x-c)^4 \tag{4.14}$$

然后将该展开式在 $[a,b]$ 上积分，注意到函数 $x-c$ 和 $(x-c)^3$ 在 $[a,b]$ 上的积分为 0，故式(4.14)等号右边第二项和第四项的积分值均为 0，于是有

$$I^*=\int_a^b f(x)\mathrm{d}x\approx f(c)(b-a)+\frac{f''(c)}{3}\left(\frac{b-a}{2}\right)^3+\frac{C_4}{60}\left(\frac{b-a}{2}\right)^5 \tag{4.15}$$

另一方面，在式(4.14)中分别令 $x=a$ 和 $x=b$，有

$$f(a)=f(c)-f'(c)\left(\frac{b-a}{2}\right)+\frac{f''(c)}{2!}\left(\frac{b-a}{2}\right)^2-\frac{f^{(3)}(c)}{3!}\left(\frac{b-a}{2}\right)^3+\frac{C_4}{4!}\left(\frac{b-a}{2}\right)^4$$

$$f(b)=f(c)+f'(c)\left(\frac{b-a}{2}\right)+\frac{f''(c)}{2!}\left(\frac{b-a}{2}\right)^2+\frac{f^{(3)}(c)}{3!}\left(\frac{b-a}{2}\right)^3+\frac{C_4}{4!}\left(\frac{b-a}{2}\right)^4$$

代入 Simpson 公式(4.12)，得

$$S\approx f(c)(b-a)+\frac{f''(c)}{3}\left(\frac{b-a}{2}\right)^3+\frac{C_4}{36}\left(\frac{b-a}{2}\right)^5$$

于是利用式(4.15)，有

$$R_s[f]=I^*-S\approx-\frac{C_4}{90}\left(\frac{b-a}{2}\right)^5=-\frac{1}{90}\left(\frac{b-a}{2}\right)^5 f^{(4)}(\xi),\ a<\xi<b$$

由余项公式(4.13)可知，Simpson 公式的代数精度为 3。

例 4.5　利用 Simpson 公式计算 $\int_0^1 \frac{4}{1+x^2}\mathrm{d}x$ 的近似值。

解　由 Simpson 公式(4.12)，有

$$\int_0^1 \frac{4}{1+x^2}\mathrm{d}x\approx\frac{1-0}{6}\left(\frac{4}{1+0^2}+4\,\frac{4}{1+0.5^2}+\frac{4}{1+1^2}\right)=3.1333$$

4.2.4 Cotes 公式及其误差

利用 Newton-Cotes 公式，取 $n=4$，则 $h=\dfrac{b-a}{4}$，于是求积节点为 $x_0=a$，$x_1=d=x_0+h$，$x_2=c=x_0+2h$，$x_3=e=x_0+3h$，$x_2=b$，代入式(4.7)，计算得

$$A_0=A_4=\frac{7}{90}(b-a),\ A_1=A_3=\frac{32}{90}(b-a),\ A_2=\frac{12}{90}(b-a)$$

故 Cotes 公式为

$$C=\frac{b-a}{90}[7f(a)+32f(d)+12f(c)+32f(e)+7f(b)] \tag{4.16}$$

Cotes 公式(4.16)也称为 Boolean 公式。可以证明，Cotes 公式的余项为

$$R_C[f]=-\frac{8}{945}\left(\frac{b-a}{4}\right)^7 f^{(6)}(\xi),\ a<\xi<b \tag{4.17}$$

由余项公式（4.17）可知，Cotes 公式的代数精度为 5。

由上述内容可知，梯形公式只有 1 次代数精度，而 Simpson 公式却有 3 次代数精度，Cotes 公式具有 5 次代数精度。事实上，由 Newton-Cotes 公式的余项可得，n 阶的 N-C 公式至少有 n 次代数精度。进一步讨论可以证明，当 n 为偶数时，N-C 公式对被积函数的余项也是 0，从而求积公式 $f(x)=x^{n+1}$ 依然精确成立。于是可得以下结论。

定理 4.2 对于 n 阶的 Newton-Cotes 求积公式：

$$\int_a^b f(x)\mathrm{d}x \approx (b-a)\sum_{i=0}^{n} C_i^{(n)} f_i$$

当 n 为奇数时，至少具有 n 次代数精度；当 n 为偶数时，至少具有 $n+1$ 次代数精度。

例 4.6 利用 Cotes 公式计算 $\int_0^1 \dfrac{4}{1+x^2}\mathrm{d}x$ 的近似值。

解 由 Cotes 公式（4.16），可知

$$\begin{aligned}\int_0^1 \frac{4}{1+x^2}\mathrm{d}x &\approx \frac{1}{90}[7f(0)+32f(0.25)+12f(0.5)+32f(0.75)+7f(1)]\\ &=\frac{1}{90}\left(7\times 4+32\times\frac{64}{17}+12\times\frac{16}{5}+32\times\frac{64}{25}+7\times 2\right)\\ &=\frac{1}{90}(28+120.4706+38.4+81.92+14)\\ &=\frac{1}{90}\times 282.7906=3.1421\end{aligned}$$

Python 代码实现如下：

```
#程序 ch4p1.py
from numpy import exp
import math
```

```
def f(x):
return 4/(1+x*x)

def tixi(a,b):
    """梯形公式"""
    return (b-a)*(f(a)+f(b))/2

def simpson(a,b):
    """Simpson 公式"""
    return (b-a)*(f(a)+4*f((a+b)/2)+f(b))/6

def cotes(a,b):
    """Cotes 公式"""
    h=(b-a)/4
    x0,x1,x2,x3,x4=a,a+h,a+2*h,a+3*h,a+4*h
    return (b-a)*(7*f(x0)+32*f(x1)+12*f(x2)+32*f(x3)+7*f(x4))/90

print("梯形公式结果:",round(tixi(0,1),4))
print("Simpson 公式结果:",round(simpson(0,1),4))
print(" Cotes 公式结果:",round(cotes(0,1),4)
```

运行结果：

```
梯形公式结果：3.0
Simpson 公式结果：3.1333
Cotes 公式结果：3.1421
```

4.3 复化求积公式

从式(4.7)中可以看到，求积节点的增多（n 的增大）可能导致求积系数出现负数（当 $n \geqslant 8$ 时，N-C 求积系数会出现负数）。另一方面，从求积公式的余项公式也可以看到，被积函数所用的插值多项式次数越高，对函数的光滑性要求也越高。

在实际应用中往往不会采用高阶的 N-C 求积公式，而是将积分区间划分成若干个相等的小区间，在各小区间上采用低阶的求积公式（梯形公式或 Simpson 公式），然后利用积分的区间可加性，把各区间上的积分值加起来，便得到新的求积公式。这就是复化求积公式的基本思路。

4.3.1 复化梯形公式

1. 复化梯形公式及其误差

将积分区间 $[a,b]$ 剖分为 n 等分，各个分点为 $x_k = a + kh(k = 0,1\cdots,n)$，其中 $h = \dfrac{b-a}{n}$。在每个小区间 $[x_k, x_{k+1}]$ 上使用梯形公式，则

$$\begin{aligned}\int_a^b f(x)\mathrm{d}x &= \sum_{k=0}^{n-1}\int_{x_k}^{x_{k+1}} f(x)\mathrm{d}x \\ &= \sum_{k=0}^{n-1}\left\{\frac{x_{k+1}-x_k}{2}[f(x_k)+f(x_{k+1})]+R_k[f]\right\} \\ &= \frac{h}{2}\sum_{k=0}^{n-1}[f(x_k)+f(x_{k+1})]+\sum_{k=0}^{n-1}R_k[f]\end{aligned}$$

记

$$T_n=\frac{h}{2}\sum_{k=0}^{n-1}[f(x_k)+f(x_{k+1})]=\frac{h}{2}\left[f(a)+f(b)+2\sum_{k=1}^{n-1}f(x_k)\right] \tag{4.18}$$

公式（4.18）称为复化梯形公式，下标 n 表示将积分区间 $[a,b]$ 等分的个数。

复化梯形公式具有递推性质。事实上，若将区间 $2n$ 等分，这时节点数为 $2n+1$，设增加的 n 个分点为 $x_{k+\frac{1}{2}}(k=0,1,\cdots,n-1)$，在每个小区间上再应用梯形公式，有

$$\begin{aligned}T_{2n} &= \sum_{k=0}^{n-1}\left\{\frac{x_{k+\frac{1}{2}}-x_k}{2}[f(x_k)+f(x_{k+\frac{1}{2}})]+\frac{x_{k+1}-x_{k+\frac{1}{2}}}{2}[f(x_{k+\frac{1}{2}})+f(x_{k+1})]\right\} \\ &= \frac{h}{4}\sum_{k=0}^{n-1}[f(x_k)+2f(x_{k+\frac{1}{2}})+f(x_{k+1})] \\ &= \frac{h}{4}\sum_{k=0}^{n-1}[f(x_k)+f(x_{k+1})]+\frac{h}{2}\sum_{k=0}^{n-1}f(x_{k+\frac{1}{2}})\end{aligned}$$

从而有

$$T_{2n}=\frac{1}{2}T_n+\frac{h}{2}\sum_{k=0}^{n-1}f(x_{k+\frac{1}{2}}) \tag{4.19}$$

上式表明，区间对分后，只需计算出新分点的函数值，而原复化梯形公式将作为一个整体保留，不需要重复计算原节点的函数值，便可得出对分后的积分值，从而减少了计算量。

下面我们来讨论复化梯形公式的误差。记

$$R[T_n]=\sum_{k=0}^{n-1}R_k[f]$$

为复化梯形公式的余项，则

$$R[T_n]=\sum_{k=0}^{n-1}\left[-\frac{(x_{k+1}-x_k)^3}{12}f''(\eta k)\right]=-\frac{h^3}{12}\sum_{k=0}^{n-1}f''(\eta k),\qquad \eta_k\in[x_k,x_{k+1}]$$

假设 $f''(x)$ 在积分区间 $[a,b]$ 上连续，则 $f''(x)$ 在 $[a,b]$ 上必存在最大值 M 和最小值 m，即

$$m\leqslant f''(\eta_k)\leqslant M\Rightarrow nm\leqslant\sum_{k=0}^{n-1}f''(\eta_k)\leqslant nM$$

由此得

$$m\leqslant\frac{1}{n}\sum_{k=0}^{n-1}f''(\eta_k)\leqslant M$$

于是由连续函数的介值定理，可知必存在一点 $\xi\in[a,b]$，使得

$$f''(\xi)=\frac{1}{n}\sum_{k=0}^{n-1}f''(\eta_k)$$

从而有

$$R[T_n] = -\frac{h^3}{12}nf''(\xi_4) = -\frac{b-a}{12}h^2 f''(\xi_4) \tag{4.20}$$

由复化梯形公式的余项公式（4.20）可知，在给定的精度要求下，可以确定积分区间的等分数 n，这可以为实际计算中区间的划分等提供参考。

算法 4.1(复合梯形公式)

（输入部分包含数据 a,b 与 m，程序中调用 $x\in[a,b]$ 计算 $f(x)$ 的子程序）

1　输入 $\{a,b,m\}$

2　$h \leftarrow (b-a)/m$

3　$x \leftarrow a, s \leftarrow f(x)/2$

4　对 $k=1,2,\cdots,m-1$

　4.1　$x \leftarrow x+h$

　4.2　$s \leftarrow s+f(x)/2$

5　$x \leftarrow x+h$

6　$s \leftarrow h(s+f(x)/2)$

7　输出 $\{s\}$

例 4.7　对于积分

$$\int_0^1 \frac{\sin x}{x}\mathrm{d}x$$

（1）将积分区间 8 等分，利用复化梯形公式计算其近似值；

（2）取误差界为 10^{-4}，问：利用复化梯形公式计算其近似值时，应将积分区间 $[0,1]$ 多少等分？

解　（1）取 $n=8$，将 8 等分 $[0,1]$，$h=\frac{1}{8}$，由复化梯形公式得

$$T_8 = \frac{1}{8}\left[\frac{1}{2}f(0)+f\left(\frac{1}{8}\right)+f\left(\frac{1}{4}\right)+f\left(\frac{3}{8}\right)+f\left(\frac{1}{2}\right)+f\left(\frac{5}{8}\right)+f\left(\frac{3}{4}\right)+f\left(\frac{7}{8}\right)+\frac{1}{2}f(1)\right]$$
$$\approx 0.945\,690\,9$$

（2）设

$$f(x) = \frac{\sin x}{x} = \int_0^1 \cos(tx)\mathrm{d}t$$

则

$$f^{(k)}(x) = \int_0^1 \frac{\mathrm{d}^k}{\mathrm{d}x^k}[\cos(tx)]\mathrm{d}t = \int_0^1 t^k \cos\left(tx+\frac{k\pi}{2}\right)\mathrm{d}t$$

从而有

$$|f^{(k)}(x)| \leqslant \int_0^1 \left|t^k\cos\left(tx+\frac{k\pi}{2}\right)\right|\mathrm{d}t \leqslant \int_0^1 t^k\mathrm{d}t = \frac{1}{k+1}$$

故由

$$|R[T_n]| = \left|-\frac{1-0}{12}h^2 f''(\xi)\right| \leqslant \frac{h^2}{12}\times\frac{1}{2+1} = \frac{h^2}{36} \leqslant 10^{-4}$$

可得 $h \leqslant 6\times 10^{-2}$，即

$$n=\frac{1}{h}\geqslant\frac{1}{6}\times10^{2}\approx16.67$$

所以区间 $[0,1]$ 应该 17 等分才能满足精度要求。

4.3.2 复化 Simpson 公式

1. 复化 Simpson 公式及其误差

将积分区间 $[a,b]$ 分成 n 等分，各个分点为 $x_k=a+kh(k=0,1\cdots,n)$，其中 $h=\frac{b-a}{n}$。记区间 $[x_k,x_{k+1}]$ 的中点为 $x_{k+\frac{1}{2}}$，在每个小区间 $[x_k,x_{k+1}]$ 上使用 Simpson 公式，则得到所谓的复化 Simpson 公式：

$$S_n=\sum_{k=0}^{n-1}\frac{x_{k+1}-x_k}{6}[f(x_k)+4f(x_{k+\frac{1}{2}})+f(x_{k+1})]$$

即

$$S_n=\frac{h}{6}\left[f(a)+f(b)+2\sum_{k=1}^{n-1}f(x_k)+4\sum_{k=0}^{n-1}f(x_{k+\frac{1}{2}})\right]\tag{4.21}$$

类似于复化梯形公式，复化 Simpson 公式的余项为

$$R[S_n]=-\frac{b-a}{180}\left(\frac{h}{2}\right)^4f^{(4)}(\xi_5),\quad \xi_5\in[a,b]\tag{4.22}$$

事实上：

$$\begin{aligned}R[S_n]&=\sum_{k=0}^{n-1}R_k[f]=\sum_{k=0}^{n-1}\left[-\frac{1}{90}\left(\frac{x_{k+1}-x_k}{2}\right)^5f^{(4)}(\eta k)\right]\\&=-\frac{1}{90}\left(\frac{h}{2}\right)^5\sum_{k=0}^{n-1}f^{(4)}(\eta k)=-\frac{1}{90}\left(\frac{h}{2}\right)^5-\frac{1}{90}\left(\frac{h}{2}\right)^5nf^{(4)}(\xi_5)\\&=-\frac{b-a}{180}\left(\frac{h}{2}\right)^4f^{(4)}(\xi_5)\end{aligned}$$

算法 4.2(复化 Simpson 公式)

(有关说明同复合梯形公式的算法)

1 输入 $\{a,b,m\}$

2 $h\leftarrow(b-a)/(2m)$

3 $x\leftarrow a,y\leftarrow b$

4 $s\leftarrow f(x)+f(y)$

5 对 $k=1,2,\cdots,2m-1$

 5.1 $x\leftarrow x+h$

 5.2 如果 $k/2$ 是整数，$s\leftarrow s+2f(x)$；否则 $s\leftarrow s+4f(x)$

6 $s\leftarrow sh/3$

7 输出 $\{s\}$

上述步骤 5 算出 $f_0+4f_1+2f_2+\cdots+4f_{2m-1}+f_{2m}$，其中，$f_j=f(a+jh)$，$j=0,1,\cdots,2m$。

例 4.8 对于积分：

$$\int_0^1 \frac{\sin x}{x}\mathrm{d}x$$

(1) 将积分区间 4 等分，利用复化 Simpson 公式计算其近似值；

(2) 取误差界为 10^{-4}，则利用复化 Simpson 公式计算其近似值时，应将积分区间 [0,1] 多少等分？

解　(1) 将积分区间 4 等分，利用复化 Simpson 公式，得

$$S_4 = \frac{1}{4\times 6}\left\{f(0)+4\left[f\left(\frac{1}{8}\right)+f\left(\frac{3}{8}\right)+f\left(\frac{5}{8}\right)+f\left(\frac{7}{8}\right)\right]+2\left[f\left(\frac{1}{4}\right)+f\left(\frac{1}{2}\right)+f\left(\frac{3}{4}\right)\right]+f(1)\right\}$$

$$\approx 0.946\,083\,2$$

给定积分的精确值是 $I=0.946\,083\,1$。与例 4.7 的结果相比，显然复化 Simpson 求积公式比复化梯形求积公式精确得多。

(2) 利用例 4.7 的结果，可知

$$|f^{(k)}| \leqslant \frac{1}{k+1}$$

故由

$$|R[S_n]| \leqslant \left|-\frac{1-0}{180}\left(\frac{h}{2}\right)^4 f^{(4)}(\xi_5)\right| \leqslant \frac{h^4}{2880}\times\frac{1}{4+1}=\frac{h^4}{14400}\leqslant 10^{-4}$$

可得

$$h \leqslant \frac{1}{5}\sqrt{30}$$

于是

$$n=\frac{1}{h} \geqslant \frac{5}{\sqrt{30}} \approx 0.9129$$

故取 $n=1$ 即可，这意味着直接对区间 [0,1] 使用 Simpson 公式即可达到所要求的精度。

例 4.9　编写程序，分别利用复化梯形公式、复化 Simpson 公式与 Scipy 工具库中的函数 quad 求解定积分 $\int_0^1 \frac{\sin x}{x}\mathrm{d}x$ 的数值解。

解　Python 中，建立在 Numpy 基础上的科学计算库 Scipy 提供了许多诸如微积分、微分方程、优化算法等的求解方案。本例将对给定区间 1000 等分，分别定义复化梯形公式与复化 Simpson 公式的函数，求解给定积分的近似值，并与 Scipy 库中的 quad 命令求解结果相比较。

Python 代码实现如下：

```
#程序 ch4p1.py
import numpy as np
from scipy.integrate import quad


def trap(f,n,a,b):        #复化梯形公式的定义
    xi=np.linspace(a,b,n); h=(b-a)/(n-1)
    return h*(np.sum(f(xi))-(f(a)+f(b))/2)


def simp(f,n,a,b):        #复化 Simpson 公式的定义
```

```
    xi, h=np.linspace(a,b,2*n+1), (b-a)/(2.0*n)
    xe=[f(xi[i]) for i in range(len(xi)) if i%2==0]
    xo=[f(xi[i]) for i in range(len(xi)) if i%2!=0]
    return h*(2*np.sum(xe)+4*np.sum(xo)-f(a)-f(b))/3.0

a=1e-10; b=1; n=1000
f=lambda x: (np.sin(x))/x

print("复化梯形积分 I1=",trap(f,n,a,b))
print("复化 Simpson 积分 I2=",simp(f,n,a,b))
print("Scipy 积分 I3=",quad(f,a,b))
```

运行结果：

```
复化梯形积分 I1= 0.9460830451195227
复化 Simpson 积分 I2= 0.9460830702671831
Scipy 积分 I3= (0.946083070267183, 1.0503632078186863e-14)
```

以上介绍的复化求积公式均是定步长的，实际应用中也有相对应的变步长求积法。变步长求积法也叫作区间逐次分半法，其基本思想是：在步长逐次折半过程中，反复用复合求积公式计算，直到二分前后的两次积分计算结果之差的绝对值 $|I_{2n}-I_n|$ 小于允许的精度 ε 为止，并取 I_{2n} 作为所求的积分近似值，这样计算时，步长 h 不是固定不变的，可根据实际计算要求调整，从而增加了积分方法的灵活性。

4.4 Romberg 求积公式

Romberg 求积法也称为逐次分半加速法，它是在符合梯形求积公式误差估计的基础上，应用线性外插的思想构造出的一种加速算法。

数值求积时，复化求积公式对提高积分的精度是行之有效的，但在使用求积公式前，必须给出适当的步长，而步长的选取是一个很困难的问题。通过上节的讨论可以看到，当 $f(x)$ 在 $[a,b]$ 上的高阶导数容易估计时，利用截断误差式(4.20)或式(4.22)可从预定的精度 ε 估计用复化梯形公式或复化 Simpson 公式时的步长 h。但在很多情况下，被积函数 $f(x)$ 的导数界很难估计，这就使得直接预先确定步长 h 有困难。在实际科学与工程计算中，数值求积主要依靠自动选择步长的方法。对于给定的 n，当由复化梯形公式 T_n 进行计算但不能满足精度要求时，可进一步考虑对分每个小区间，计算 T_{2n}。由前面的讨论可知，T_{2n} 与 T_n 之间存在下面的递推关系：

$$T_{2n}=\frac{1}{2}T_n+\frac{h}{2}\sum_{k=0}^{n-1}f(x_{k+\frac{1}{2}})$$

上式也称为变步长梯形公式。由此可方便地计算 $T_1,T_2,T_4,\cdots$，在增加新节点时，不浪费原先的计算量，并且可由 $|T_{2n}-T_n|\leqslant\varepsilon$ 控制计算精度。

由复化梯形公式的余项公式（4.20）得

$$R[T_{2n}]=-\frac{b-a}{12}\left(\frac{h}{2}\right)^2 f''(\bar{\xi})$$

如果 $f''\approx f''(\xi)$，那么有

$$\frac{R[T_{2n}]}{R[T_n]}=\frac{I[f]-T_{2n}}{I[f]-T_n}\approx\frac{1}{4}$$

于是，由上式可以推得

$$I[f]\approx\frac{4}{3}T_{2n}-\frac{1}{3}T_n$$

上式的右端是否比 T_{2n} 的精度更高呢？通过实际计算得

$$\begin{aligned}\frac{4}{3}T_{2n}-\frac{1}{3}T_n&=\frac{4}{3}\left[\frac{1}{2}T_n+\frac{h}{2}\sum_{k=0}^{n-1}f(x_{k+\frac{1}{2}})\right]-\frac{1}{3}T_n\\&=\frac{1}{3}T_n+\frac{2h}{3}\sum_{k=0}^{n-1}f(x_{k+\frac{1}{2}})\\&=\frac{1}{3}\left\{\frac{h}{2}\left[f(a)+f(b)+2\sum_{k=0}^{n-1}f(x_k)\right]\right\}+\frac{2h}{3}\sum_{k=0}^{n-1}f(x_{k+\frac{1}{2}})\\&=\frac{h}{6}\left[f(a)+f(b)+2\sum_{k=0}^{n-1}f(x_k)+4\sum_{k=0}^{n-1}f(x_{k+\frac{1}{2}})\right]\end{aligned}$$

上式的右端为复化 Simpson 公式，即

$$S_n=\frac{4}{3}T_{2n}-\frac{1}{3}T_n \tag{4.23}$$

上式说明，复化 Simpson 公式可以由简单的复化梯形公式的线性组合得到，这种由较低精度的计算结果通过线性组合得到较高精度的计算结果的方法叫作外推法。

下面我们阐述通过适当的线性组合，把复化梯形公式的近似值组合成更高精度的积分近似值的方法。

用复化梯形公式，取区间长度为 h，公式的值 $T(h)$ 与原积分值

$$I[f]=\int_a^b f(x)\mathrm{d}x$$

之间存在如下关系：

$$I[f]=T(h)+a_2h^2+a_4h^4+\cdots \tag{4.24}$$

其中，$a_2,a_4,\cdots$ 是与 h 无关的常数。上式表明，用 $T(h)$ 来近似 $I[f]$，其截断误差为

$$R[T(h)]=a_2h^2+a_4h^4+\cdots=O(h^2)$$

对于对分区间，新区间的长度变为 $\frac{h}{2}$，将新区间长度代入式(4.24)得

$$\begin{aligned}I[f]&=T\left(\frac{h}{2}\right)+a_2\left(\frac{h}{2}\right)^2+a_4\left(\frac{h}{2}\right)^4+\cdots\\&=T\left(\frac{h}{2}\right)+\frac{1}{4}a_2h^2+\frac{1}{16}a_4h^4+\cdots\end{aligned} \tag{4.25}$$

用式(4.25)的 4 倍减去式(4.24)得

$$3I[f]=4T\left(\frac{h}{2}\right)-T(h)+\left(\frac{1}{4}-1\right)a_4h^4+\cdots$$

则

$$I[f]=\frac{4T\left(\frac{h}{2}\right)-T(h)}{3}+O(h^4) \tag{4.26}$$

上式消去了 h^2 项。若记

$$T_0(h)=T(h),\ T_1(h)=\frac{4T_0\left(\frac{h}{2}\right)-T_0(h)}{3}$$

则用 $T_1(h)$ 作为 $I[f]$ 的近似值，其误差为 $O(h^4)$。

这样，式(4.26)可以写成

$$I[f]=T_1(h)+b_4h^4+b_6h^6+\cdots \tag{4.27}$$

同理，可用 $T_1(h)$ 的线性组合表示 $I[f]$，即再将区间对分，消去 h^4 项，得

$$I[f]=\frac{4^2T_1\left(\frac{h}{2}\right)-T_1(h)}{4^2-1}+O(h^6)=T_2(h)+O(h^6) \tag{4.28}$$

其中

$$T_2[h]=\frac{4^2T_1\left(\frac{h}{2}\right)-T_1(h)}{4^2-1}$$

这个推导过程继续下去就得到了 Romberg 求积公式，将它完整地写出来就是

$$T_0(h)=T(h),T_j(h)=\frac{4^jT_{j-1}\left(\frac{h}{2}\right)-T_{j-1}(h)}{4^j-1},\ j=1,2,\cdots \tag{4.29}$$

下面我们给出 Romberg 求积公式的算法步骤。

算法 4.3（Romberg 求积算法）

1　输入 a,b 及精度 ε

2　置 $h=b-a$，$T_1^1=\frac{h}{2}(f(a)+f(b))$

3　置 $i=1,j=1,n=2$，对分区间 $[a,b]$，并计算 T_j^{i+1}，T_{j+1}^{i+1}：

$$T_1^{i+1}=\frac{1}{2}T_1^i+\frac{h}{2}\sum_{k=1}^{n}f(x_{k-\frac{1}{2}}),\ T_{j+1}^{i+1}=\frac{4^jT_j^{i+1}-T_j^i}{4^j-1}$$

4　若不满足终止条件，做循环：

$i:=i+1,h:=h/2,n:=2n$

计算：$T_1^{i+1}=\frac{1}{2}T_1^i+\frac{h}{2}\sum_{k=1}^{n}f(x_{k-\frac{1}{2}})$

对 $j=1,2,\cdots,i$，计算：$T_{j+1}^{i+1}=\frac{4^jT_j^{i+1}-T_j^i}{4^j-1}$

在上面的算法中，终止条件一般取为

$$|T_{i+1}^{i+i}-T_i^i|\leqslant\varepsilon$$

例 4.10　用 Romberg 求积算法求积分 $I=\int_0^1\frac{\sin x}{x}\mathrm{d}x$ 的近似值，使误差不超过 $\frac{1}{2}\times10^{-6}$。

解　按上述步骤将计算结果列于表 4.2。

表 4.2　计算结果

k	T_{2^k}	$S_{2^{k-1}}$	$C_{2^{k-2}}$	$R_{2^{k-3}}$
0	0.920 735 5			
1	0.939 793 3	0.946 145 9		
2	0.944 513 5	0.946 086 9	0.946 083 0	
3	0.945 690 9	0.946 083 3	0.946 083 1	0.946 083 1

表 4.2 所列的计算结果表明，只运用了三次二分的复化梯形计算的值，尽管这些近似值的精度都不高，只有两位准确数字，但经过三次利用加速公式所得到的 Romberg 积分值 $R_1=0.946\ 083\ 1$，它的每一位数字已经都是准确数字，可见加速的效果是明显的。

应用 Romberg 求积算法，系数有规律，不需要存储求积系数，占用存储单元少，收敛速度快，精度又较高，因此很适合在计算机上应用。它的主要缺点是，每当把区间对分后，就要计算被积函数 $f(x)$ 在新分点处的值，而这些值的个数又是成倍增加的，所以计算量较大。

相应 Python 程序如下：

```
#程序 ch4p3.py
import numpy as np
import math
# func:需要积分的函数
# x_min:积分下限
# x_max:积分上限
# epo:二分次数
def compute_Tn(func, x_min=0, x_max=1, epo=3):
    Tn_list = []
    Tn = 0
    h0 = x_max - x_min  #积分区间的长度，即初始步长
    h = h0  #每次迭代计算更新 h 步长
    x_half_list = np.array([0])  #二分点列表
    for k in range(epo + 1):
        if k == 0:  #初始步长 h=h0,取两个端点
            Tn = 0.5 * h * (func(x_min) + func(x_max))  # T1
            Tn_list.append({"T_%d" % 2 ** k: Tn.item(), "k": k})
            x_half_list = np.array([(x_min + x_max) / 2])  #计算二分点
        else:
            Tn = 0.5 * Tn + 0.5 * h * np.sum(func(x_half_list))
                #上一轮的 T2n = 0.5*Tn + 0.5*h*二分点处的函数值之和
            Tn_list.append({"T_%d" % 2 ** k: Tn.item(), "k": k})
            h = 0.5 * h  #更新步长 h 为原来的一半
            x_half_list = np.linspace(0, 2 ** k, 2 ** k, endpoint=False)
                #计算下一轮所需的二分点，一共有 2^k 个点,0,1,2,…2^k-1
```

```
            x_half_list = h0 * (2 * x_half_list + 1) / (2 * * (k + 1)) + x_min
            # X_(k+1/2)=a + (b-a) * (2n+1)/2^(k+1)
    return Tn_list
#由梯形公式计算 Simpson 公式
def compute_Sn(Tn_list):
    Sn_list = []
    for i in range(len(Tn_list) - 1):
        Sn = list(Tn_list[i + 1]. values())[0] * 4 / 3 - list(Tn_list[i]. values())[0] / 3
        k = list(Tn_list[i + 1]. values())[1]
        Sn_list. append({"S_%d" % 2 * * (k - 1): Sn, "k": k})
    return Sn_list
#由 Simpson 公式计算 Cotes 公式
def compute_Cn(Tn_list=None, Sn_list=None):
    if Sn_list is None:
        Sn_list = compute_Sn(Tn_list)
    Cn_list = []
    for i in range(len(Sn_list) - 1):
        Cn = list(Sn_list[i + 1]. values())[0] * 16 / 15 - list(Sn_list[i]. values())[0] / 15
        k = list(Sn_list[i + 1]. values())[1]
        Cn_list. append({"C_%d" % 2 * * (k - 2): Cn, "k": k})
    return Cn_list

#由 Cotes 公式计算 Romberg 公式
def compute_Rn(Tn_list=None, Cn_list=None):
    if Cn_list is None:
        Cn_list = compute_Cn(Tn_list)
    Rn_list = []
    for i in range(len(Cn_list) - 1):
        Rn = list(Cn_list[i + 1]. values())[0]. * 64 / 63 - list(Cn_list[i]. values())[0] / 63
        k = list(Cn_list[i + 1]. values())[1]
        Rn_list. append({"R_%d" % 2 * * (k - 3): Rn, "k": k})
    return Rn_list
#例题 4.8
def sinx_div_x(x):
    y = np. sin(x) / x
    if not isinstance(y, np. ndarray):
        y = np. array([y])
    y[np. where(np. isnan(y))] = 1
    return y

if __name__ == '__main__':
    Tn_list = compute_Tn(sinx_div_x, x_min=0, x_max=1, epo=3)
    print(Tn_list)#print(round(Hx(0.6),6))
```

```
Sn_list = compute_Sn(Tn_list)
print(Sn_list)
Cn_list = compute_Cn(Sn_list=Sn_list)
print(Cn_list)
Rn_list = compute_Rn(Cn_list=Cn_list)
print(Rn_list)
```

例 4.11 试用上述 Romberg 求积算法计算例 4.3 中的定积分

$$\int_0^1 \frac{4}{1+x^2}\mathrm{d}x$$

并要求 $|T_{k,0}-T_{k-1,0}|\leqslant 0.5\times10^{-9}$。

解 这里，$[a,b]=[0,1]$，$f(x)=\frac{4}{1+x^2}$，$\varepsilon=0.5\times10^{-9}$。选取 $j=10$。按 Romberg 求积算法，将计算结果列为 T 数表。因此，按要求 $T_{6,0}=3.141\ 592\ 657$ 可以作为所求积分，即 π 的近似值。从表 4.3 可以看出，由于 $f(x)=\frac{4}{1+x^2}$ 在 $[0,1]$ 上充分光滑，因此除主对角线以外，每一列元素都趋向于 π，并且，表内任何位于平行于主对角线的其他线上的元素序列也都很快地趋向于 π。整个计算只需求得 $f(x)=\frac{4}{1+x^2}$ 的 $2^6-1+2=65$ 个函数值，近似值 $T_{6,0}$ 具有十位有效数字。

如例 4.12 所示，如果连续函数 f 的某阶导数在积分区间 $[a,b]$ 上的某些点处不存在，则除各列与主对角线外，T 数表中位于主对角线的其他线上的元素序列不一定收敛于 $I(f)$，或出现收敛很缓慢的现象。

例 4.12 使用 Romberg 积分的算法计算积分

$$\int_0^{0.8} \sqrt{x}\,\mathrm{d}x$$

并要求 $|T_{k,0}-T_{k-1,0}|\leqslant10^{-4}$。

解 这里，$[a,b]=[0,\ 0.8]$，$f(x)=x^{1/2}$，$\varepsilon=10^{-4}$。

选取 $j=10$，按 Romberg 求积法的算法可以列出对应的 T 数表。

表 4.3 T 数表

h_0	0.357 771							
h_1	0.431 868	0.456 567						
h_2	0.461 296	0.469 772	0.470 652					
h_3	0.470 920	0.474 461	0.474 774	0.474 839				
h_4	0.474 820	0.476 120	0.476 231	0.476 254	0.476 259			
h_5	0.476 235	0.476 707	0.476 746	0.476 754	0.476 756	0.476 756		
h_6	0.476 745	0.476 915	0.476 929	0.476 932	0.476 932	0.476 933	0.476 933	
h_7	0.476 927	0.476 988	0.476 993	0.476 994	0.476 994	0.476 994	0.476 994	0.476 994

因此，按要求 $T_{7,0}=0.476\ 994$ 可以作为所求积分的近似值。但实际上，$I(f)=0.477\ 028$

(取小数六位)。也就是说，花费了求 f 的 129 个函数值的计算量，仅得到有四位有效数字的近似值。只是由于被积函数 $f(x)=x^{1/2}$ 在 $x=0$ 处没有各阶导数，因而整个计算的收敛速度偏慢。下面我们该走另一途径，可以避免刚才出现的问题。将原先定积分变换一下，可得

$$\int_0^{0.8}\sqrt{x}\,\mathrm{d}x=\int_0^{\sqrt{0.8}}2t^2\,\mathrm{d}t$$

这时，函数 $g(t)=2t^2$ 在 $[0,\sqrt{0.8}]$ 上便是解析的。因此，我们希望用较小的计算量得出满足精度要求的积分近似值。此时，取 $[a,b]=[0,\sqrt{0.8}]$，用 $g(x)=2x^2$ 代替算法中的 f，则可得表 4.4 所示的计算结果。

表 4.4　计算结果

h_0	0.715 542		
h_1	0.536 656	0.477 027	
h_2	0.491 935	0.477 028	0.477 028

因此，满足精度要求的 $T_{2,0}=0.477\,028$ 可以作为积分的近似值。

4.5　Gauss 求积方法

从前面的讨论可以知道，对于已知求积公式，可以讨论它的代数精度，反之也可以按照代数精度要求导出求积公式。对于求积公式 (4.4)，当求积节点 $x_k(k=0,1,\cdots,n)$ 固定时，公式中有 $n+1$ 个待定参数，故此时可要求它满足对 $1,x,\cdots,x^n$ "准确"这样 $n+1$ 个约束条件，从而使之至少具有 n 次代数精度。

进一步，可考虑将 $x_k(k=0,1,\cdots,n)$ 也视为待定参数，这样公式 (4.4) 的待定参数就有 $2n+2$ 个，从而可使该公式的代数精度达到 $2n+1$。此类高精度的求积公式称为 Gauss 公式，而对应的节点 $x_k(k=0,1,\cdots,n)$ 称为区间 $[a,b]$ 上的 Gauss 节点。

例 4.13　试导出一点 Gauss 公式：

$$I=\int_a^b f(x)\mathrm{d}x\approx A_0f(x_0) \tag{4.30}$$

解　由式(4.30)，有 $2\times0+1=1$ 次代数精度，因此式 (4.30) 对 $f(x)=1$ 和 $f(x)=x$ 是准确的，故有

$$\begin{cases}A_0=b-a\\ x_0A_0=\dfrac{b^2-a^2}{2}\end{cases}\Rightarrow\begin{cases}A_0=b-a\\ x_0=\dfrac{b+a}{2}\end{cases}\Rightarrow I\approx(b-a)f\left(\frac{a+b}{2}\right)$$

因此，$[a,b]$ 上的 1 阶 Gauss 节点为 $(a+b)/2$，恰好为区间的中点。

类似的，可推导出两点 Gauss 公式，假设其表达式为

$$I(f)=\int_a^b f(x)\mathrm{d}x\approx A_0f(x_0)+A_1f(x_1) \tag{4.31}$$

则该公式应该有 $2\times1+1=3$ 次代数精度。因此式(4.31) 对 $f(x)=1$，$f(x)=x$，$f(x)=x^2$ 和 $f(x)=x^3$ 都是准确成立的。由此可得一个四元线性方程组。不失一般性，假设 $a=-1$，$b=1$，此时有

$$\begin{cases} A_0+A_1=2, & ① \\ x_0A_0+x_1A_1=0, & ② \\ x_0^2A_0+x_1^2A_1=2/3, & ③ \\ x_0^3A_0+x_1^3A_1=0 & ④ \end{cases}$$

当已知 x_0,x_1 时，上面的方程②，④是关于 A_0，A_1 的齐次线性方程组：

$$\begin{cases} x_0A_0+x_1A_1=0 \\ x_0^3A_0+x_1^3A_1=0 \end{cases}$$

由于 A_0，A_1 不全为零，故由克拉默规则，有

$$\begin{vmatrix} x_0 & x_1 \\ x_0^3 & x_1^3 \end{vmatrix}=x_0x_1(x_1^2-x_0^2)=0$$

又易知 $x_0x_1\neq0$，故 $x_0^2=x_1^2=t$，代入方程①，③，得 $t=1/3$，导出可得

$$x_0=-\frac{1}{\sqrt{3}},\ x_1=\frac{1}{\sqrt{3}}$$

由此，再根据方程①，②，得 $A_0=A_1=1$，即有

$$\int_{-1}^{1}f(x)\mathrm{d}x\approx f\left(-\frac{1}{\sqrt{3}}\right)+f\left(\frac{1}{\sqrt{3}}\right) \tag{4.32}$$

在一般情形下，只需通过线性变换

$$x=\frac{b-a}{2}t+\frac{a+b}{2}$$

将 $[a,b]$ 变为 $[-1,1]$。事实上，有

$$\begin{aligned}\int_a^b f(x)\mathrm{d}x &=\int_{-1}^{1}f\left(\frac{b-a}{2}t+\frac{a+b}{2}\right)\frac{b-a}{2}t \\ &\approx\frac{b-a}{2}\left[f\left(-\frac{b-a}{2\sqrt{3}}+\frac{a+b}{2}\right)+f\left(\frac{b-a}{2\sqrt{3}}+\frac{a+b}{2}\right)\right]\end{aligned}$$

于是得到 3 次代数精度的两点 Gauss 公式：

$$I=\int_a^b f(x)\mathrm{d}x\approx\frac{b-a}{2}\left[f\left(-\frac{b-a}{2\sqrt{3}}+\frac{a+b}{2}\right)+f\left(\frac{b-a}{2\sqrt{3}}+\frac{a+b}{2}\right)\right]$$

$[a,b]$ 上的 2 阶 Gauss 节点为

$$x_0=-\frac{b-a}{2\sqrt{3}}+\frac{a+b}{2},\ x_1=\frac{b-a}{2\sqrt{3}}+\frac{a+b}{2}$$

直接导出更高阶的 Gauss 公式比较困难。以下不加证明地给出 $[-1,1]$ 上 Gauss 节点的一般求解方法。

定理 4.3　区间 $[-1,1]$ 上 n 阶 Gauss 节点恰为勒让德多项式

$$P_n(x)=\frac{1}{2^n n!}\frac{\mathrm{d}^n}{\mathrm{d}x^n}[(x^2-1)^n]$$

的根。

由以上定理可知，当 $n=1$ 时，由

$$\frac{d^n}{dx^n}[(x^2-1)^n]=\frac{d}{dx}[(x^2-1)]=2x$$

得 $[-1,1]$ 上 1 阶 Gauss 节点 $x_0=0$。

当 $n=2$ 时，由

$$\frac{d^n}{dx^n}[(x^2-1)^n]=\frac{d^2}{dx^2}[(x^2-1)^2]=12x^2-4$$

得 $[-1,1]$ 上 2 阶 Gauss 节点 $x_0=-1/\sqrt{3}$，$x_1=1/\sqrt{3}$。

当 $n=3$ 时，由

$$\frac{d^n}{dx^n}[(x^2-1)^n]=\frac{d^3}{dx^3}[(x^2-1)^3]=120x^3-72x$$

得 $[-1,1]$ 上 3 阶 Gauss 节点 $x_0=-\sqrt{\frac{3}{5}}$，$x_1=0$，$x_2=\sqrt{\frac{3}{5}}$。然后再用待定系数法解一线性方程组可得相应的求积系数：$A_0=A_2=5/9$，$A_1=8/9$。于是 $[-1,1]$ 上的三点 Gauss 公式为

$$\int_{-1}^{1} f(x)dx \approx \frac{5}{9}f\left(-\sqrt{\frac{3}{5}}\right)+\frac{8}{9}f(0)+\frac{5}{9}f\left(-\sqrt{\frac{3}{5}}\right) \tag{4.33}$$

该公式具有 5 次代数精度。

6 阶以下 Gauss 求积公式的 Gauss 节点和求积系数如表 4.5 所示。

表 4.5　Gauss 求积公式的 Gauss 节点和对应的求积系数

n	Gauss 节点	求积系数	代数精度
1	0	2	1
2	±0.577 350	1	3
3	0	0.888 889	5
	±0.774 597	0.555 556	
4	±0.861 136	0.347 855	7
	±0.339 981	0.652 145	
5	0	0.568 889	9
	±0.906 180	0.236 927	
	±0.538 469	0.478 629	
6	±0.932 470	0.131 725	11
	±0.661 209	0.360 762	
	±0.238 619	0.467 914	

例 4.14　编写 Python 程序，分别用三点和五点 Gauss 公式计算积分 $\int_0^1 x^4 dx$。

程序如下：

```
#程序 ch4p4.py
```

```
import math
def fun(x):
    return x*x*x*x
Gauss3={0.7745966692:0.555555556,0:0.8888888889}
Gauss5={0.9061798459:0.2369268851,0.5384693101:0.4786286705,0:0.5688888889}
GauSum=0.0
for key,value in Gauss3.items():
    if(key>0):
        GauSum+=fun(key) * value
        GauSum+=fun(-key) * value
    else:
        GauSum+=fun(key) * value
print ("三点高斯公式求积结果:",GauSum)
GauSum=0.0
for key,value in Gauss5.items():
    if(key>0):
        GauSum+=fun(key) * value
        GauSum+=fun(-key) * value
    else:
        GauSum+=fun(key) * value
print ("五点高斯公式求积结果:",GauSum)
```

运行结果：

```
三点高斯公式求积结果：0.4000000002343123
五点高斯公式求积结果：0.40000000000126074
```

4.6　数值微分

在微分学中，函数的导数是通过导数定义或求导法则求得的，当函数由表格形式给出时，上述方法就失效了。因此有必要研究用函数求导的数值方法。下面介绍几种求数值微商的方法。

4.6.1　差商方法

根据导数定义，导数 $f'(a)$ 是当 $h\to 0$ 时差商 $\dfrac{f(a+h)-f(a)}{h}$ 的极限。如果精度要求不高，可取向前差商作为导数的近似值，这样便建立起一种数值微分方法：

$$f'(a)\approx\frac{f(a+h)-f(a)}{h}\tag{4.34}$$

类似地，若用向后差商作近似计算，有

$$f'(a)\approx\frac{f(a)-f(a-h)}{h}\tag{4.35}$$

若用中心差商作近似计算，有

$$f'(a) \approx \frac{f(a+h)-f(a-h)}{2h} \tag{4.36}$$

称后一种数值微分方法为中点方法，相应的计算式(4.36)称为中点公式，它其实是前两种方法的算术平均。

下面考虑其截断误差。

分别将 $f(a \pm h)$ 在 $x=a$ 处进行 Taylor 展开，有

$$f(a \pm h) = f(a) \pm f'(a)h + \frac{h^2}{2!}f''(a) \pm \frac{h^3}{3!}f'''(a) + \frac{h^{(4)}}{4!}f^{(4)}(a) \pm \cdots$$

于是

$$\frac{f(a \pm h)-f(a)}{\pm h} = f'(a) \pm \frac{h}{2!}f''(a) \pm \frac{h^2}{3!}f'''(a) + \cdots$$

而

$$\frac{f(a+h)-f(a-h)}{2h} = f'(a) + \frac{h^2}{3!}f'''(a) \pm \frac{h^4}{5!}f^{(5)}(a) + \cdots$$

所以，式(4.34)、式(4.35)的截断误差是 $O(h)$，而中点公式的截断误差是 $O(h^2)$。

用中点公式计算导数的近似值时必须选取合适的步长 h。因为从中点公式的截断误差来看，步长 h 越小，计算结果就越准确，但从舍入误差的角度看，当 h 很小时，$f(a+h)$ 与 $f(a-h)$ 很接近，两相近数直接相减会造成有效数字的严重损失，因此步长 h 又不易取得太小。

例 4.15 用中点公式求 $f(x)=\sqrt{x}$ 在 $x=2$ 处的导数，计算公式为

$$f'(2) \approx G(h) = \frac{\sqrt{2+h}-\sqrt{2-h}}{2h}$$

如取 4 位小数计算，结果如表 4.6 所示。

表 4.6 计算结果

h	$G(h)$	h	$G(h)$	h	$G(h)$
1	0.3660	0.05	0.3530	0.001	0.3500
0.5	0.3564	0.01	0.3500	0.0005	0.3000
0.1	0.3535	0.005	0.3500	0.0001	0.3000

导数 $f'(2)$ 的准确值为 0.353 553，可见，$h=0.1$ 时逼近效果最好，如果进一步缩小步长，则逼近的效果会越来越差。

4.6.2 插值型求导公式

当函数 $f(x)$ 以表格形式给出（$y_i=f(x_i)$，$i=0,1,2,\cdots,n$）时，可用插值多项式 $P_n(x)$ 作为 $f(x)$ 的近似函数 $f(x) \approx P_n(x)$，由于多项式的导数容易求得，因此我们取 $P_n(x)$ 的导数 $P_n'(x)$ 作为 $f'(x)$ 的近似值，这样建立的数值公式为

$$f'(x) \approx P_n'(x) \tag{4.37}$$

上式统称为插值型的求导公式。

其截断误差可用插值多项式的余项得到，由于

$$f(x)=P_n(x)+\frac{f^{(n+1)}(\xi)}{(n+1)!}\omega_{n+1}(x),\ a<\xi<b$$

对上式两边求导数得

$$f'(x)=P_n'(x)+\frac{f^{(n+1)}(\xi)}{(n+1)!}\omega'_{n+1}(x)+\frac{\omega_{n+1}(x)}{(n+1)!}\ \frac{\mathrm{d}}{\mathrm{d}x}f^{(n+1)}(\xi)$$

由于上式中的 ξ 是 x 的未知函数，我们无法对 $\frac{\mathrm{d}}{\mathrm{d}x}f^{(n+1)}(\xi)$ 做出估计，因此对于任意的 x，无法对截断误差 $f'(x)-P_n'(x)$ 做出估计。但是，如果求节点 x_i 处的导数，则截断误差为

$$R_n(x_i)=f'(x)-P_n'(x)=\frac{f^{(n+1)}(\xi)}{(n+1)!}\omega'_{n+1}(x_i) \tag{4.38}$$

下面列出几个常用的数值微分公式。

1. 两点公式

过节点 x_0,x_1 作线性插值多项式 $P_1(x)$，并记 $h=x_1-x_0$，则

$$P_1(x)=\frac{x-x_1}{h}f(x_0)-\frac{x-x_0}{h}f(x_1)$$

两边求导数得

$$P_1'(x)=\frac{1}{h}[f(x_1)-f(x_0)]$$

于是得两点公式为

$$f'(x_0)=f'(x_1)\approx\frac{1}{h}[f(x_1)-f(x_0)] \tag{4.39}$$

其截断误差为

$$\begin{cases}R_1(x_0)=-\dfrac{h}{2}f''(\xi)\\[2mm] R_1(x_1)=\dfrac{h}{2}f''(\xi)\end{cases} \tag{4.40}$$

2. 三点公式

过等距节点 x_0,x_1,x_2 作二次插值多项式 $P_2(x)$，并记步长为 h，则

$$P_2(x)=\frac{(x-x_1)(x-x_2)}{2h^2}f(x_0)-\frac{(x-x_0)(x-x_2)}{h^2}f(x_1)+\frac{(x-x_0)(x-x_1)}{2h^2}f(x_2)$$

两边求导数得

$$P_2'(x)=\frac{2x-x_1-x_2}{2h^2}f(x_0)-\frac{2x-x_0-x_2}{h^2}f(x_1)+\frac{2x-x_0-x_1}{2h^2}f(x_2)$$

于是得三点公式为

$$\begin{cases}f'(x_0)\approx\dfrac{1}{2h}[-3f(x_0)+4f(x_1)-f(x_2)]\\[2mm] f'(x_1)\approx\dfrac{1}{2h}[f(x_2-f(x_0)]\\[2mm] f'(x_2)\approx\dfrac{1}{2h}[f(x_0)-4f(x_1)+3f(x_2)]\end{cases} \tag{4.41}$$

其截断误差为

$$\begin{cases} R_2(x_0) = f'(x_0) - P_2'(x_0) = \dfrac{1}{3}h^2 f'''(\xi) \\ R_2(x_1) = f'(x_1) - P_2'(x_1) = \dfrac{1}{6}h^2 f'''(\xi) \\ R_2(x_2) = f'(x_2) - P_2'(x_2) = \dfrac{1}{3}h^2 f'''(\xi) \end{cases}$$

如果要求 $f(x)$ 的二阶导数，可用 $P_2''(x)$ 作为 $f''(x)$ 的近似值，于是有

$$f''(x) \approx P_2''(x_1) = \frac{1}{h^2}[f(x_0) - 2f(x_1) + f(x_2)] \tag{4.42}$$

其截断误差为

$$f''(x_i) - P_2''(x_i) = O(h^2)$$

3. 五点公式

以过五个节点 $x_i = x_0 + ih$，$i = 0,1,2,3,4$ 上的函数值，重复同样的步骤，不难导出下列五点公式：

$$\begin{cases} f'(x_0) \approx \dfrac{1}{12h}[-25f(x_0) + 48f(x_1) - 36f(x_2) + 16f(x_3) - 3f(x_4)] \\ f'(x_1) \approx \dfrac{1}{12h}[-3f(x_0) - 10f(x_1) + 18f(x_2) - 6f(x_3) + f(x_4)] \\ f'(x_2) \approx \dfrac{1}{12h}[f(x_0) - 8f(x_1) + 8f(x_3) - f(x_4)] \\ f'(x_3) \approx \dfrac{1}{12h}[-f(x_0) + 6f(x_1) - 18f(x_2) + 10f(x_3) + 3f(x_4)] \\ f'(x_4) \approx \dfrac{1}{12h}[3f(x_0) - 16f(x_1) + 36f(x_2) - 16f(x_3) + 3f(x_4)] \end{cases}$$

与

$$\begin{cases} f''(x_0) \approx \dfrac{1}{12h^2}[35f(x_0) - 104f(x_1) + 114f(x_2) - 56f(x_3) + 11f(x_4)] \\ f''(x_1) \approx \dfrac{1}{12h^2}[11f(x_0) - 20f(x_1) + 6f(x_2) + 4f(x_3) - f(x_4)] \\ f''(x_2) \approx \dfrac{1}{12h^2}[-f(x_0) + 16f(x_1) - 30f(x_2) + 16f(x_3) - f(x_4)] \\ f''(x_3) \approx \dfrac{1}{12h^2}[-f(x_0) + 4f(x_1) + 6f(x_2) - 20f(x_3) + 11f(x_4)] \\ f''(x_4) \approx \dfrac{1}{12h^2}[11f(x_0) - 56f(x_1) + 11f(x_2) - 104f(x_3) + 35f(x_4)] \end{cases}$$

不难导出这些求导公式的余项，并由此可知，用五点公式求节点上的导数值往往可以获得满意的结果。

例 4.16 已知函数 $f(x) = e^x$ 在 $x = 2.6, 2.7, 2.8$ 处的函数值分别是：13.4637，14.8797，16.4446。分别用二点、三点微分公式计算 $f(x)$ 在 $x = 2.7$ 处的一阶、二阶导数的近似值。

解 (1) 由向前差商公式(4.34)得

$$f'(2.7) \approx \frac{f(2.8)-f(2.7)}{2.8-2.7}=\frac{16.4446-14.8797}{0.1}=15.649$$

(2) 由向后差商公式(4.35)得

$$f'(2.7) \approx \frac{f(2.7)-f(2.6)}{2.7-2.6}=\frac{14.8797-13.4637}{0.1}=14.16$$

(3) 由中心差商公式(4.36)得

$$f'(2.7) \approx \frac{f(2.8)-f(2.6)}{2.8-2.6}=\frac{16.4446-13.4637}{0.2}=14.9045$$

(4) 由公式(4.42)得

$$\begin{aligned} f''(2.7) &\approx \frac{f(2.8)-2f(2.7)+f(2.6)}{0.1^2} \\ &=\frac{16.4446-2\times 14.8797+13.4637}{0.01} \\ &=14.89 \end{aligned}$$

而其准确值为

$$f'(2.7)=f''(2.7)=e^{2.7}=14.8707$$

由此可见，三点公式较两点公式精确。

课外拓展：蒙特卡洛方法

对于复杂的实际问题，常用到蒙特卡洛(Monte Carlo)方法进行求解。虽然这种方法的精度不是很高，但是它能很快提供一个低精度的模拟计算结果，有助于分析和解决待解问题。在重积分的计算中，由于蒙特卡洛方法计算结果的误差与积分的重数无关，所用的计算量也不像复合求积公式那样随积分重数的增加而成倍增加，因此从计算量的角度讲，它比其他方法优越。

这里主要介绍用随机投点方法求定积分和重积分。在处理概率计算问题时，传统的方法是用定积分计算概率值，但是用模拟的方法同样可以计算某些随机事件的概率。这就启发我们，可以将定积分或重积分的计算转化为概率的计算，而概率的计算则可用计算机模拟的方法解决。

例如：利用蒙特卡洛方法求解定积分 $\int_0^1 x^3 \mathrm{d}x$。

解：取 $f(x)=x^3$，由于定积分 $\int_0^1 x^3 \mathrm{d}x$ 的几何意义是被积函数在积分区间上的图形构成的曲边梯形面积，而曲边梯形是正方形 $D=\{(x,y) \mid 0\leqslant x\leqslant 1, 0\leqslant y\leqslant 1\}$ 的一部分。显然，D 的面积为 1。用随机投点的方法在区域 D 内产生充分多的均匀分布的点(至少 2000 个点)。设随机点总数为 N，这些点随机地落入 D 中任何一处。于是落入曲边梯形内点的数目 m 与 N 之比反映了曲边梯形面积与正方形 D 的面积之比。由此可计算曲边梯形面积，公式如下：

$$\int_a^b f(x)\mathrm{d}x \approx \frac{m}{N}\times S_D=\frac{m}{N}$$

于是有如下算法：

步骤 1：产生正方形 D 内的 N 个均匀随机数 $P_j(x_j, y_j)$，$j=1,2,\cdots,N$；

步骤 2：根据 P_j 的坐标判断，如果 $y_j \leqslant f(x_j)$，则认为 P_j 落入曲边梯形区域内，统计落入曲边梯形区域内的随机点数目 m；

步骤 3：输出 $S=\dfrac{m}{N}$ 作为定积分 $\int_0^1 x^3 \mathrm{d}x$ 的近似值，结束。

将上述算法在计算机上重复执行 6 次，每次取随机点数为 $N=1000$，所得计算结果如表 4.7 所示。

表 4.7 计算结果

k	1	2	3	4	5	6
值	0.2576	0.2504	0.2521	0.2518	0.2519	0.2507

每次计算的结果都接近于准确值 $\dfrac{1}{4}$。但由于随机因素的影响，计算机模拟的结果可能不一样，但是各次计算所得数据总是在准确值附近。

习 题 4

一、理论习题

1．证明求积公式

$$\int_{x_0}^{x_1} f(x)\mathrm{d}x \approx \frac{h}{2}[f(x_0)+f(x_1)]-\frac{h^2}{12}[f'(x_1)+f'(x_0)]$$

具有 3 阶代数精度，其中 $h=x_1-x_0$。

2．证明求积公式

$$\int_{-1}^{1} f(x)\mathrm{d}x \approx \frac{1}{9}[5f(\sqrt{0.6})+8f(0)+5f(-\sqrt{0.6})]$$

对于次数不高于 5 的多项式准确成立，并计算积分 $\int_0^1 \dfrac{\sin x}{1+x}\mathrm{d}x$。

3．用梯形公式计算积分

$$I=\int_0^1 x^2 \mathrm{d}x$$

的近似值，并估计截断误差。

4．用 Simpson 公式计算积分

$$I=\int_0^1 x^4 \mathrm{d}x$$

的近似值，并估计截断误差。

5．分别用 4 段梯形公式和 2 段 Simpson 公式计算下列定积分的近似值，计算时取 6 位有效数字。

(1) $\int_1^5 \dfrac{1}{\sqrt{x}}\mathrm{d}x$；

(2) $\int_1^5 \frac{x}{1+x^2}\mathrm{d}x$。

6. 考虑用复化梯形公式计算下式：

$$I=\int_0^1 \mathrm{e}^{-x^2}\mathrm{d}x$$

若要使误差小于 0.5×10^{-4}，那么求积区间 $[0,1]$ 应分为多少个子区间？以此计算积分近似值。

7. 利用积分 $\int_0^2 \frac{1}{2\sqrt{x}}\mathrm{d}x=\sqrt{2}$ 计算 $\sqrt{2}$ 时，利用复化 Simpson 公式，应取多少个节点才能使其误差绝对值不超过 $\frac{1}{2}\times10^{-5}$？

8. 设 $x_0=0.25$，$x_1=0.5$，$x_2=0.75$。

(1) 推导以 x_0，x_1，x_2 为求积节点在 $[0,1]$ 上的插值型求积公式；

(2) 指出求积公式的代数精度；

(3) 用所求公式计算积分 $I=\int_0^1 x^2\mathrm{d}x$ 的近似值，并估计截断误差。

9. 推导下列三种矩形求积公式：

(1) $\int_a^b f(x)\mathrm{d}x=(b-a)f(a)+\frac{f'(\eta)}{2}(b-a)^2$；

(2) $\int_a^b f(x)\mathrm{d}x=(b-a)f(b)-\frac{f'(\eta)}{2}(b-a)^2$；

(3) $\int_a^b f(x)\mathrm{d}x=(b-a)f\left(\frac{a+b}{2}\right)+\frac{f''(\eta)}{24}(b-a)^3$。

10. 给定定积分：

$$I=\int_0^1 \frac{\sin x}{x}\mathrm{d}x$$

(1) 利用复化梯形公式计算上述积分值，使其误差绝对值不超过 $\frac{1}{2}\times10^{-3}$。

(2) 取同样的求积节点，改用复化 Simpson 公式时，截断误差是多少？

(3) 要求截断误差不超过 10^{-6}，若用复化 Simpson 公式，应取多少个函数值？

11. 在区间 $[0,1]$ 上，取 $x_1=-\lambda$，$x_2=0$，$x_3=\lambda$，构造插值求积公式，并求它的代数精度。

12. 证明不存在 A_k 及 $x_k(k=0,1,\cdots,n)$ 使求积公式

$$\int_a^b f(x)\mathrm{d}x\approx\sum_{k=0}^{n}A_kf(x_k)$$

的代数精度超过 $2n+1$ 次。

13. 已知求积公式：

$$\int_{-2}^2 f(x)\mathrm{d}x\approx\frac{4}{3}[2f(-1)-f(0)+2f(1)]$$

试用此公式导出计算 $\int_0^4 f(x)\mathrm{d}x$ 的求积公式。

14. 用两种不同的方法确定 x_1, x_2, A_1, A_2，使下面的公式成为 Gauss 求积公式：

$$\int_0^1 f(x) \approx A_1 f(x_1) + A_2 f(x_2)$$

15. 确定下列数值微分公式的系数，并导出截断误差表达式：

(1) $f'(0) \approx af(-h) + bf(0) + cf(h)$；

(2) $f'(h) \approx af'(0) + b[f(2h) - f(h)]$。

16. 已知函数 $y = e^x$ 的函数值如表 4.8 所示。

表 4.8　函　数　值

x	2.5	2.6	2.7	2.8	2.9
y	12.1825	13.4637	14.8797	16.4446	18.1741

试用二点、三点微分公式计算 $x = 2.7$ 处的一阶、二阶导数值。

17. 已知函数 $f(x) = \dfrac{1}{1+x^2}$ 的数据如表 4.9 所示。

表 4.9　函数数据

x	1.0	1.1	1.2
$f(x)$	0.2500	0.2268	0.2066

试用三点微分公式计算 $f(x)$ 在 $x = 1.1$ 处的一阶、二阶导数值，并估计误差。

二、上机实验

1. 利用复化梯形公式、复化 Simpson 公式、Cotes 公式求解下列定积分，要求绝对误差 $\varepsilon = 0.5 \times 10^{-6}$，并将计算结果与精确解进行比较。

(1) $\ln 6 = \int_2^3 \dfrac{2x}{x^2 - 3}\mathrm{d}x$；

(2) $e^2 = \int_1^2 x e^x \mathrm{d}x$；

(3) $e^4 = \int_1^2 \dfrac{2}{3} x^3 e^{x^2} \mathrm{d}x$。

2. 编写 Python 程序，利用 Romberg 求积算法计算下列定积分的近似值，精度为 10^{-8}。

(1) $I = \int_0^2 (x - x^3) e^{-2x} \mathrm{d}x$；

(2) $I = \int_0^{2\pi} e^x \sin^2 x \mathrm{d}x$。

3. 取 $n = 4$，编写三点 Gauss 公式的 Python 程序，求下列积分的近似值。

(1) $I = \int_0^1 \dfrac{e^x}{\sqrt{1+x^2}}\mathrm{d}x$；

(2) $I=\int_0^1 \frac{\tan x}{x^{0.5}}\mathrm{d}x$。

4. 利用等距节点的函数值和端点的导数值，用不同的方法求下列函数的一阶和二阶导数，分析各种方法的有效性，并用绘图软件绘出函数的图形，观察其特点。

(1) $y=\mathrm{e}^{-\frac{1}{x^{20.8,}}}$，$x\in[-0.8,3]$；

(2) $y=x^5+\frac{3}{2}x^3-\frac{9}{4}x$，$x\in[0,3]$。

第5章　常微分方程初值问题的数值解法

常微分方程中只有少数特殊类型的方程能用解析方法求得其精确解，而大部分的方程是求不出精确解的。另外，有些初值问题虽然有初等解，但由于形式太复杂而不便于应用。因此，有必要探讨常微分方程初值问题的数值解法。本章主要介绍一阶常微分方程初值问题的 Euler 法、Runge-Kutta 法、Adams 方法，并在此基础上推出一阶微分方程组与高阶方程初值问题的数值解法。

5.1　Euler 方法

求解常微分方程初值问题

$$\begin{cases}\dfrac{\mathrm{d}y}{\mathrm{d}x}=f(x,y),\ a\leqslant x\leqslant b\\ y(x_0)=y_0\end{cases}\tag{5.1}$$

的数值解，就是寻求准确解 $y(x)$ 在一系列 y_{n+1} 离散节点 $x_0<x_1<x_2<\cdots<x_n<\cdots$ 上的近似值 $y_0,y_1,y_2,\cdots,y_n,\cdots$ 的过程。$\{y_n\}$ 称为式(5.1)的数值解，数值解所满足的离散方程统称为差分格式，相邻两个节点间的距离 $h_i=x_i-x_{i-1}$ 称为步长，实用中常取定步长。

初值问题一般采取“步进式”的数值解法，即求解过程顺着节点排列的次序一步一步地向前推进。描述这类算法时，需要给出用已知信息 $y_n,y_{n-1},y_{n-2},\cdots$ 计算 y_{n+1} 的递推公式。首先，要对微分方程进行离散化，建立求解数值解的递推公式，共有两类方法：一类是计算时只用到前一点的值 y_n，称为单步法；另一类是用到前面 k 点的值 $y_n,y_{n-1},\cdots,y_{n-k+1}$，称为多步法。其次，要研究公式的局部截断误差和阶，数值解 y_n 与精确解 $y(x_n)$ 的误差估计及收敛性，还有递推公式的计算稳定性等问题。

显然，只有当初值问题(式(5.1))的解存在且唯一时，使用数值解法才有意义，这一前提条件由下面的定理保证。

定理 5.1　设函数 $f(x,y)$ 在区域 $D:\{a\leqslant x\leqslant b,-\infty\leqslant y\leqslant+\infty\}$ 上连续，且在区域 D 内满足 Lipschitz 条件，即存在正数 L，使得对于 R 内任意两点 (x,y_1) 与 (x,y_2)，恒有 $|f(x,y_1)-f(x,y_2)|\leqslant L|y_1-y_2|$ 成立，则初值问题(式(5.1))的解 $y(x)$ 存在并且唯一。

5.1.1　Euler 方法

若将函数 $y(x)$ 在点 x_n 处的导数 $y'(x_n)$ 用差商代替，即

$$y'(x_n) \approx \frac{y(x_{n+1}) - y(x_n)}{h}$$

再用 y_n 近似地代替 $y(x_n)$，则式(5.1)变为

$$\begin{cases} y_{n+1} = y_n + hf(x_n,\ y_n) & ,n = 0,1,2,\cdots \\ y_0 = y(x_0) \end{cases} \tag{5.2}$$

这就是著名的 Euler(欧拉)公式。以上方法称为 Euler 法或 Euler 折线法。

Euler 公式有明显的几何意义。从几何上看，求解初值问题(式(5.1))就是在 xy 平面上求一条通过点 (x_0,y_0) 的曲线 $y=y(x)$，并使曲线上任意一点 (x,y) 处的切线斜率为 $f(x,y)$。Euler 公式的几何意义就是从点 $P_0(x_0,y_0)$ 出发作一斜率为 $f(x_0,y_0)$ 的直线交直线 $x=x_1$ 于点 $P_1(x_1,y_1)$，P_1 点的纵坐标 y_1 就是 $y(x_1)$ 的近似值。再从点 P_1 作一斜率为 $f(x_1,y_1)$ 的直线交直线于点 $P_2(x_2,y_2)$，P_2 点的纵坐标 y_2 就是 $y(x_2)$ 的近似值。如此继续进行，得一条折线 $P_0P_1P_2\cdots$，该折线就是解 $y=y(x)$ 的近似图形，如图 5.1 所示。

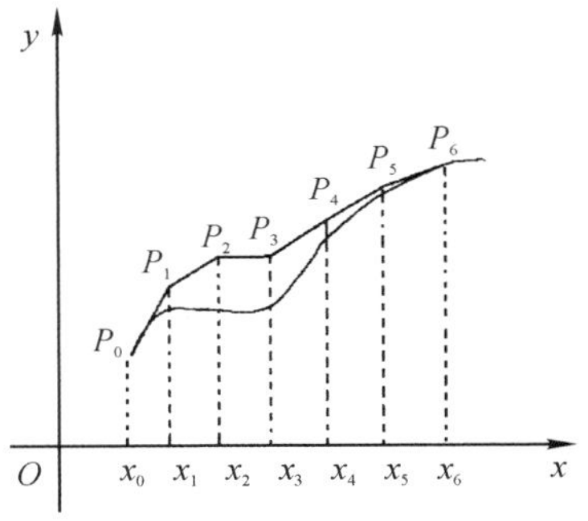

图 5.1　Euler 折线法

一般地，建立初值问题(式(5.1))的数值解法就是把该问题的微分方程通过一定的途径化为差分方程，再从差分方程求得一组给定点处 $y(x)$的近似值，我们称此过程为离散化过程。实现离散化过程通常可用 Taylor 展开方法与数值积分方法等。

Euler 法的其他几种解释如下：

(1) 假设 $y(x)$ 在 x_n 附近展开成 Taylor 级数，即

$$\begin{aligned} y(x_{n+1}) &= y(x_n) + hy'(x_n) + \frac{h^2}{2}y''(x_n) + \cdots \\ &= y(x_n) + hf(x_n,y(x_n)) + \frac{h^2}{2}y''(x_n) + \cdots \end{aligned}$$

取 h 的线性部分，并用 y_n 作为 $y(x_n)$ 的近似值，可得

$$y_{n+1} = y_n + hf(x_n,y_n)$$

(2) 对方程 $\frac{\mathrm{d}y}{\mathrm{d}x} = f(x,y)$ 两边从 x_n 到 x_{n+1} 积分，有

$$y(x_{n+1}) - y(x_n) = \int_{x_n}^{x_{n+1}} f(x,y(x))\mathrm{d}x \tag{5.3}$$

用矩形公式计算上式右侧积分，即 $\int_{x_n}^{x_{n+1}} f(x,y(x))\mathrm{d}x \approx \int_{x_n}^{x_{n+1}} f(x,y(x))\mathrm{d}x$。并用 y_n 作为 $y(x_n)$ 的近似值，有 $y_{n+1} = y_n + hf(x_n,y_n)$，所以 Euler 法也称为矩形法。Euler 方法的算

法过程如下：

算法 5.1

1. 输入 $\{a, b, y_0, h\}$
2. $x \leftarrow a, y \leftarrow y_0$
3. 当 $x < b$
   3.1 $y \leftarrow y + hf(x, y)$
   3.2 $x \leftarrow x + h$
   3.3 输出 $\{x, y\}$
   3.4 估计截断误差并调整 h
4. 结束

例 5.1 取步长 $h=0.1$，用 Euler 公式求解初值问题：

$$\begin{cases} y' = y - \dfrac{2x}{y} \quad (0 < x < 1) \\ y(0) = 1 \end{cases}$$

解 该方程为贝努利方程，其精确解为 $y=\sqrt{1+2x}$ 。Euler 公式的具体形式为：

$$y_{n+1} = y_n + h\left(y_n - \frac{2x_n}{y_n}\right)$$

其中，$x_n = nh = 0.1n$ $(n=0,1,\cdots 10)$，已知 $y_0=1$，由此式可得

$$y_1 = y_0 + h\left(y_0 - \frac{2x_0}{y_0}\right) = 1 + 0.1 = 1.1$$

$$y_2 = y_1 + h\left(y_1 - \frac{2x_1}{y_1}\right) = 1.1 + 0.1\left(1.1 - \frac{0.2}{1.1}\right) = 1.191\ 818$$

依次计算下去，部分计算结果如表 5.1 所示。

表 5.1 Euler 法的计算结果

x_n	Euler 方法 y_n	精确解 $y(x_n)$	误差 $\lvert y_n - y(x_n) \rvert$
0.1	1.100 000	1.095 445	0.004 555
0.2	1.191 818	1.183 216	0.008 602
0.3	1.277 438	1.264 911	0.012 527
0.4	1.358 213	1.341 641	0.016 572
0.5	1.435 133	1.414 214	0.020 919
0.6	1.508 966	1.483 240	0.025 727
0.7	1.580 338	1.549 193	0.031 145
0.8	1.649 783	1.612 452	0.037 332
0.9	1.717 779	1.673 320	0.044 459
1.0	1.784 771	1.732 051	0.052 720

与准确解相比，可看出 Euler 公式的计算结果精度不是很好。以下是 Python 程序：

```
#程序 ch5p1.py
```

```
import numpy as np
from sympy import *
import matplotlib.pyplot as plt
#Euler 法
def eluer(rangee,h,fun,x0,y0):
    step = int(rangee/h)
    x = [x0] + [h * i for i in range(step)]
    u = [y0] + [0    for i in range(step)]
    for i in range(step):
        u[i+1] = u[i] + h * fun(x[i],u[i])
    plt.plot(x,u,label = "eluer")
    return u
rangee = 1
fun = lambda x,y:y-2 * x/y
y1=eluer(rangee,0.0001,fun,0,1)
print(y1)
plt.legend()
plt.xlabel('$x$')
plt.ylabel('$y$')
plt.show()
```

Euler 法仿真结果如图 5.2 所示。

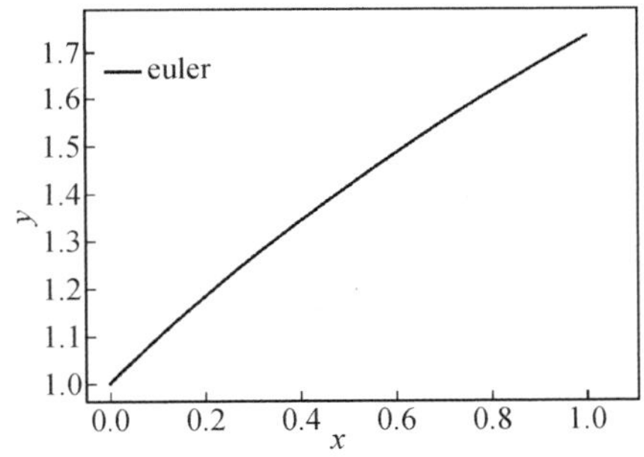

图 5.2　Euler 法仿真结果

5.1.2　梯形方法

Euler 法形式简单，计算方便，但精度比较低，特别当曲线 $y=y(x)$ 的曲率较大时，Euler 法的效果更差。为了达到较高精度的计算公式，可对 Euler 法进行改进，用梯形公式计算式(5.3)式右侧积分，即

$$\int_{x_n}^{x_{n+1}} f(x,y(x))\mathrm{d}x \approx \frac{h}{2}[f(x_n,y(x_n))+f(x_{n+1},y(x_{n+1}))]$$

并用 y_n 作为 $y(x_n)$ 近似值，得到改进的 Euler 公式：

$$y_{n+1}=y_n+\frac{h}{2}[f(x_n,y_n)+f(x_{n+1},y_{n+1})] \tag{5.4}$$

上述方法称为改进的 Euler 方法，也称作梯形方法。

不难发现，Euler 公式是关于 y_{n+1} 的显式表达，即只要已知 y_n，经过一次计算便可得 y_{n+1} 的值，而改进的 Euler 公式是以 y_{n+1} 的隐式方程给出的，不能直接得到 y_{n+1}。隐式方程(5.4)通常由迭代法求解，而迭代过程的实质是逐步显式化。

先用 Euler 公式 $y_{n+1}^{(0)}=y_n+hf(x_n,y_n)$ 给出 y_{n+1} 的迭代初值，然后再用改进的 Euler 公式(5.4)进行迭代，即有：

$$\begin{cases} y_{n+1}^{(0)}=y_n+hf(x_n,y_n) \\ y_{n+1}^{(k+1)}=y_n+\dfrac{h}{2}[f(x_n,y_n)+f(x_{n+1},y_{n+1}^{(k)})],\ k=0,1,2,\cdots \end{cases} \tag{5.5}$$

迭代过程进行到连续两次迭代结果之差的绝对值小于给定的精度 ε，即

$$|y_{n+1}^{(k+1)}-y_{n+1}^{k}|<\varepsilon$$

为止，这时取

$$y_{n+1}=y_{n+1}^{(k+1)}$$

然后再转入下一步计算。

下面讨论 $\{y_{n+1}^{(k)}\}$ 是否收敛，以及若收敛，它的极限是否满足式(5.4)。

假设 $f(x,y)$ 满足 Lipschitz 条件

$$|f(x,y_1)-f(x,y_2)|\leqslant L(y_1-y_2)$$

则有

$$\begin{aligned} |y_{n+1}^{(k+1)}-y_{n+1}^{(k)}| &= \frac{h}{2}|f(x_{n+1},y_{n+1}^{(k)})-f(x_{n+1},y_{n+1}^{(k-1)}) \\ &\leqslant \frac{hL}{2}|y_{n+1}^{(k)}-y_{n+1}^{(k-1)}| \\ &\leqslant \left(\frac{hL}{2}\right)^2 |y_{n+1}^{(k-1)}-y_{n+1}^{k-2}| \\ &\leqslant \cdots \leqslant \left(\frac{hL}{2}\right)^2 |y_{n+1}^{(1)}-y_{n+1}^{(0)}| \end{aligned}$$

由此可见，只要 $\dfrac{hL}{2}<1$(这里只要步长 h 足够小即可)，当 $k\to\infty$ 时，有 $\left(\dfrac{hL}{2}\right)^k\to 0$，所以 $\{y_{n+1}^{(k)}\}$ 收敛。又因为 $f(x,y)$ 对 y 连续，当 $k\to\infty$ 时，对等式

$$y_{n+1}^{(k+1)}=y_n+\frac{h}{2}[f(x_n,y_n)+f(x_{n+1},y_{n+1}^{(k)})]$$

两端取极限，得

$$y_{n+1}=y_n+\frac{h}{2}[f(x_n,y_n)+f(x_{n+1},y_{n+1})]$$

因此，只要步长 h 足够小，就可保证 $\{y_{n+1}^{(k)}\}$ 收敛到满足式(5.4)的 y_{n+1}。

例 5.2 取步长 $h=0.1$，用梯形方法求解初值问题：

$$\begin{cases} y'=y-\dfrac{2x}{y} \quad (0<x<1) \\ y(0)=1 \end{cases}$$

解 利用梯形方法计算式(5.4)和式(5.5)，编写 Python 程序进行数值计算，结果如表

5.2 所示。

表 5.2　梯形法的计算结果

x_n	Euler 方法 y_n	精确解 $y(x_n)$	误差 $\|y_n - y(x_n)\|$
0.1	1.100 000	1.095 445	0.004 555
0.2	1.191 818	1.183 216	0.000 380
0.3	1.265 444	1.264 911	0.000 532
0.4	1.342 327	1.341 641	0.000 686
0.5	1.415 064	1.414 214	0.000 850
0.6	1.484 274	1.483 240	0.001 034
0.7	1.550 437	1.549 193	0.001 244
0.8	1.613 948	1.612 452	0.001 496
0.9	1.675 112	1.673 320	0.001 792
1.0	1.734 192	1.732 051	0.002 141

5.1.3　预估-校正方法

1. 预估-校正公式的由来

改进的 Euler 公式在实际计算时要进行多次迭代，因而计算量较大。为方便应用，对于改进的 Euler 公式(5.5)只迭代一次，即先用 Euler 公式算出 y_{n+1} 的预估值 $y_{n+1}^{(0)}$，再用改进的 Euler 公式(5.4)进行一次迭代得到校正值 y_{n+1}，即

$$\begin{cases} \bar{y}_{n+1} = y_n + hf(x_n, y_n) \\ y_{n+1} = y_n + \dfrac{h}{2}[f(x_n, y_n) + f(x_{n+1}, \bar{y}_{n+1})] \end{cases} \quad n = 0, 1, 2, \cdots \tag{5.6}$$

预估-校正公式也常写成下列平均化形式：

$$\begin{cases} y_{n+1} = y_n + \dfrac{1}{2}k_1 + \dfrac{1}{2}k_2 \\ k_1 = hf(x_n, y_n) \\ k_2 = hf(x_n + h, y_n + k_1) \end{cases} \quad n = 0, 1, 2, \cdots \tag{5.7}$$

算法 5.2

1. 输入 $\{a, b, y_0, h\}$
2. $x \leftarrow a, y \leftarrow y_0$
3. 当 $x < b$
    3.1　$\bar{y} \leftarrow y + hf(x, y)$
    3.2　$x \leftarrow x + h$
    3.3　$y \leftarrow 0.5(y + \bar{y} + hf(x, \bar{y}))$
    3.4　输出 $\{x, y\}$
4. 结束

例 5.3 分别取步长 $h=0.1$，$h=0.05$，用预估-校正方法求解初值问题：

$$\begin{cases} y'=y-\dfrac{2x}{y} & 0<x<1 \\ y(0)=1 \end{cases}$$

解 预估-校正公式的具体迭代表达式为

$$\begin{cases} y_{n+1}=y_n+\dfrac{1}{2}k_1+\dfrac{1}{2}k_2 \\ k_1=hf\left(y_n-\dfrac{2x_n}{y_n}\right) \\ k_2=hf\left(y_n+k_1-\dfrac{2(x_n+h)}{y_n+k_1}\right) \end{cases}$$

取步长 $h=0.1$，$x_0=0$，$y_0=1$，编写 Python 程序进行数值计算，结果如表 5.3 所示。

表 5.3 预估-校正法的计算结果 1

x_n	预估-校正法 y_n	精确解 $y(x_n)$	误差 $\lvert y_n-y(x_n)\rvert$
0.1	1.095 909	1.095 445	0.004 555
0.2	1.184 097	1.183 216	0.000 881
0.3	1.266 201	1.264 911	0.001 290
0.4	1.343 360	1.341 641	0.001 719
0.5	1.416 402	1.414 214	0.002 188
0.6	1.485 956	1.483 240	0.002 716
0.7	1.552 514	1.549 193	0.003 321
0.8	1.616 475	1.612 452	0.004 023
0.9	1.678 166	1.673 320	0.004 846
1.0	1.737 867	1.732 051	0.005 817

从这个算例也可以看到，预估-校正方法和梯形方法在每个节点处的误差具有相同的数量级，计算效果相差不多。但是预估-校正方法不需要迭代，计算量明显少一些，所以在实际应用中预估-校正方法更加实用。

接下来，上例中步长折半，即取步长为 $h=0.05$，依旧采用预估-校正方法，加密后的计算结果如表 5.4 所示。

表 5.4 预估-校正法的计算结果 2

x_n	预估-校正法 y_n	精确解 $y(x_n)$	误差 $\lvert y_n-y(x_n)\rvert$
0.1	1.095 561	1.095 445	0.000 116
0.2	1.183 437	1.183 216	0.000 221
0.3	1.265 236	1.264 911	0.000 325
0.4	1.342 075	1.341 641	0.000 434
0.5	1.414 767	1.414 214	0.000 553
0.6	1.483 927	1.483 240	0.000 687

续表

x_n	预估-校正法 y_n	精确解 $y(x_n)$	误差 $\lvert y_n - y(x_n)\rvert$
0.7	1.550 035	1.549 193	0.000 842
0.8	1.613 472	1.612 452	0.001 021
0.9	1.674 551	1.673 320	0.001 231
1.0	1.733 530	1.732 051	0.001 479

可以看到，加密后计算误差更小这种现象可以通过理论分析得以解释。Python 程序如下：

```
#程序 ch5p2.py
import numpy as np
from sympy import *
import matplotlib.pyplot as plt
#预估校正 Euler 法
def impeuler(rangee,h,fun,x0,y0):
    step = int(rangee/h)
    x = [x0] + [h * i for i in range(step)]
    u = [y0] + [0      for i in range(step)]
    v = ["null"] + [0 for i in range(step)]
    for i in range(step):
            v[i+1] = u[i] + h * fun(x[i],u[i])
            u[i+1] = u[i] + h/2 * (fun(x[i],u[i]) + fun(x[i],v[i+1]))
    plt.plot(x,u,label = "implicit eluer")
    return u
rangee = 1
fun = lambda x,y:y-2 * x/y

y2=impeuler(rangee,0.0001,fun,0,1)
print(y2)
plt.legend()
plt.xlabel('$ x $')
plt.ylabel('$ y $')
plt.show()
```

预估-校正法仿真结果如图 5.3 所示。

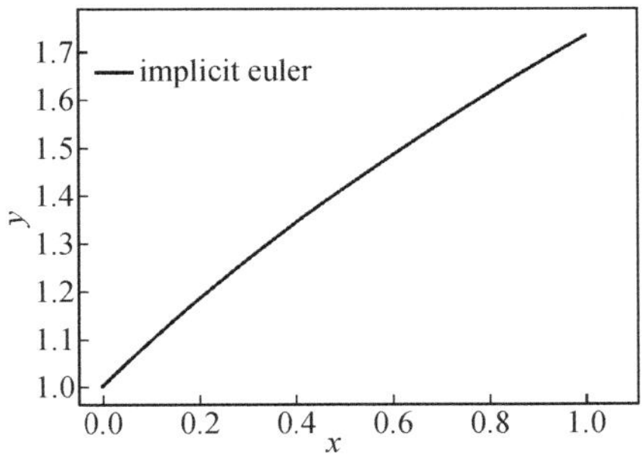

图 5.3　预估-校正法仿真结果

5.2 收敛性与稳定性

按照数值分析的基本研究思路，对于给定算法，需要分析其误差、收敛性与稳定性，这样一方面可对算法性能有更深刻的理解，另一方面可为设计更优性能的算法提供思路。下面将针对单步法，在理论上分别考察微分方程数值解法的局部误差、收敛性与稳定性。

5.2.1 局部截断误差

常微分方程数值解的误差分析比较困难，通常只考虑第 $n+1$ 步的所谓“局部”截断误差。所谓的局部截断误差，实质上讨论的是差分格式的逼近误差或者是以差商代替微商所产生的替代误差。下面首先给出局部截断误差的定义。

定义 5.1 对于求解初值问题(式(5.1))的某差分格式，h 为步长。假设前一步所得结果 y_n是精确的，称

$$\varepsilon_{\mathrm{LTE}}=y(x_{n+1})-y_{n+1} \tag{5.8}$$

为该差分格式的局部截断误差。

特别地，当 $\varepsilon_{\mathrm{LTE}}=O(h^{p+1})$ 时，称该差分格式具有 p 阶精度。

下面分别讨论 Euler 方法与预估-校正公式的局部截断误差，由 Taylor 展开式，有

$$y(x_{n+1})=y(x_n+h)=y(x_n)+hy'(x_n)+\frac{h^2}{2!}y''(x_n)+\frac{h^3}{6}y'''(x_n)+\cdots$$

对于 Euler 公式，当 $y_n=y(x_n)$ 时，有

$$y_{n+1}=y_n+hf(x_n,y_n)=y(x_n)+hy'(x_n)$$

于是，有

$$\varepsilon_{\mathrm{LTE}}=y(x_{n+1})-y_{n+1}=O(h^2)$$

根据定义，则可知 Euler 公式的截断误差为 $O(h^2)$，所以 Euler 法是一阶方法。对于预估-校正公式，其参数分别为：

$$\begin{aligned}
k_1&=hf(x_n,y_n)=hy'(x_n)\\
k_2&=hf(x_n+h,y_n+k_1)=hy(x_n+h,y(x_n)+k_1)\\
&=h[f(x_n,y(x_n))+hf_x(x_n,y(x_n))+k_1f_y(x_n,y(x_n))+\cdots]\\
&=hf(x_n,y(x_n))+h^2[f_x(x_n,y(x_n))+y'(x_n)f_y(x_n,y(x_n))]+\cdots
\end{aligned}$$

而

$$\begin{aligned}
y'(x)&=f(x,y(x))\\
y''&=f_x(x,y(x))+y'(x)\cdot f_y(x,y(x))
\end{aligned}$$

于是

$$k_2=hy'(x_n)+h^2y''(x_n)+\cdots$$

因此当 $y_n=y(x_n)$ 时，有

$$y_{n+1}=y_n+\frac{1}{2}k_1+\frac{1}{2}k_2=y(x_n)+hy'(x_n)+\frac{h^2}{2}y''(x_n)+\cdots$$

所以可知 $\varepsilon_{\mathrm{LTE}}=y(x_{n+1})-y_{n+1}=O(h^3)$，则预估-校正公式的截断误差为 $O(h^3)$，即预估-校正法是二阶方法。

可以证明，改进的 Euler 公式与预估-校正公式的截断误差相同，均为 $O(h^3)$。这里的证明略。

如果一个数值方法的局部截断误差 $\varepsilon_{\mathrm{LTE}}=O(h^{p+1})$，$p\geqslant 1$，则称该数值方法与原问题是相容的。Euler 方法、梯形方法与预估-校正方法均与原问题是相容的。在条件 $y_n=y(x_n)$ 下，可以证明当步长 $h\to 0$ 时，与原问题相容的数值方法在区间 $[x_n,x_{n+1}]$ 上有 $y_{n+1}\to y(x_{n+1})$，则该数值方法是局部收敛的。

5.2.2　单步法的收敛性

对于微分方程的初值问题而言，其数值解法的基本思想是通过某种离散化手段将微分方程转化为差分方程，由于离散化方法不同，因此单步法公式亦相异。所以在设计出某种算法之后，首先面临的一个问题是这种离散化是否合理，涉及的是单步法的收敛性问题。

定义 5.2　若某数值方法对任意固定的节点，当步长 $h\to 0$ 时，有 $y_n\to y(x_n)$，则称该方法是收敛的。

由此可见，数值方法的收敛性并不涉及计算过程的舍入误差，而只与方法的截断误差有关。在算法收敛的情况下，数值模拟效果的好坏关键看其精度，精度阶数越高，数值模拟效果越好。下面给出关于估计方法的截断误差及判别单步法收敛的充分定理。

定理 5.2　若求解问题(式(5.1))所采用的单步法 $y_{n+1}=y_n+h\varphi(x_n,y_n,h)$ 是 $p(p\geqslant 1)$ 阶方法，且增量函数 $\varphi(x,y,h)$ 关于 y 满足 Lipschitz 条件：

$$|\varphi(x,y_1,h)-\varphi(x,y_2,h)|\leqslant L|y_1-y_2|,\ (L>0) \tag{5.9}$$

又设初值 y_0 是准确的，即 $y_0=y(x_0)$，则该方法的整体截断误差是 $y(x_n)-y_n=O(h^p)$，即该单步法是 p 阶收敛的。

证明　设 $\overline{y}_{n+1}$ 表示用公式 $y_{n+1}=y_n+\varphi(x_n,y_n,h)$ 求得的结果，即

$$\overline{y}_{n+1}=y(x_n)+h\varphi(x_n,y(x_n),h) \tag{5.10}$$

则 $y(x_n)-\overline{y}_{n+1}$ 为局部截断误差，由于所给方法具有 p 阶精度，按定义 5.2，存在定数 C，使

$$|y(x_{n+1})-\overline{y}_{n+1}|\leqslant Ch^p$$

又由式(5.10)，得

$$|\overline{y}_{n+1}-y_{n+1}|\leqslant|y(x_n)-y_n|+h|\varphi(x_n,y(x_n),h)-\varphi(x_n,y_n,h)|$$

利用 Lipschitz 条件式(5.9)，有

$$|\overline{y}_{n+1}-y_{n+1}|\leqslant(1+hL_\varphi)|y(x_n)-y_n|$$

从而有

$$\begin{aligned}|y(x_{n+1})-y_{n+1}|&\leqslant|\overline{y}_{n+1}-y_{n+1}|+|y(x_{n+1})-\overline{y}_{n+1}|\\&\leqslant(1+hL_\varphi)|y(x_n)-y_n|+Ch^{p+1}\end{aligned}$$

即对整体截断误差 $e_n=y(x_n)-y_n$ 成立下列递推关系式：

$$|e_{n+1}|\leqslant(1+hL_\varphi)|e_n|+Ch^{p+1}$$

据此不等式反复递推，可得

$$|e_n|\leqslant(1+hL_\varphi)^n|e_0|+\frac{Ch^p}{L_\varphi}[(1+hL_\varphi)^n-1]$$

当 $x = x_0 + nh \leqslant T$ 时，有

$$(1 + hL_{\varphi})^n \leqslant (e^{hL_{\varphi}})^n \leqslant e^{hL_{\varphi}}$$

最终得下列估计式：

$$|e_n| \leqslant |e_0| e^{hL_{\varphi}} + \frac{Ch^p}{L_{\varphi}}(e^{hL_{\varphi}} - 1)$$

由此可以断定，判断初值是准确的，即 $e_0 = 0$，则式(5.3)成立。

这个定理说明：当初值准确时，通过控制局部截断误差可以控制整体截断误差，如果数值方法的局部截断误差为 p 阶，则最后的算法收敛阶也是 p 阶的。因此在设计数值方法时，要得到好的算法使之具有高的收敛阶和精度，可以首先从局部截断误差的分析入手，然后再讨论函数的 Lipschitz 连续性。

对于欧拉方法，由于其增量函数就是 $f(x, y)$，故当 $f(x, y)$关于 y 满足 Lipschitz 条件时它是收敛的。

再考察改进的欧拉方法，对于增量函数式：

$$\varphi(x_n, y_n, h) = \frac{1}{2}[f(x_n, y_n) + f(x_n + h, y_n + hf(x_n, y_n))]$$

这时有

$$|\varphi(x, y, h) - \varphi(x, \bar{y}, h)| \leqslant L\left(1 + \frac{h}{2}L\right)|y - \bar{y}|$$

限定 $h \leqslant h_0$(h_0 为定数)，则上式表明 φ 关于 y 的 Lipschitz 常数为

$$L_{\varphi} = L\left(1 + \frac{h}{2}L\right)$$

因此，改进的 Euler 方法也是收敛的。类似的，不难验证 Runge-Kutta 方法的收敛性。

5.2.3 单步法的稳定性

这里讨论的稳定性指的是数值方法的稳定性，即数值稳定性，而非初值问题本身的稳定性。考察的是机器的舍入误差，这是由计算机的有限字长引起的。即使是一个收敛的方法，在实际计算时，由于初始误差的存在，连同计算过程中产生的舍入误差，随着计算的推进，误差必然传播，将对后续计算结果产生影响。数值稳定性问题研究的就是这种误差的积累能否得到控制的问题，也即数值解对初始误差的连续依赖性。如果计算结果对初始数据的误差及过程中的误差不敏感，则相应的数值方法是稳定的，否则，即是不稳定的。在实际计算时，我们希望某一步产生的扰动值，在后面的计算中能够被控制，甚至是逐步衰减的。

定义 5.3 若一种数值方法在节点值 y_n 上存在大小为 δ 的扰动，而以后各节点值 $y_m(m > n)$ 上产生的偏差均不超过 δ，则称该方法是稳定的。

下面考查 Euler 法的稳定性。

如果对于初值 y_0，利用 Euler 法可得解 y_{i+1}，而有小扰动后的新的初值 $\tilde{y}_0$ 按照同样的方法可以得到解 $\tilde{y}_{i+1}$，即对 $i = 0, 1, \cdots, m-1$，有

$$y_{i+1} - y_i = hf(x_i, y_i),\ \tilde{y}_{i+1} - \tilde{y}_i = hf(x_i, \tilde{y}_i)$$

两式相减并利用不等式

$$(1 + x)^m \leqslant e^{mx},\ m \geqslant 0,\ x \geqslant -1$$

可得

$$
\begin{aligned}
|y_{i+1}-\tilde{y}_{i+1}| &= |y_{i+1}-\tilde{y}_i+h(f(x_i,y_i)-f(x_i,\tilde{y}_i))| \\
&= \left| y_i-\tilde{y}_i+h(y_i-\tilde{y}_i)\frac{\partial f}{\partial y}\bigg|_{(x_i,\xi)} \right| \leqslant (1+hL)|y_i-\tilde{y}_i| \leqslant \cdots \\
&\leqslant (1+hL)^{i+1}|y_0-\tilde{y}_0| \leqslant (1+hL)^m|y_0-\tilde{y}_0| \\
&= \left(1+\frac{b-a}{m}L\right)^m |y_0-\tilde{y}_0| \leqslant e^{(b-a)L}|y_0-\tilde{y}_0|
\end{aligned}
$$

其中，$L=\max\limits_i \left| \frac{\partial f}{\partial y}(x_i,y_i) \right|$。

由以上推导过程可见，只有当 L 有限时，Euler 算法才是稳定的。

总之，收敛性与稳定性是数值分析中的两个重要概念，两者含义不同。收敛性反映数值公式本身的截断误差对计算结果的影响，而稳定性体现了某一计算步骤中出现的舍入误差对计算结果的影响。稳定性与步长 h 密切相关，对于一种步长稳定的算法，若将步长增大，则算法可能不稳定。只有既收敛又稳定的算法才可以在实际计算中放心使用。

5.3　Runge-Kutta 法

前面讨论的 Euler 法与改进 Euler 法均是单步法，即计算 y_{n+1} 时，只用到前一步的值。计算步骤相对简单，Runge-Kutta 法(简称为 R-K 方法)是一类著名的显式单步法。当微分方程的解充分光滑时，高阶 R-K 方法通常可以达到较高的精度，因而可以广泛地应用于求解常微分方程的初值问题。R-K 方法与 Taylor 级数法有着密切的关系。Taylor 级数法的基本思想如下：

设有初值问题：

$$
\begin{cases}
\dfrac{dy}{dx}=f(x,y), & a\leqslant x\leqslant b \\
y(x_0)=y_0
\end{cases}
$$

由 Taylor 展开，可得

$$
y(x_{n+1})=y(x_n+h)=y(x_n)+hy'(x_n)+\frac{h^2}{2!}y''(x_n)+\cdots+\frac{h^k}{k!}y^{(k)}(x_n)+O(h^{k+1})
$$

若令

$$
y_{n+1}=y(x_n)+hy'(x_n)+\frac{h^2}{2!}y''(x_n)+\cdots+\frac{h^k}{k!}y^{(k)}(x_n) \tag{5.11}
$$

则

$$
y(x_{n+1})-y_{n+1}=O(h^{k+1})
$$

此时式(5.11)为 k 阶方法。

从理论上讲，只要解 $y(x)$ 有任意阶导数，Taylor 展开方法就可以构造任意阶求 y_{n+1} 的公式，但由于计算这些导数是非常复杂的，如：

$$
\begin{aligned}
&y'(x)=f(x,y(x))=f \\
&y''(x)=f_x+y'f_y=f_x+ff_y \\
&y'''(x)=f_{xx}+2ff_{xy}+f_xf_y+ff_y^2+f^2f_{yy}
\end{aligned}
$$

所以这种方法用来解初值问题是不实际的。

R-K 方法不是通过求导数的方法构造计算公式的，而是通过计算不同点上的函数值，将其进行线性组合，进而构造近似公式，再把近似公式与解的 Taylor 展开式进行比较，使前面的若干项相同，从而使近似公式达到一定的阶数的。

下面首先分析 Euler 法与预估-校正法的基本原理。

对于 Euler 法，设

$$\begin{cases} y_{n+1} = y_n + k_1 \\ k_1 = hf(x_n, y_n) \end{cases}$$

每步计算 f 的值一次，其截断误差为 $O(h^2)$。

对于预估-校正法，设

$$\begin{cases} y_{n+1} = y_n + \dfrac{1}{2}k_1 + \dfrac{1}{2}k_2 \\ k_1 = hf(x_n, y_n) \\ k_2 = hf(x_n + h, y_n + k_1) \end{cases}$$

每步计算 f 的值两次，其截断误差为 $O(h^3)$。

下面对预估-校正法进行改进，将该公式写成更一般的形式：

$$\begin{cases} y_{n+1} = y_n + R_1 k_1 + R_2 k_2, \ k = 0, 1, \cdots, N-1 \\ k_1 = hf(x_n, y_n) \\ k_2 = hf(x_n + ah, y_n + bk_1) \end{cases} \tag{5.12}$$

其中，R_1, R_2, a, b 为待定常数。选择这些常数的原则是在 $y_n = y(x_n)$ 的前提下，使 $y(x_{n+1}) - y_{n+1}$ 的阶尽量高。为此，在 (x_n, y_n) 处作 Taylor 展开：

$$\begin{aligned} k_2 &= hf(x_n + ah, y_n + bk_1) \\ &= h(f + ahf_x + bk_1 f_y) + O(h^3) \\ &= hf + h^2(af_x + bff_y) + O(h^3) \end{aligned}$$

其中 $f, f_x, f_y, \cdots$ 都是在 (x_n, y_n) 处的函数值。将 k_1, k_2 代入 y_{n+1}，得

$$\begin{aligned} y_{n+1} &= y(x_n) + (R_1 + R_2)hf + h^2(aR_2 f_x + bR_2 ff_y) + O(h^3) \\ &= y(x_n) + h(R_1 + R_2)y'(x_n) + h^2(aR_2 f_x + ff_y) + \frac{h^3}{6}(f_x + bR_2 ff_x) + O(h^3) \end{aligned}$$

与 Taylor 展开式(5.11)进行比较，要使得 $y(x_{n+1}) - y_{n+1} = O(h^3)$，只要四个参数满足：

$$\begin{cases} R_1 + R_2 = 1 \\ aR_2 = 0.5 \\ bR_2 = 0.5 \end{cases} \tag{5.13}$$

若 $R_1 = R_2 = \dfrac{1}{2}$，$a = b = 1$，即得预估-校正公式，亦称为二阶 R－K 公式。

满足式(5.13)的 R_1, R_2, a, b 可以有各种不同的取法，但不管如何取法，都要计算两次 f 的值(即计算 f 在两个不同点的函数值)，截断误差都是 $O(h^3)$。满足条件式(5.13)的一族公式(5.13)统称为二阶 Runge-Kutta 公式。

进一步容易想到，如果不增加计算函数值的次数，能否适当地选择这四个参数，使近

似公式的局部截断误差的阶再提高，比如达到 $O(h^4)$。为此，把 k_2 多展开一项，有

$$k_2=hf+h^2(af_x+bff_y)+\frac{h^3}{2}(a^2ff_x+2abff_{xy}+b^2f^2f_{yy})+O(h^4)$$

所以

$$\begin{aligned}y_{n+1}=&y(x_n)+h(R_1+R_2)y'(x_n)+h^2(aR_2f_x+bR_2ff_y)\\&+\frac{h^3}{2}(aR_2f_x+2abR_2ff_{xy}+b^2R_2f^2f_{yy})+O(h^4)\end{aligned}$$

而 $y(x_{n+1})$ 在 x_n 的 Taylor 展开式为

$$\begin{aligned}y_{n+1}&=y(x_n)+hy'(x_n)+\frac{h^2}{2}y''(x_n)+\frac{h^3}{6}y'''(x_n)+O(h^4)\\&=y(x_n)+hf+\frac{h^2}{2}(f_x+ff_y)+\frac{h^3}{6}(ff_x+2ff_{xy}+f^2f_{yy}+f_xf_y+ff_y^2)+O(h^4)\end{aligned}$$

由于 $y(x_{n+1})$ 展开式的 h^3 项中 $f_xf_y+ff_y^2$ 是无法通过选择参数 R_1,R_2,a,b 来消去的，所以无论四个参数如何选择，都不能使局部截断误差 $y(x_{n+1})-y_{n+1}$ 达到 $O(h^4)$。要想提高近似公式的阶，只能继续增加计算 f 的值的次数。如果每步计算三次 f 的值，可将公式写成下列形式：

$$\begin{cases}y_{n+1}=y_n+R_1k_1+R_2k_2+R_3k_3\\k_1=hf(x_n,y_n)\\k_2=hf(x_n+a_2h,y_n+b_{21}k_1)\\k_3=hf(x_n+a_3h,y_n+b_{31}k_1+b_{32}k_2)\end{cases}\tag{5.14}$$

类似于二阶 Runge-Kutta 公式的讨论方法，要使 $y(x_{n+1})-y_{n+1}=O(h^4)$，只需 8 个参数满足如下方程：

$$\begin{cases}R_1+R_2+R_3=1\\a_2=b_{21}\\a_3=b_{31}+b_{32}\\a_2R_2+a_3R_3=\dfrac{1}{2}\\a_2^2R_2+a_3^2R_3=\dfrac{1}{3}\\a_2b_{32}R_3=\dfrac{1}{6}\end{cases}\tag{5.15}$$

方程组包含 6 个方程，8 个未知量，则其解不唯一。满足式(5.15)的一族公式(5.14)统称为三阶 Runge-Kutta 公式。一个比较简单的三阶 Runge-Kutta 公式为

$$\begin{cases}y_{n+1}=y_n+\dfrac{1}{6}R_1+\dfrac{4}{6}R_2+\dfrac{1}{6}R_3\\k_1=hf(x_n,y_n)\\k_2=hf\left(x_n+\dfrac{1}{2}h,y_n+\dfrac{1}{2}k_1\right)\\k_3=hf(x_n+h,y_n-k_1+2k_2)\end{cases}$$

截断误差为 $O(h^5)$ 的四阶 Runge-Kutta 公式是常用的公式，每步都要计算四次 f 的值，它

的一般形式为

$$
\begin{cases}
y_{n+1}=y_n+R_1k_1+R_2k_2+R_3k_3+R_4k_4 \\
k_1=hf(x_n,y_n) \\
k_2=hf(x_n+a_2h,y_n+b_{21}k_1) \\
k_3=hf(x_n+a_3h,y_n+b_{31}k_1,b_{32}k_2) \\
k_4=hf(x_n+a_4h,y_n+b_{41}k_1+b_{42}k_2b_{43}k_3)
\end{cases}
\tag{5.16}
$$

上式中 13 个待定常数需满足下列 11 个方程构成的方程组：

$$
\begin{cases}
R_1+R_2+R_3+R_4=1 \\
a_2=b_{21} \\
a_3=b_{31}+b_{32} \\
a_4=b_{41}+b_{42}+b_{43} \\
a_2R_2+a_3R_3+a_4R_4=\dfrac{1}{2} \\
a_2^2R_2+a_3^2R_3+a_4^2R_4=\dfrac{1}{3} \\
a_2^3R_2+a_3^3R_3+a_4^3R_4=\dfrac{1}{4} \\
a_2b_{32}R_3+R_4(a_2b_{42}+a_3b_{43})=\dfrac{1}{6} \\
a_2^2b_{32}R_3+R_4(a_2^2b_{42}+a_3^2b_{43})=\dfrac{1}{12} \\
a_2a_3b_{32}R_3+a_4R_4(a_2b_{42}+a_3b_{43})=\dfrac{1}{8} \\
a_2b_{32}b_{43}R_4=\dfrac{1}{24}
\end{cases}
$$

最常用的四阶 Runge-Kutta 公式是标准四阶 Runge-Kutta 公式：

$$
\begin{cases}
y_{n+1}=y_n+\dfrac{1}{6}(k_1+2k_2+2k_3+k_4) \\
k_1=hf(x_n,y_n) \\
k_2=hf\left(x_n+\dfrac{1}{2}h,y_n+\dfrac{1}{2}k_1\right) \\
k_3=hf\left(x_n+\dfrac{1}{2}h,y_n+\dfrac{1}{2}k_2\right) \\
k_4=hf(x_n+h,y_n+k_3)
\end{cases}
\tag{5.17}
$$

和 Gill 公式：

$$\begin{cases} y_{n+1}=y_n+\frac{1}{6}k_1+\frac{1}{3}\left(1-\frac{1}{\sqrt{2}}\right)k_2+\frac{1}{3}\left(1+\frac{1}{\sqrt{2}}\right)k_3+\frac{1}{6}k_4 \\ k_1=hf(x_n,y_n) \\ k_2=hf\left(x_n+\frac{1}{2}h,y_n+\frac{1}{2}k_1\right) \\ k_3=hf\left(x_n+\frac{1}{2}h,y_n+\left(-\frac{1}{2}+\frac{1}{\sqrt{2}}\right)k_2\left(1-\frac{1}{\sqrt{2}}\right)k_2\right) \\ k_4=hf\left(x_n+h,y_n+\left(-\frac{1}{\sqrt{2}}\right)k_2+\left(1+\frac{1}{\sqrt{2}}\right)k_3\right) \end{cases} \tag{5.18}$$

值得注意的是，四阶 Runge-Kutta 方法在计算 y_{n+1} 时的总体截断误差的估计一般比较复杂，大约是 $O(h^4)$，因为该方法是收敛的。

例 5.2　取步长 $h=0.2$，用四阶 Runge-Kutta 方法求解初值问题：

$$\begin{cases} y'=y-\frac{2x}{y} \quad (0<x<1) \\ y(0)=1 \end{cases}$$

解　利用四阶 R-K 方法求解公式，编写程序，计算结果如表 5.5 所示。

表 5.5　四阶 R-K 方法求解结果

x_n	四阶 R-K 方法 y_n	精确解 $y(x_n)$	误差 $\lvert y_n-y(x_n)\rvert$
0.2	1.183 229	1.183 216	0.000 013
0.4	1.341 667	1.341 641	0.000 026
0.6	1.483 281	1.483 240	0.000 042
0.8	1.612 514	1.612 452	0.000 062
1.0	1.732 142	1.732 051	0.000 091

由表 5.5 可以看出，虽然四阶 Runge-Kutta 方法每步要计算四次 f 的值，但以 $h=0.2$ 为步长的计算结果就有 5 位有效数字，而 Euler 法与预估-校正法以 $h=0.1$ 为步长的计算结果仅具有 2 位与 3 位有效数字。如果步长 h 也取 0.2，则结果的精度会更低，这也验证了四阶 R-K 方法具有相当高的精度，这是 R-K 方法的主要优点。但在实际计算中，四阶 R-K 方法每计算一步需要计算 4 次 f 的值，这增加了计算复杂性。

Python 程序代码实现如下：

```
#程序 ch5p3.py
import numpy as np
from sympy import *
import matplotlib.pyplot as plt
#四阶 runge-kutta 法
def order4rk(rangee,h,fun,x0,y0):
    step = int(rangee/h)
    k1,k2,k3,k4 = [[0 for i in range(step)] for i in range(4)]
    x = [x0] + [h * i for i in range(step)]
    y = [y0] + [0      for i in range(step)]
```

```
        for i in range(step):
            k1[i] = fun(x[i],y[i])
            k2[i] = fun(x[i]+0.5 * h,y[i]+0.5 * h * k1[i])
            k3[i] = fun(x[i]+0.5 * h,y[i]+0.5 * h * k2[i])
            k4[i] = fun(x[i]+h,y[i]+h * k3[i])
            y[i+1] = y[i] + 1/6 * h * (k1[i]+2 * k2[i]+2 * k3[i]+k4[i])
        plt.plot(x,y,label = "order4rk")
        return y

    rangee = 1
    fun = lambda x,y:y-2 * x/y

    y3=order4rk(rangee,0.0001,fun,0,1)
    print(y3)
    plt.legend()
    plt.xlabel('$ x $')
    plt.ylabel('$ y $')
    plt.show()
```

四阶 Runge-Kutta 法仿真结果如图 5.4 所示。

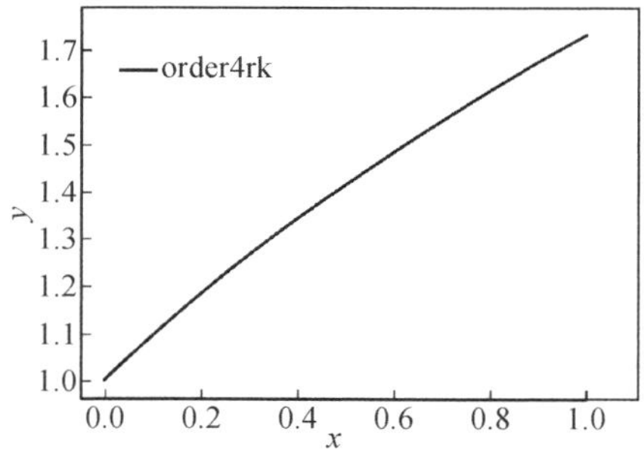

图 5.4　四阶 Runge-Kutta 法仿真结果

5.4　Adams 法

求解初值问题的单步法在计算时只用到前面一步的结果，所以当要提高精度时，需要增加中间函数值的计算，这就加大了计算量。如果在计算 y_{n+1} 时，不仅用到 x_n 上的近似值 y_n，还用到前面若干节点 $x_{n-1}, x_{n-2}, \cdots$ 上的近似值 $y_{n-1}, y_{n-2}, \cdots$，这种方法即是多步法。多步法中最常用的是线性多步法。

5.4.1　线性多步法

一般地，线性多步法可以写成如下形式：

$$y_{n+1} = a_0 y_n + a_1 y_{n-1} + \cdots + a_r y_{n-r} + h(\beta_{-1} f_{n+1} + \beta_0 f_{n-1} + \cdots + \beta_r f_{n-r})$$

上式可简写为

$$y_{n+1}=\sum_{k=0}^{r}\alpha_k y_{n-k}+h\sum_{k=-1}^{r}\beta_k f_{n-k}$$

其中，$f_j=f(x_j,y_j)(j=n-r,n-r+1,\cdots,n+1)$，$\alpha_k$，$\beta_k$ 均为常数。若 $\beta_{-1}\neq 0$，则上式是隐式的；若 $\beta_{-1}=0$，则上式是显式的。

我们知道，求解初值问题(式(5.1))等价于求解积分方程：

$$y(x_{n+1})=y(x_n)+\int_{x_n}^{x_{n+1}}f(x,y(x))\mathrm{d}x \tag{5.19}$$

选用不同的数值方法计算式(5.19)右端的积分项，就会导出不同的计算公式。例如，用矩形法计算积分项：

$$\int_{x_n}^{x_{n+1}}f(x,y(x))\mathrm{d}x\approx hf(x_n,y(x_n))$$

代入式(5.19)，得

$$y(x_{n+1})=y(x_n)+hf(x_n,y(x_n))$$

离散化即得 Euler 公式，其截断误差为 $O(h^2)$。

为了提高精度，改用梯形法计算积分项：

$$\int_{x_n}^{x_{n+1}}f(x,y(x))\mathrm{d}x\approx\frac{1}{2}[f(x_n,y(x_n))+f(x_{n+1},y(x_{n+1}))]$$

将其代入式(5.19)，得

$$y(x_{n+1})=y(x_n)+\frac{h}{2}[f(x_n,y(x_n))+f(x_{n+1},y(x_{n+1}))]$$

离散化得到改进的 Euler 公式，其截断误差为 $O(h^3)$。

由此启发，基于插值原理可以建立一系列的数值积分方法，运用这些方法可以导出求初值问题的一系列计算公式。一般地，若用插值多项式 $\varphi_k(x)$ 代替 $f(x,y(x))$，用 $\int_{x_n}^{x_{n+1}}\varphi_k(x)$ 作为近似值，离散化后，得

$$y_{n+1}=y_n+\int_{x_n}^{x_{n+1}}\varphi_k(x)\mathrm{d}x \tag{5.20}$$

5.4.2　Adams 显式与隐式公式

假设初值问题(式(5.1))的解 $y(x)$ 在 x_{n-1},x_{n-2},x_{n-3} 上各点的近似值 $y_n,y_{n-1},y_{n-2},y_{n-3}$ 均已计算出来，构造被积函数的三点插值多项式 $p_3(x)$ 并用它代替被积函数 $f(x,y(x))$，同时用 y_n,y_{n+1} 分别近似代替 $y(x_n)$ 和 $y(x_{n+1})$，可得 $y_{n+1}=y_n+\int_{x_n}^{x_{n+1}}p_3(x)\mathrm{d}x$。

经过积分计算后，可得

$$y_{n+1}=y_n+\frac{h}{24}(55f_n-59f_{n-1}+37f_{n-2}-9f_{n-3}) \tag{5.21}$$

这是常用的 Adams 四步外推显式公式，并由差值的余项公式可推导出式(5.21)的局部截断误差为

$$R=\int_{x_n}^{x_{n+1}}R_3(x)\mathrm{d}x=\frac{251}{720}h^5y^{(5)}(\eta)$$

其中，$\eta\in(x_{n-3},x_{n+1})$，h 为步长。所以式(5.21)是四阶公式，故又称式(5.21)为四阶 Adams 外推公式。

若取节点 $x_{n-2},x_{n-1},x_n,x_{n+1}$ 为插值节点，用上述类似的方法可得四阶的 Adams 隐式公式：

$$y_{n+1}=y_n+\frac{h}{24}(9f_{n+1}+19f_n-5f_{n-1}+f_{n-2}) \tag{5.22}$$

其局部截断误差为

$$R=-\frac{19}{720}h^5y^{(5)}(\eta),\ \eta\in(x_{n-2},x_{n+1})$$

由于积分区间在插值区间 $[x_{n-2},x_{n+1}]$ 内，故 Adams 隐式公式又称为 Adams 内插公式，它是三步隐式公式。

由 Adams 计算式(5.21)与式(5.22)可知，Adams 方法每一步仅调用一次函数 $f(x,y)$，因而计算量比 R-K 方法少。实际计算时常常把 Adams 外推公式和内插公式联合使用，构成 Adams 预测-校正系统，经常使用的是 $r=3$ 的情形，即

$$\begin{cases}\bar{y}_{n+1}=y_n+\dfrac{h}{24}(55f_n-59f_{n-1}+37f_{n-2}-9f_{n-3}) & \text{（预测）}\\ y_{n+1}=y_n+\dfrac{h}{24}[9f(x_{n+1},\bar{y}_{n+1})+19f_n-5f_{n-1}+f_{n-2}] & \text{（校正）}\end{cases} \tag{5.23}$$

这是一个四步四阶公式，初始值除 y_0 以外，其他的 y_1,y_2,y_3 通常用四阶 R-K 公式计算。

例 5.3 分别用四阶 Adams 显式公式与预估-校正公式求解初值问题，取步长 $h=0.1$。

$$\begin{cases}\dfrac{dx}{dy}=y-\dfrac{2x}{y}\\ y(0)=1,\ 0\leqslant x\leqslant 1\end{cases}$$

解 利用例 5.2 中标准四阶 Runge-Kutta 方法求得的结果 y_1,y_2,y_3 作为初始值，然后用显式公式与预估-校正方法进行计算，计算结果如表 5.6 所示。

表 5.6 各种算法比较

x_n	y_n			
	R-K 方法	显式方法	预估-校正方法	准确解
0	0			1
0.1	1.095 445 53			1.095 445 12
0.2	1.183 216 75			1.183 215 96
0.3	1.264 912 23			1.264 911 06
0.4		1.341 551 76	1.341 641 136	1.341 640 79
0.5		1.414 046 42	1.414 213 83	1.414 213 56
0.6		1.483 018 19	1.483 239 83	1.483 239 70
0.7		1.548 918 88	1.549 193 38	1.549 193 34
0.8		1.612 116 34	1.612 451 54	1.612 351 55
0.9		1.672 917 04	1.673 320 00	1.673 320 05
1.0		1.731 569 76	1.732 050 72	1.732 050 81

通过近似解与精确解的比较可知，显式方法的结果有 4 位有效数字，而预估-校正方法

的结果则有 7 位有效数字。

综上所述，我们容易写出二阶方法的算法。

算法 4.1(二阶 Adams 方法)

1. 输入 $\{a,b,\eta,h\}$
2. $x \leftarrow a, y_0 \leftarrow \eta$
3. $f_0 \leftarrow f(x,y_0)$
4. $f_1 \leftarrow f(x+h, y_0+hf_0)$
5. $y_1 \leftarrow y_0 + 0.5h(f_0+f_1)$
6. $x \leftarrow x+h$
7. 当 $x+h \leqslant b$
   7.1 $f_1 \leftarrow f(x,y_1)$
   7.2 $y_1 \leftarrow y_1 + 0.5h(3f_1 - f_0)$
   7.3 $x \leftarrow x+h$
   7.4 输入 $\{x,y_1\}$
   7.5 $f_0 \leftarrow f_1$

例 5.4 分别利用四阶 Adams 显式与隐式方法求解下列方程的初值问题：

$$\begin{cases} y'(x) = -y(x)+x+1, & 0 \leqslant x \leqslant 1 \\ y(0)=1 \end{cases}$$

解 本问题的准确解为 $y(x)=e^{-x}+x$。我们可以用它来验证计算结果的精确度。选取步长 $h=0.1$ 并取两种方法的表头值分别为 $y_0=1$，$y_1=y(0.1)=1.004\ 837\ 42$，$y_2=y(0.2)=1.018\ 730\ 75$，$y_3=y(0.3)=1.040\ 818\ 22$；$y_0=1$，$y_1=y(0.1)=1.00\ 483\ 742$，$y_2=y(0.2)=1.018\ 730\ 75$。

对于(显式的)四阶方法，由 y_0，y_1，y_2 与 y_3，按式(5.21)可以求出 $y_4=1.070\ 322\ 92$，接着，应用 y_1，y_2，y_3 与 y_4 可以求出 $y_5=1.106\ 535\ 47$……

对于四阶隐式方法(式(5.22))，一般说它是隐式的，但在本例中由于 $f(x,y)=-y+x+1$，故容易将对应的式(5.22)改写为显式的形式：

$$y_{k+1}=\left(1+\frac{9}{24}h\right)^{-1}\left[y_k+\frac{1}{24}h(9x_{k+1}+9+19f_k-5f_{k-1}+f_{k-2})\right]$$

这样一来，由表头值 y_0，y_1，y_2 按上述公式可得 $y_3=1.040\ 818\ 00$，以此类推有关的结果如表 5.7 如下。

表 5.7 Adams 显式与隐式算法结果比较

x_k	由式(5.21)计算出的 y_k	误差 $\lvert y(x_k)-y_k \rvert$ $(\times 10^{-6})$	由式(5.22)计算出的 y_k	误差 $\lvert y(x_k)-y_k \rvert$ $(\times 10^{-7})$
0.3			1.040 818 00	2.146
0.4	1.070 322 92	2.847	1.070 319 66	3.846
0.5	1.106 535 47	4.816	1.106 530 13	5.213
0.6	1.148 818 40	6.722	1.148 811 00	6.285

续表

x_k	由式(5.21)计算出的 y_k	误差 $\|y(x_k)-y_k\|$ $(\times 10^{-6})$	由式(5.22)计算出的 y_k	误差 $\|y(x_k)-y_k\|$ $(\times 10^{-7})$
0.7	1.196 539 39	8.090	1.196 584 59	7.106
0.8	1.249 338 15	9.192	1.249 328 19	7.714
0.9	1.306 579 61	9.954	1.306 568 84	8.141
1.0	1.367 889 95	10.52	1.367 878 59	8.418

从表5.7中可以看出，对于同阶的方法，隐式的比显式的精度高。可以避免单独使用Adams方法时需要求解非线性方程的困难。而且一般来说，校正一次就可以达到比较满意的结果，但如果需要的话，可以重复这个“校正”过程，直到算出满意的结果为止。Python程序如下：

```
#程序 ch5p4.py
import math
import numpy as np
import matplotlib.pyplot as plt
def Secant(y3,x3,y2,x2,y1,x1,y0,x0,h):#利用弦截法解微分方程
    eps=1.e-12
    i = 0
    dx0 = 0.1 # dx0 用于差商，这里是初始值
    while(abs(dx0)>eps and i < 20):
dfx0=(Fun(y3+dx0,x3,y2,x2,y1,x1,y0,x0,h)-Fun(y3,x3,y2,x2,y1,x1,y0,x0,h))/dx0
        if dfx0==0:
            print('dfx0=0,y3=',y3)
            return y3
        y31 = y3-Fun(y3,x3,y2,x2,y1,x1,y0,x0,h)/dfx0 #计算新的 x
        dx0 = y31-y3 #新的 dx，用于求导，这行和牛顿法略有不同
        y3 = y31
        i = i+1
    if abs(Fun(y3,x3,y2,x2,y1,x1,y0,x0,h))>10e-4:
                #判断 f(x)是不是根，如果不是返回 99999，然后主程序里面可以将这个值过滤掉
        return 999999
    print(y3)
    return y3

def RK(y0,  a, b, n):
#RK 法，计算前几个值输入 y0，x 的区间[a, b]以及等分数
    h = (b-a)/n
    y = np.zeros(n)
    y[0] = y0
    for i in range(1, n, 1):
```

```
        x0 = a+(i-1) * h            # 这里对应上一步的 x0
        k1 = fxy(x0, y0)
        k2 = fxy(x0+h/2., y0+h/2. * k1)
        k3 = fxy(x0+h/2., y0+h/2. * k2)
        k4 = fxy(x0+h, y0+h * k3)
        y0 = y0+h/6. * (k1+2. * k2+2. * k3+k4)
        y[i] = y0
        i = i+1
    return y

def Fun(y3,x3,y2,x2,y1,x1,y0,x0,h):
    fn3=-y3+x3+1
    fn2=-y2+x2+1
    fn1=-y1+x1+1
    fn0=-y0+x0+1
    f =  y3-y2-h/24. * (9. * fn3+19. * fn2-5. * fn1+fn0)
    return f

def fxy(x, y):  # 微分方程表达式
    f = -y+x+1
    return f

def Adams(a0,b0,y00,h): # 四阶 Adams 隐式公式
    x = np.arange(a0, b0+h, h)
    y = np.zeros(x.size)
    y[0] = y00
    n = 3
    y0= RK(y[0],a0,a0+3. * h,n) # R-K 法计算前三个值
    y[0:3] = y0
    for i in range(n, x.size,1):
      y[i] = Secant(y[i-1],x[i],y[i-1],x[i-1],y[i-2],x[i-2],y[i-3],x[i-3],h)      return y

a0 = 0.
b0 = 1.
y0 = 1.  # 初始条件
h = 0.1
xx = np.arange(a0, b0+h, h)
yy = Adams(a0,b0,y0,h)
yyy = np.exp(-xx)+xx          # 解析解
delta = np.sum(abs(yyy-yy))
print(delta)
plt.figure(1)
plt.plot(xx, yy,'r-')
```

```
plt.scatter(xx,yyy)
plt.xlabel('$x$')
plt.ylabel('$y$')
plt.show()
```

隐式 Adams 仿真结果如图 5.5 所示。

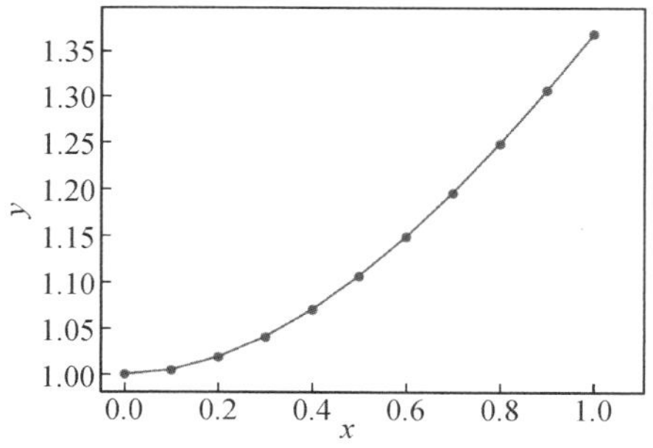

图 5.5　隐式 Adams 仿真结果

5.5　一阶方程组与高阶方程的数值解法

在实际科学和工程计算中，也会遇到一阶常微分方程组和高阶方程的求解问题。本节将前面介绍的各种数值计算公式平行地推广到一阶常微分方程组。

5.5.1　一阶方程组初值问题的数值解法

考虑一阶方程组的初值问题：

$$\begin{cases} y'_i = f_i(x, y_1(x), y_2(x), \cdots, y_m(x)) \\ y_i(a) = y_{i0} \, (i = 1, 2, \cdots, m) \end{cases} \tag{5.24}$$

引入向量记号：

$$\boldsymbol{Y}(x) = (y_1(x), y_2(x), \cdots, y_m(x))^{\mathrm{T}}$$

$$\boldsymbol{F}(x, \boldsymbol{Y}) = (f_1(x, \boldsymbol{Y}), f_2(x, \boldsymbol{Y}), \cdots, f_m(x, \boldsymbol{Y}))^{\mathrm{T}}$$

$$\boldsymbol{Y}_0 = (y_{10}, y_{20}, \cdots, y_{m0})^{\mathrm{T}}$$

则初值问题式(5.24)可改写成向量形式：

$$\begin{cases} \dfrac{\mathrm{d}\boldsymbol{Y}}{\mathrm{d}\boldsymbol{x}} = \boldsymbol{F}(x, \boldsymbol{Y}(x)) \\ \boldsymbol{Y}(a) = \boldsymbol{Y}_0 \end{cases} \tag{5.25}$$

形式上，上式与单个微分方程的初值问题完全相同，仅是由函数变成了向量函数。所以单个微分方程的数值方法均可以推广到上式中。

对于 Euler 公式，可以写为：

$$\boldsymbol{Y}_{n+1} = \boldsymbol{Y}_n + h\boldsymbol{F}(x_n, \boldsymbol{Y}_n) \tag{5.26}$$

其中，$\boldsymbol{Y}_n = (y_{1n}, y_{2n}, \cdots, y_{mn})^{\mathrm{T}} \approx \boldsymbol{Y}(x_n) = (y_1(x_n), y_2(x_n), \cdots, y_m(x_n))^{\mathrm{T}}$。

将式(5.26)按分量写出来，即

$$\begin{cases} y_{1,n+1} = y_{1n} + hf_1(x_n, y_{1n}, y_{2n}, \cdots, y_{mn}) \\ y_{2,n+1} = y_{2n} + hf_2(x_n, y_{1n}, y_{2n}, \cdots, y_{mn}) \\ \quad\vdots \\ y_{m,n+1} = y_{mn} + hf_m(x_n, y_{1n}, y_{2n}, \cdots, y_{mn}) \end{cases} \tag{5.27}$$

对于由两个一阶方程组成的方程组初值问题：

$$\begin{cases} y'_1 = f_1(x, y_1, y_2) \\ y'_2 = f_2(x, y_1, y_2) \\ y'_1(a) = y_{10} \\ y'_2(a) = y_{20} \end{cases} \quad a < x \leqslant b$$

推广四阶 Runge-Kutta 方法，有 $\boldsymbol{Y}_{i+1} = \boldsymbol{Y}_i + \frac{h}{6}(\boldsymbol{K}_1 + 2\boldsymbol{K}_2 + 2\boldsymbol{K}_3 + \boldsymbol{K}_4)$，其中 $\boldsymbol{K}_1 = \boldsymbol{F}(x_i, \boldsymbol{Y}_i)$，$\boldsymbol{K}_2 = \boldsymbol{F}\left(x_i + \frac{h}{2}, \boldsymbol{Y}_i + \frac{h}{2}\boldsymbol{K}_1\right)$，$\boldsymbol{K}_3 = \boldsymbol{F}\left(x_i + \frac{h}{2}, \boldsymbol{Y}_i + \frac{h}{2}\boldsymbol{K}_2\right)$，$\boldsymbol{K}_4 = \boldsymbol{F}\left(x_i + \frac{h}{2}, \boldsymbol{Y}_i + h\boldsymbol{K}_3\right)$，写成分量形式，即

$$\begin{cases} y_{1,i+1} = y_{1,i} + \frac{h}{6}(k_1 + 2k_2 + 2k_3 + k_4), \ y_{2,i+1} = y_{2,i} + \frac{h}{6}(l_1 + 2l_2 + 2l_3 + l_4) \\ k_1 = f_1(x_i, y_{1,i}, y_{2,i}), \ l = f_2(x_i, y_{1,i}, y_{2,i}) \\ k_2 = f_1\left(x_i + \frac{h}{2}, y_{1,i} + \frac{h}{2}k_1, y_{2,i} + \frac{h}{2}l_1\right), \ l_2 = f_2\left(x_i + \frac{h}{2}, y_{1,i} + \frac{h}{2}k_1, y_{2,i} + \frac{h}{2}l_1\right) \\ k_3 = f_1\left(x_i + \frac{h}{2}, y_{1,i} + \frac{h}{2}k_2, y_{2,i} + \frac{h}{2}l_2\right), \ l_3 = f_2\left(x_i + \frac{h}{2}, y_{1,i} + \frac{h}{2}k_2, y_{2,i} + \frac{h}{2}l_2\right) \\ k_4 = f_1\left(x_i + \frac{h}{2}, y_{1,i} + hk_3, y_{2,i} + hl_3\right), \ l_4 = f_2\left(x_i + \frac{h}{2}, y_{1,i} + hk_3, y_{2,i} + hl_3\right) \end{cases}$$

5.5.2　高阶方程初值问题的数值解法

可以先考察如下的二阶方程初值问题：

$$\begin{cases} y'' = f(x, y, y'), \ a < x \leqslant b \\ y(a) = \alpha, y'(a) = \beta \end{cases} \tag{5.28}$$

通过引入新的变量 $z = y'$，则有 $z' = y'' = f(x, y, z)$，就可将上述方程转化为一阶方程组初值问题：

$$\begin{cases} y' = z, \ a < x \leqslant b \\ z' = f(x, y, z), \ a < x \leqslant b \\ y(a) = \alpha, \ z(a) = \beta \end{cases}$$

具体的数值解法此处不再赘述。

对更高阶方程的初值问题，如

$$\begin{cases} y^{(n)} = f(x, y, y', \cdots, y^{(n-1)}), \ a < x \leqslant b \\ y(a) = \alpha_1, y'(a) = \alpha_2, \cdots, y^{(n-1)}(a) = \alpha_n \end{cases} \tag{5.29}$$

按照同样的思路，令 $y_1 = y, y_2 = y', y_3 = y'', \cdots, y_{n-1} = y^{(n-2)}, y_n = y^{(n-1)}$，可以将式

(5.29)转化为以下一阶方程组初值问题：

$$\begin{cases} y_1'=y_2,\ a<x\leqslant b \\ y_2'=y_3,\ a<x\leqslant b \\ \quad\vdots \\ y_{n-1}'=y_n,\ a<x\leqslant b \\ y_n'=f(x,y_1,y_2,\cdots,y_n),\ a<x\leqslant b \\ y_1(a)=\alpha_1,y_2(a)=\alpha_2,\cdots,y_n(a)=\alpha_n \end{cases} \tag{5.30}$$

例 5.5 将三阶方程初值问题

$$\begin{cases} xy'''+2x^2y'^2+x^3y=x^4+1,\ 1<x\leqslant 3 \\ y(1)=1,y'(1)=-2,y''(1)=3 \end{cases}$$

化为一阶方程组的情形。

解 令 $y_1=y,y_2=y',y_3=y''$，则可将原三阶方程问题转化为如下一阶方程组的初值问题：

$$\begin{cases} y_1'=y_2,\ 1<x\leqslant 3 \\ y_2'=y_3,\ 1<x\leqslant 3 \\ y_3'=\dfrac{x^4+1-x^3y_1-2x^2y_2^2}{x},\ 1<x\leqslant 3 \\ y_1(1)=1,\ y_2(1)=-2,\ y_3(1)=3 \end{cases}$$

课外拓展：冯康与有限元法

计算数学是当代数学科学的重要分支，是伴随着计算机的出现而迅速发展并获得广泛应用的新兴交叉学科，是数学与计算机实现其在高科技领域应用的必不可少的纽带和工具。计算、理论和实验并行，已经成为当今世界科学研究的第三种手段，这是二十世纪后半叶最重要的科技进步之一。有限元方法是目前科学与工程最常用的方法之一，我国著名的计算数学家冯康先生对有限元方法有着杰出的贡献。

冯康(1920—1993)，中国科学院院士，数学和物理学家及计算数学家，中国计算数学的奠基人和开拓者。

冯康 1945 年到 1951 年先后在复旦大学物理系、清华大学物理系和数学系工作；1951 年调到刚组建的中国科学院数学研究所；1957 年根据国家十二年科学发展计划，他受命调到中国科学院计算技术研究所，参加了我国计算技术和计算数学的创建工作，成为我国计算数学和科学工程计算学科的奠基者和学术带头人；1978 年调到中国科学院计算中心任中心主任；1980 年当选为中国科学院学部委员，曾任全国计算机学会副主任委员，全国计算数学会理事长、名誉理事长。

冯康先生的科学成就是多方面的和非常杰出的，1957 年以前他主要从事基础数学研究，在拓扑群和广义函数理论方面取得了卓越的成就。1957 年以后他转向应用数学和计算数学研究，由于具有广博而扎实的数学、物理基础，使得他在计算数学这门新兴学科上作出了一系列开创性和历史性的贡献。

20 世纪 50 年代末与 60 年代初，中国人第一次自主设计超百万千瓦级大型水电站——

黄河刘家峡水电站时，在超过百米的水坝施工中产生了一系列工程技术人员无法应对的计算难题，冯康在解决该水坝计算问题的集体研究实践的基础上，独立于西方创造了一套求解偏微分方程问题的系统化、现代化的计算方法，当时命名为基于变分原理的差分方法，即现在国际上通称的有限元方法。有限元方法的创立是计算数学的一项划时代成就，这已得到国际上的公认。

1965 年第 4 期《应用数学与计算数学》期刊上，冯康发表了"基于变分原理的差分格式"一文，该文提出了对于二阶椭圆型方程各类边值问题的系统性的离散化方法。为保证几何上的灵活适应性，对区域 Ω 可作适当的任意剖分，取相应的分片插值函数，它们形成一个有限维空间 S，是原问题的解空间即索伯列夫广义函数空间 $H_1(\Omega)$ 的子空间。基于变分原理，把与原问题等价的在 $H_1(\Omega)$ 上的正定二次泛函数极小问题化为有限维子空间 S 上的二次函数的极小问题，正定性质得到严格保持。这样得到的离散形式叫作基于变分原理的差分格式，即当今的标准有限元方法。文中给出了离散解的稳定性定理、逼近性定理和收敛性定理，并揭示了此方法在边界条件处理、特性保持、灵活适应性和理论牢靠等方面的突出优点。该方法特别适合于解决复杂的大型问题，并便于在计算机上实现。

后来，冯康将其研究重点从以椭圆方程为主的稳态问题转向以哈密顿方程和波动方程为主的动态问题。研究中，他发现量子力学有矩阵数学表达的海森伯形式、以微分方程表达的薛定谔形式、以狄拉克符号表达的狄拉克形式，但在经典力学的三大体系中，牛顿体系与拉格朗日体系都有相应的计算方法，唯独哈密顿体系的计算方法阙如。基于此思考，经过不懈努力，1984 年冯康首次提出基于辛几何计算哈密顿体系的方法，即哈密顿体系的保结构算法，从而开创了富有活力及发展前景的哈密顿体系计算方法。冯康指导和带领了中国科学院计算中心的一个研究组投入了此领域的研究，取得了一系列优秀成果。新的算法解决了久悬未决的动力学长期预测计算方法问题，正在促成天体轨道、高能加速器、分子动力学等领域计算的革新，具有更为广阔的发展前景。

习　题　5

一、理论习题

1. 用 Euler 法求初值问题

$$\begin{cases}\dfrac{\mathrm{d}y}{\mathrm{d}x}=1+x^3+y^3\\ y(0)=1\end{cases}$$

的解函数 $y(x)$ 在 $x=0.3$ 处的近似值(步长 $h=0.05$，计算结果保留 6 位小数)。

2. 试用三种方法导出线性二步方法的迭代公式：

$$y_{n+2}=y_n+2hf_{n+1}$$

3. 用 Taylor 展开法求三步四阶方法类，并确定三步四阶显式方法。

4. 求系数 a,b,c,d，使求解初值问题

$$\begin{cases}y'=f(x,y)\\ y(x_0)=a\end{cases}$$

的隐式二步法 $y_{n+1}=ay_n+h(bf_{n+2}+cf_{n+1}+df_n)$ 的误差阶尽可能高，并指出其阶数。

5. 试用显式 Euler 法及改进的 Euler 法推导下面的公式。

$$y_{n+1}=y_n+\frac{h}{2}[f(t_n,y_n)+f(t_{n+1},y_n+hf_n)]$$

6. 试证用梯形公式求解初值问题

$$\begin{cases}y'=-\lambda y\\y(0)=a\end{cases}\quad \lambda>0\text{ 为实长数}$$

是无条件稳定的，即对任意步长 $h>0$，梯形公式都绝对稳定。

7. 设有 $\begin{cases}y'=f(x,y)\\y(x_0)=y_0\end{cases}$，试构造形如

$$y_{n+1}=\alpha(y_n+y_{n-1})+h(\beta_0 f_n+\beta_1 f_{n-1})$$

的二阶方法，并推导其局部截断误差首项。

8. 设有常微分方程初值问题 $\begin{cases}y'=f(x,y)\\y(x_0)=y_0\end{cases}$ 的单步法 $y_{n+1}=y_n+\frac{h}{3}[f(x_n,y_n)+2f(x_{n+1},y_{n+1})]$，证明该方法是无条件稳定的。

9. 给出线性多步法的迭代公式

$$y_{n+1}+(\alpha-1)y_{n+1}-\alpha y_n=\frac{h}{4}[(\alpha+3)f_{n+2}+(3\alpha+1)f_n]$$

为零稳定的条件，证明该方法为零稳定时是二阶收敛的，并给出 $\alpha=1$ 时上式的绝对稳定域。

10. 多步法与经典的 Runge-Kutta 方法在下面的性质上谁更有优势？

(1) 局部截断误差容易分析；

(2) 易于改变步长；

(3) 计算容易启动；

(4) 易于程序实现；

(5) 对刚性问题计算更有效。

11. 写出下列常微分方程等价的一阶方程组。

(1) $y''=y'(1-y^2)-y$；

(2) $y'''=y''-2y'+y-x+1$。

二、上机实验

1. 给定初值问题

$$\begin{cases}\dfrac{dy}{dx}=\dfrac{y}{x}+xe^2,\ 1<x\leqslant 2\\y(1)=0\end{cases}$$

其精确解为 $y=x(e^x-e)$，按照以下条件求在节点 $x_k=1+0.1k(k=1,2,\cdots,10)$ 处的数值解及误差，并比较各方法的优缺点。

(1) Euler 法，步长 $h=0.025$，$h=0.1$；

(2) 改进 Euler 法，步长 $h=0.05$，$h=0.01$；

(3) 四阶标准 Runge-Kutta 法，步长 $h=0.1$。

2. 考虑下面两个微分方程的初值问题。

(1) $y'=2t, y(0)=0$;

(2) $y'=1000(y-t^2)+2t, y(0)=0$。

假设上述两个方程都有唯一解，用 Euler 方法取同样的步长求解上述两个方程，并比较它们的结果，并简述结果说明了什么。

3. 取步长 $h=0.2$，用标准四阶 Runge-Kutta 方法求解初值问题

$$\begin{cases} \dfrac{dy}{dx}=x+y, & 0\leqslant x\leqslant 1 \\ y(0)=1 \end{cases}$$

并将计算结果与精确解比较。

4. 分别用四阶 Adams 公式求解初值问题

$$\begin{cases} \dfrac{dy}{dx}=x-y+1, & 0\leqslant x\leqslant 1 \\ y(0)=1 \end{cases}$$

的数值解，取步长 $h=0.2$。

5. 给定常微分方程初值问题：

$$\begin{cases} \dfrac{dy}{dx}=\lambda y-\lambda x+1, & 0< x< 1 \\ y(1)=0 \end{cases}$$

其中，$-50\leqslant \lambda\leqslant 50$。试分析以下问题：

(1) 对参数 λ 取不同的值，取步长 $h=0.01$，用四阶经典 Runge-Kuttta 法计算，将计算结果画图比较，并分析相应的初值问题的性态；

(2) 取参数 λ 为一个绝对值较小的负数和两个不同的步长 h，一个步长使 λ，h 在经典 Runge-Kuttta 法的稳定域内，另一个在稳定域外，分别用 Runge-Kuttta 法计算并比较计算结果，取全域等距的 10 个点上的计算值。

第6章　非线性方程的数值解法

在许多实际问题中，常常会遇到求解方程 $f(x)=0$ 的问题。当 $f(x)$ 为一次多项式时，$f(x)=0$ 称为线性方程，否则称为非线性方程。对于非线性方程，由于函数 $f(x)$ 的多样性，求其根尚无一般的解析方法，因此研究非线性方程的数值解法是十分必要的。

本章主要介绍非线性方程求根的一些常用方法，分别是逐步搜索法、二分法、迭代法、Newton 法以及弦截法。这些方法的求解思路均是在给定根的初始近似值后，进一步把根精确化，直到达到所要求的精度为止。

6.1　逐步搜索法与二分法

6.1.1　逐步搜索法

假设非线性方程 $f(x)=0$ 的根为 x^*，逐步搜索法的基本思想是，从初始值 x_0 开始，令 $x_{n+1}=x_n+h(n=0,1,2,\cdots)$，按规定的步长 h 来进行增值，同时计算 $f(x_{n+1})$。在增值的计算过程中可能遇到三种情形：

(1) $f(x_{n+1})=0$，此时 x_{n+1} 即为方程的根 x^*。

(2) $f(x_n)$ 和 $f(x_{n+1})$ 同符号，这说明区间 $[x_n,x_{n+1}]$ 内无根。

(3) $f(x_n)$ 和 $f(x_{n+1})$ 异号，即有

$$f(x_n)\cdot f(x_{n+1})<0 \tag{6.1}$$

此时当 $f(x)$ 在区间 $[x_n,x_{n+1}]$ 上连续时，方程 $f(x)=0$ 在 $[x_n,x_{n+1}]$ 一定有根，也即我们用逐步搜索法找到了方程根的存在区间，x_n 或 x_{n+1} 均可以视为根的近似值。下一步就是设法在该区间内寻找根 x^* 更精确的近似值，为此再用逐步搜索法。

把 x_n 作为新的初始近似值，同时把步长缩小，例如选新步长 $h_1=\dfrac{h}{100}$，这样会得到区间长度更小的有根区间，从而也可得到使 $f(x)$更接近于零的 x_n，作为 x^* 更精确的近似值。若精度不够，可重复使用逐步搜索法，直到有根区间的长度 $|x_{n+1}-x_n|<\varepsilon$（$\varepsilon$ 为给定的精度）为止。此时 $f(x_n)$ 或 $f(x_{n+1})$ 就可近似认为等于零。x_n 或 x_{n+1} 就是满足精度的方程的近似根，其过程如图 6.1 所示。

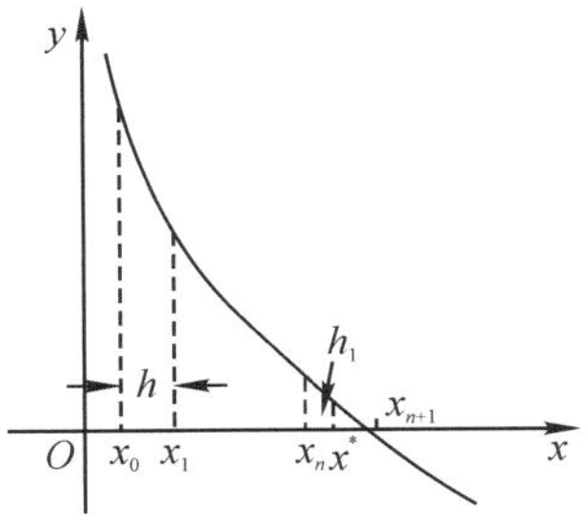

图 6.1 逐步搜索法示意图

算法 6.1 （逐步搜索法）

1 输入 a，b，h

2 置 $a_1 \leftarrow a$，$b_1 \leftarrow a+h$

3 while ($b_1 < b$)（循环开始）

　if $f(a_1) \cdot f(b_1) < 0$ then

　　$x_1(k) := a_1$，$x_2(k) := b_1$；

　else

　　$a_1 := b_1$；$b_1 := b_1 + h$；

　　continue；（返回到循环的入口）

　end

　$a_1 := b_1$；$b_1 := b_1 + h$；

$k := k+1$；

end（循环结束）

4 输出有根区间 $[x_1(k), x_2(k)]$

例 6.1 用逐步搜索法求方程 $f(x)=x^3+4x^2-10=0$ 的有根区间。

解 取初值 $x_0=-4$，步长 $h=1$，计算 $f(x)$ 的值，结果如表 6.1 所示。

表 6.1 $x_0=-4, h=1$ 的计算结果

x	-4	-3	-2	-1	0	1	2
$f(x)$	-10	-1	-2	-7	-10	-5	14

由表 6.1 可见，$f(1) \cdot f(2) < 0$，所以可知 $f(x)=0$ 的有根区间为(1, 2)。再取 $x_0=1$，$h=0.1$，计算结果如表 6.2 所示。

表 6.2 $x_0=1, h=0.1$ 的计算结果

x	1	1.1	1.2	1.3	1.4
$f(x)$	-5	-3.829	-2.512	-1.043	0.584

进一步，可知 $f(x)=0$ 的有根区间为(1.3, 1.4)。

6.1.2 二分法

设 $f(x)$ 在区间 $[a,b]$ 上连续，且 $f(a) \cdot f(b) < 0$，则由连续函数的性质可知，方程

$f(x)=0$ 在(a,b)内至少有一实根，为方便讨论，设(a,b)内仅有唯一实根 x^*。

二分法的基本思想就是逐步对分区间$[a,b]$，通过判断两端点函数值乘积的符号，进一步缩小有根区间，将有根区间的长度缩小到充分小，从而求出满足精度的根 x^* 的近似值，如图 6.2 所示。

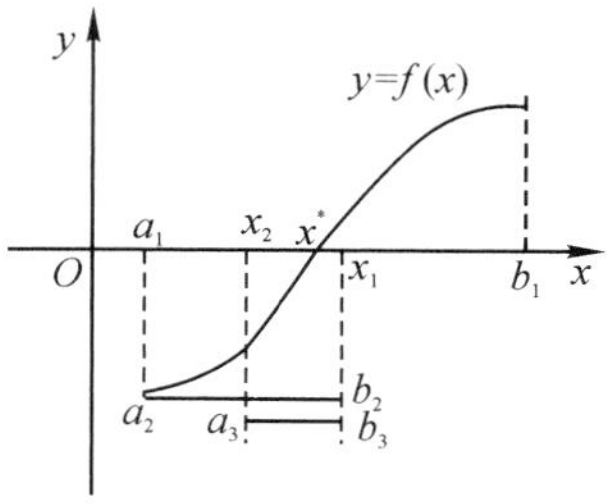

图 6.2　二分法示意图

具体求解过程如下：

用区间$[a,b]$的中点 $x_1=\dfrac{a+b}{2}$ 平分区间，并计算 $f(x_1)$，同时记 $(a_1,b_1)\triangleq(a,b)$，如果恰好有 $f(x_1)=0$，则表示已经找到方程的根 $x^*=x_1$。如若不然，即 $f(x_1)\neq 0$，如果 $f(a_1)\cdot f(x_1)<0$，则记 $(a_2,b_2)\triangleq(a_1,x_1)$；如果 $f(x_1)\cdot f(b_1)<0$，则记 $(a_2,b_2)\triangleq(x_1,b_1)$。在后一种情形中区间 (a_2,b_2) 为新的有根区间。该区间包含在旧的有根区间 (a_1,b_1) 内，其区间长度是原区间的 $\dfrac{1}{2}$。对区间 (a_2,b_2) 施行同样的办法，即平分区间，求中点，判断函数值乘积的符号，得到新的有根区间 (a_3,b_3)，它包含在区间 (a_2,b_2) 内，其区间长度是 (a_2,b_2) 的 $\dfrac{1}{2}$，(a_1,b_1) 的 $\dfrac{1}{4}$。如此重复 n 次，如果还未找到方程的精确根 x^*，则此时得到方程的有根区间序列 $(a_1,b_1),(a_2,b_2),\cdots,(a_n,b_n),\cdots$ 满足

$$(a_1,b_1)\supset(a_2,b_2)\supset\cdots\supset(a_n,b_n)\cdots$$

而且左右两端点函数值符号互异，即 $f(a_n)f(b_n)<0$，区间长度 $b_n-a_n=\dfrac{b_1-a_1}{2^{n-1}}=\dfrac{b-a}{2^{n-1}}$，$n=1,2,\cdots,n-1$。

当 n 充分大时，(a_n,b_n) 的长度缩小到充分小，此时它的中点 x_n 与 x^* 夹在 a_n 与 b_n 之间，它们的距离也充分小，且序列 $\{x_n\}$ 满足：

$$|x_n-x^*|<\frac{b_n-a_n}{2}=\frac{b-a}{2^n}$$

上式表明：

$$\lim_{n\to\infty}x_n=x^* \tag{6.2}$$

即序列 $\{x_n\}$ 以等比数列的收敛速度收敛于 x^*。同时也表明序列 $\{x_n\}$ 是 x^* 的一个近似值序列。

因此，对任意给定的精度 $\xi<0$，总存在 n，使 $|x_n-x^*|<\dfrac{b-a}{2^n}<\xi$。

此时，我们取 x_n 作为 x^* 的近似值，即可满足精度。

算法 6.2 （二分法）

1　由算法 6.1 得到有根区间$[a, b]$，设定精度要求 ε

2　置 $x \leftarrow \frac{a+b}{2}$

3　若 $f(x)=0$，输出 x，停算；否则，转步骤 4

4　若 $f(a)\cdot f(x)<0$，则置 $b \leftarrow x$；否则，置 $a \leftarrow x$

5　置 $x=\frac{a+b}{2}$，若 $|b-a|<\varepsilon$，输出 x，停算；否则，转步骤 3

例 6.2 （1）用二分法求方程 $f(x)=x^3+4x^2-10=0$ 在$[1, 2]$内的一个实根，且要求满足精度 $|x_n-x^*|<\frac{1}{2}\times10^{-3}$。

解　利用二分法的基本方法，计算结果如表 6.3 所示。

表 6.3　二分法求解结果

n	a_n	b_n	x_n	$f(x_n)$
1	1.0	2.0	1.5	2.375
2	1.0	1.5	1.25	−1.796 87
3	1.25	1.5	1.375	0.162 11
4	1.25	1.375	1.312 5	−0.848 39
5	1.312 5	1.375	1.343 75	−0.350 98
6	1.343 75	1.375	1.359 375	−0.096 41
7	1.359 375	1.375	1. 367 187 5	0.032 36
8	1.359 375	1.367 187 5	1.363 281 25	−0.032 15
9	1.363 281 25	1.367 187 5	1.365 234 375	0.000 072
10	1.363 281 25	1.365 234 375	1.364 257 813	−0.016 05
11	1.364 257 813	1.365 234 375	1.364 746 094	−0.007 99

迭代 11 次，近似根 $x_{11}=1.364\ 746\ 094$ 即为所求的近似解，其误差为

$$|x_n-x^*|<\frac{b_{11}-a_{11}}{2}=0.000\ 488\ 281<\frac{1}{2}\times10^{-3}$$

Python 实现代码如下：

```
#程序 ch6p1.py
importnumpy as np
fromscipy.optimize import fsolve


defbinary_search(f, eps, a, b):  #二分法函数
    c=(a+b)/2
    whilenp.abs(f(c))>eps:
        if f(a)*f(c)<0: b=c
        else: a=c
```

```
        c=(a+b)/2
    return c

f=lambda x: x**3+4*x**2-10
print("二分法求得的根是：", binary_search(f,5E-4,1,2))
```

运行结果如下：

```
二分法求得的根是：1.365234375
```

这种方法的优点是操作简单，对函数 $f(x)$ 的要求仅是只连续，它的收敛速度与比值为 $\frac{1}{2}$ 的等比级数相同。其局限性是仅能用于求实根，不能用于求复根及偶数重根。

6.2 不动点迭代法及其收敛性

6.2.1 迭代法的基本思想

1. 算法原理

由函数方程 $f(x)=0$，构造一个等价方程：

$$x=\varphi(x) \tag{6.3}$$

从某个近似根 x_0 出发，令

$$x_{n+1}=\varphi(x_n),\ n=0,1,2,\cdots \tag{6.4}$$

可得到序列 $\{x_n\}$，若 $\{x_n\}$ 收敛，即 $\lim x_n=x^*$。

只要 $\varphi(x)$ 连续，则有

$$\lim_{n\to\infty} x_{n+1}=\lim_{n\to\infty}\varphi(x_n)=\varphi(\lim_{n\to\infty} x_n)$$

也即

$$x^*=\varphi(x^*)$$

从而可知 x^* 是方程(6.3)的根，也就是 $f(x)=0$ 的根。此时 $\{x_n\}$ 就是方程(6.3)的一个近似解序列，n 越大，x_n 的近似程度就越好。若 $\{x_n\}$ 发散，则迭代法失败。

例 6.3 用迭代法求方程 $f(x)=x^3+4x^2-10=0$ 在[1,2]内的一个近似根，取初始近似值 $x_0=1.5$。

解 原方程的等价方程可以分别取以下四种不同形式：

(1) $x=x-x^3-4x^2+10$；

(2) $x=\sqrt{\frac{10}{x}-4x}$；

(3) $x=\frac{1}{2}\sqrt{10-x^3}$；

(4) $x=\sqrt{\frac{10}{4+x}}$。

对应的迭代公式如下：

(1) $x_{n+1}=x_n-x_n^3-4x_n^2+10$;

(2) $x_{n+1}=\sqrt{\dfrac{10}{x_n}-4x_n}$;

(3) $x_{n+1}=\dfrac{1}{2}\sqrt{10-x_n^3}$;

(4) $x_{n+1}=\sqrt{\dfrac{10}{4+x_n}}$。

取 $x_0=1.5$，列表计算如表 6.4 所示。

表 6.4　不同方式的迭代结果

n	方式(1)	方式(2)	方式(3)	方式(4)
0	1.5	1.5	1.5	1.5
1	−0.875	0.8165	1.286 953 77	1.348 399 73
2	6.732	2.9969	1.402 540 80	1.367 376 37
3	−469.7	$\sqrt{-8.65}$	1.345 458 38	1.364 957 01
4	1.03×10^8	—	1.375 170 25	1.365 264 75
5	—	—	1.360 094 19	1.365 225 59
6	—	—	1.367 846 97	1.365 223 058
7	—	—	1.363 887 00	1.365 229 94
8	—	—	1.365 916 73	1.365 230 02
9	—	—	1.364 878 22	1.365 230 01
10	—	—	1.365 410 06	—
15	—	—	1.365 223 68	—
20	—	—	1.365 230 24	—
23	—	—	1.365 229 98	—
25	—	—	1.365 230 01	—

与二分法相比，方式(3)、方式(4)都得到较好的结果。若要使用二分法达到同样的精度，则需要迭代 27 次。同时也看出迭代函数构造不同，收敛速度也不尽相同。当迭代函数构造不当(如方式(1)，方式(2))时，序列 $\{x_n\}$ 就不收敛，无法求出方程的根。

2. 迭代法的几何意义

从例 6.3 可以看到，迭代法可能收敛，也可能不收敛。一般来说，根据 $f(x)=0$ 构造的 $\varphi(x)$ 不止一种，有的收敛，有的不收敛，这取决于 $\varphi(x)$ 的性态。方程 $x=\varphi(x)$ 的根在几何上就是直线 $y=x$ 与曲线 $y=\varphi(x)$ 交点的横坐标 x^*，如图 6.3 所示。

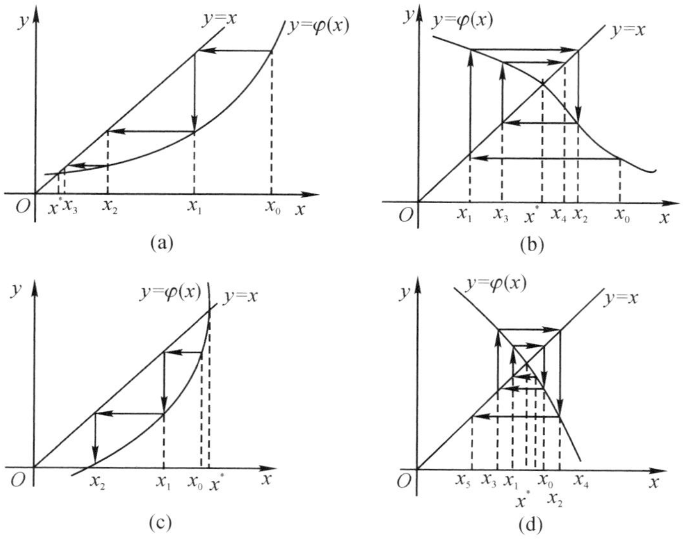

图 6.3 迭代公式示意图

其中迭代算法中的方式(1)、方式(2)收敛，而方式(3)、方式(4)发散。

算法 6.3 （一般迭代法）

1 取初始点 x_0，最大迭代次数 N 和精度要求 ε，置 $n:=0$

2 计算 x_{n+1}

3 若 $|x_{n+1}-x_n|<\varepsilon$，则停算

4 若 $k=N$，则停算；否则，置 $n\leftarrow n+1$，转步骤 2

6.2.2 迭代法的收敛性

从例 6.3 可见，用迭代法求解非线性方程的关键在于构造适当的公式，那么当迭代公式满足什么条件时，才能保证产生的迭代序列收敛呢？来看下面定义和定理。

定义 6.1 假设 x^* 是迭代函数 $\varphi(x)$ 的不动点，如果存在根 x^* 的某个邻域 $D=\{x \mid |x-x^*|\leqslant\delta\}$，使得对于任意的 $x_0\in D$，迭代过程 $x_{n+1}=\varphi(x_n)$ 产生的序列 $\{x_n\}\subset D$ 且收敛到 x^*，则称该迭代过程在 x^* 附近局部收敛。

定理 6.1 设 x^* 是方程 $x=\varphi(x)$ 的根，$\varphi'(x)$ 在 x^* 的某个邻域 D 内连续，并且有 $|\varphi'(x)|\leqslant q<1$，则对任何 $x_0\in D$，由迭代公式 $x_{n+1}=\varphi(x_n)$ 产生的迭代序列 $\{x_n\}$ 局部收敛并且

$$|x_n-x^*|\leqslant\frac{q^n}{1-q}|x_1-x_0| \tag{6.5}$$

$$|x_n-x^*|\leqslant\frac{1}{1-q}|x_{n+1}-x_n| \tag{6.6}$$

证明 由 Lagrange 中值定理可知，存在 $\xi\in D$，使

$$x_n-x^*=\varphi(x_{n-1})-\varphi(x^*)=\varphi'(\xi)(x_{n-1}-x^*)$$

因为已知 $|\varphi'(\zeta)|<q$，从而可得

$$|x_n - x^*| \leqslant q|x_{n-1} - x^*| \leqslant \cdots \leqslant q^n |x_0 - x^*|$$

所以 $\lim\limits_{n\to\infty} x_n = x^*$。

这样我们就证明了 $\{x_n\}$ 收敛于 x^*。

再由 Lagrange 中值定理，可知存在 $\xi' \in D$，使 $x_{n+1} - x_n = \varphi(x_n) - \varphi(x_{n-1}) = \varphi'(\xi')(x_{n+1} - x_n)$，所以

$$|x_{n+1} - x_n| \leqslant q|x_n - x_{n-1}| \leqslant \cdots \leqslant q^n |x_1 - x_0| \tag{6.7}$$

又由于

$$\begin{aligned}|x_{n+p} - x_n| &= |(x_{n+p} - x_{n+p-1}) + (x_{n+p-1} - x_{n+p-2}) + \cdots + (x_{n+1} - x_n)| \\ &\leqslant |x_{n+p} - x_{n+p-1}| + |x_{n+p-1} - x_{n+p-2}| + \cdots + |x_{n+1} - x_n|\end{aligned}$$

所以

$$|x_{n+p} - x_n| \leqslant (q^{p-1} + q^{p-2} + \cdots + q - 1)|x_{n+1} - x_n| = \frac{1-q^p}{1-q}|x_{n+1} - x_n|$$

令 $p \to +\infty$，有

$$|x^* - x_n| \leqslant \frac{1}{1-q}|x_{n+1} - x_n|$$

也即

$$|x_n - x^*| \leqslant \frac{1}{1-q}|x_{n+1} - x_n|$$

这样式(6.6)得证。

再由式(6.7)得

$$|x_n - x^*| \leqslant \frac{q^n}{1-q}|x_1 - x_0|$$

这样式(6.5)也得证。

上述定理是一个很实用的收敛定理，一方面它可以判定所构造的迭代函数 $\varphi(x)$ 是否收敛，另一方面式(6.5)还可以用来估计迭代次数，但结果偏保守，次数也偏大，实际计算中很少用。通常根据式(6.6)，当 $|x_{n+1} - x_n| < \xi$（ξ 为给定精度）时，认为 $x^* - x_n < \xi$，则 x_n 就是 x^* 满足精度的一个近似解了。

定理 6.2　对于方程 $x = \varphi(x)$，如果满足：① 对任意 $x \in [a,b]$，有 $\varphi(x) \in [a,b]$；② 对任意 $x \in [a,b]$，有 $|\varphi'(x)| \leqslant q < 1$，则对任意 $x^0 \in [a,b]$，迭代 $x^{n+1} = (x^n)$ 所决定的序列 $\{x^n\}$ 收敛于 $x = \varphi(x)$ 的根 x^*，且式(6.5)、式(6.6)也都成立。

证明与定理 6.1 相仿，此处略。

以上两定理中的条件严格验证起来都较困难，实际中常用以下定理判定收敛性。

定理 6.3　设 x^* 是方程 $x = \varphi(x)$ 的根，$\varphi'(x)$ 在 x^* 的某个邻域内连续且满足 $|\varphi'(x^*)| < 1$，则迭代公式(6.4)局部收敛。

证明　由定理的条件，存在 $\delta > 0$，使得当 $\forall x \in N(x^*, \delta)$ 时，有 $|\varphi'(x)| \leqslant L < 1$。因此，有

$$\begin{aligned}|x_{n+1} - x^*| &= |\varphi(x_n) - \varphi(x^*)| = |\varphi'(\xi_n) \cdot (x_n - x^*)| \\ &\leqslant L|x_n - x^*| < |x_n - x^*|\end{aligned}$$

所以当 $x_k \in N(x^*, \delta)$ 时，有 $x_k \in N(x^*, \delta)$。由定理 6.2 可知，迭代公式(6.4)局部收敛。

例 6.4 考察例 6.3 中四种迭代法在根附近的收敛情况，取根的近似值为 $x_0=1.5$。

解 分别对四个迭代公式对应的迭代函数求导：

(1) 当 $\varphi(x)=x-x^3-4x^2+10$ 时，知 $\varphi'(x)=1-3x^2-8x$，于是 $|\varphi'(1.5)|\approx 17.75>1$，故而该迭代公式不收敛。

(2) 由 $\varphi(x)=\sqrt{\dfrac{10}{x}-4x}$，知 $\varphi'(x)=\dfrac{1}{2}\left(\dfrac{10}{x}-4x\right)^{-\frac{1}{2}}\times\left(-\dfrac{10}{x^2}-4\right)$，于是 $|\varphi'(1.5)|\approx 5.128>1$，该迭代公式不收敛。

(3) 由 $\varphi(x)=\dfrac{1}{2}\sqrt{10-x^3}$，知 $\varphi'(x)=\dfrac{-3}{4}x^2(10-x^3)^{-\frac{1}{2}}$，于是 $|\varphi'(1.5)|\approx 0.656<1$，该迭代公式收敛。

(4) 由 $\varphi(x)=\sqrt{\dfrac{10}{4+x}}$，知 $\varphi'(x)=-5\left(\dfrac{10}{4+x}\right)^{-\frac{1}{2}}\cdot\dfrac{1}{(4+x)^2}$，于是 $|\varphi'(1.5)|\approx 0.122<1$，该迭代公式收敛。

结合表 6.4 的计算结果，可观察到 $\varphi'(x_0)$ 值越小，收敛速度就越快。

6.2.3 迭代法的收敛速度

用迭代法求方程的近似根时，不仅要构造适当的 $\varphi(x)$ 并要求它收敛，而且需要知道它的收敛速度。关于收敛速度，有如下定义：

定义 6.2 设序列 $\{x^n\}$ 收敛于 x^*，令 $\xi=x^*-x^n$，若存在某实数 $r\geqslant 1$ 及正常数 C，使

$$\lim_{n\to\infty}\frac{|\xi_{n+1}|}{|\xi_n|^r}=C \tag{6.8}$$

则称序列 $\{x^n\}$ r 阶收敛。

如果序列 $\{x^n\}$ 是由 $x_{n+1}=\varphi(x^n)$ 迭代产生的，且 r 阶收敛，则称 $\varphi(x)$ 是 r 阶迭代函数，迭代法 $x_{n+1}=\varphi(x_n)$ 是 r 阶收敛的。

特别的，当 $r=1$, $0<C<1$ 时，称为线性收敛；当 $r>1$ 时，称为超线性收敛；当 $r=2$ 时，称为平方收敛(或二次收敛)。

显然，r 的大小反映了迭代法收敛速度的快慢。r 越大，收敛越快，所以迭代法的收敛阶是对迭代法收敛速度的一种度量。

类似的，对于根 x^* 附近的迭代公式，$x_{n+1}=\varphi(x^n)$，由于 $x^*=\varphi(x^*)$ 则有

$$x^*-x_{n+1}=\varphi'(\xi)(x^*-x^n)$$

其中，ξ 在 x^* 与 x^n 之间，所以

$$\xi_{n+1}=\varphi'(\xi)\xi_n$$

因而

$$\frac{|\xi_{n+1}|}{|\xi_n|}=|\varphi'(\xi)\to|\varphi'(x^*)||,\quad n\to\infty$$

若 $0<|\varphi'(x^*)|<1$，则迭代过程为线性收敛。

若 $|\varphi'(x^*)|=0$，由 Taylor 展开得

$$\varphi(x^n)=\varphi(x^*)+\frac{\varphi''(\xi)}{2}(x_n-x^*)^2$$

设 $\varphi''(x^*) \neq 0$，则

$$x_{n+1} - x^* = \varphi(x^n) - \varphi(x^*) = \frac{\varphi''(\xi)}{2}(x_n - x^*)^2$$

从而

$$\frac{|\xi_{n+1}|}{|\xi_n|^2} \to \frac{\varphi''(x^*)}{2} > 0 \quad (n \to \infty)$$

此时迭代过程是二阶收敛的。

定理 6.4　对于迭代过程 $x_{n+1} = \varphi(x_n)$，如果迭代函数 $\varphi(x)$ 在根 x^* 附近有连续的二阶导数，且

$$|\varphi'(x^*)| < 1$$

则有

(1) 当 $\varphi'(x^*) \neq 0$ 时，迭代过程为线性收敛；

(2) 当时 $\varphi'(x^*) = 0$ 且 $\varphi''(x^*) \neq 0$ 时，迭代过程为二阶收敛。

一般来说，若 $\varphi'(x^*) = \varphi''(x^*) = \cdots = \varphi^{(p-1)}(x^*) = 0$，而 $\varphi^{(p)}(x^*) \neq 0$，则称 $x_{n+1} = (x^n)$ 在 x^* 附近为 p 阶收敛。

定理 6.4 告诉我们，迭代过程的收敛速度取决于迭代函数 $\varphi(x)$ 的选取。如果 $\varphi(x^*) = 0$ 但 $\varphi'(x^*) \neq 0$，则该迭代过程只可能是线性收敛。

显然，要达到同样的计算精度，高阶算法要比低阶算法特别是线性算法步骤少得多，所以收敛阶是衡量算法的重要标准。

6.3　Newton 法

求解非线性方程的 Newton 法，是将非线性方程 $f(x) = 0$ 逐步归结为某种线性方程来求解的一种方法，它是解代数方程和超越方程的有效方法之一。

6.3.1　算法原理

1. Taylor 级数展开法

把非线性函数 $f(x)$ 在 x_0 处展开成 Taylor(泰勒)级数：

$$f(x) = f(x_0) + (x - x_0)f(x_0) + (x - x_0)^2 \frac{f''(x_0)}{2!} + \cdots$$

取其线性部分，作为非线性方程 $f(x) = 0$ 的近似方程，则有

$$f(x_0) + (x - x_0)f(x_0) = 0$$

设 $f(x_0) \neq 0$，则其解为

$$x_1 = x_0 - \frac{f(x_0)}{f'(x_0)} \tag{6.9}$$

再把 $f(x)$ 在 x_1 处展开为泰勒级数，取其线性部分为 $f(x) = 0$ 的近似方程，若 $f(x_1) \neq 0$，则可得 $x_2 = x_1 - \dfrac{f(x_1)}{f'(x_1)}$。

如此继续下去，得到 Newton 法的迭代公式为

$$x_{n+1}=x_n-\frac{f(x_n)}{f'(x_n)}\quad,n=0,1,2,\cdots \tag{6.10}$$

例 6.5 取初值 $x_0=1.5$，利用 Newton 法编写程序求方程 $f(x)=x^3+4x^2-10=0$ 在 $[1,2]$内一个实根，并与 SciPy 扩展库中的 fsolve 求解结果进行比较。

解 由 $f(x)$ 的表达式可知，$f'(x)=3x^2+8x$，利用 Newton 迭代公式(6.10)，可知该方程的迭代公式为：

$$x_{n+1}=x_n-\frac{x_n^3+4x_n^2-10}{3x_n^2+8x_n},\quad n=0,1,2,\cdots$$

列表计算结果如表 6.5 所示。

表 6.5 Newton 法数值求解结果

n	0	1	2	3
x_n	1.5	1.373 333 3	1.365 262 01	1.365 230 01

Python 程序如下：

```
#程序 ch6p2.py
importnumpy as np
fromscipy.optimize import fsolve

defnewton_iter(f, eps, x0, dx=1E-8):  #牛顿迭代法函数
    def diff(f, dx=dx):  #求数值导数函数
        return lambda x:(f(x+dx)-f(x-dx))/(2 * dx)
    df=diff(f,dx)
    x1=x0-f(x0)/df(x0)
    whilenp.abs(x1-x0)>=eps:
        x1, x0=x1-f(x1)/df(x1), x1
    return x1

f=lambda x:x* *3+4 * x* *2-10
print("牛顿迭代法求得的根为:", newton_iter(f,5E-4,1.5))
print("直接调用 SciPy 求得的根为:", fsolve(f,1.5))
```

运行结果如下：

```
牛顿迭代法求得的根为:1.3652300139158589
直接调用 SciPy 求得的根为:[1.36523001]
```

2. Newton 法的几何意义

方程 $f(x)=0$ 的根就是曲线 $y=f(x)$与 x 轴交点的横坐标 x^*，当初始近似值 x_0 选定后，过 $(x_0,f(x_0))$ 作切线，其切线方程为 $y-f(x_0)=f'(x_0)(x-x_0)$，它与 x 轴交点的横坐标为 $x_1=x_0-\dfrac{f(x_0)}{f'(x_0)}$，再过 $(x_n,f(x_n))$ 作切线，与 x 轴交点的横坐标 $x_2=x_1-\dfrac{f(x_1)}{f'(x_1)}$。

以此类推，设 x_n 是 x^* 的第 n 次近似值，过 $(x_n,f(x_n))$ 作 $y=f(x)$的切线，其与 x

轴交点的横坐标为 $x_{n+1}=x_n-\dfrac{f(x_n)}{f'(x_n)}$，即用切线与 x 轴交点的横坐标近似代替曲线与 x 轴交点的横坐标，如图 6.4 所示。

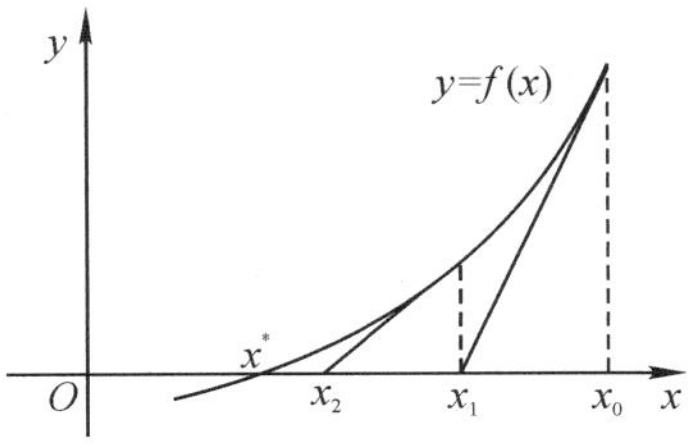

图 6.4　Newton 法示意图

Newton 法在几何上表现为 x_{k+1} 是函数 $f(x)$ 在点 $(x_k, f(x_k))$ 处的切线与 x 轴的交点。因此，Newton 法的本质是一个不断用切线来近似曲线的过程，故牛顿法也称为切线法。

算法 6.4 (Newton 法)

1　取初始点 x_0，最大迭代次数 N 和精度要求 ε，置 $k:=0$

2　计算 $x_{k+1}=\dfrac{f(x_n)}{x_k-f'(x_n)}$

3　若 $|x_{n+1}-x_n|<\varepsilon$，则停止计算

4　若 $n=N$，则停算；否则，置 $n:=n+1$，转步骤 2

6.3.2　Newton 法的收敛性

现在来分析牛顿法的收敛性及收敛速度。

定理 6.4　设函数 $f(x)$ 二阶连续可导，x^* 满足 $f(x^*)=0$ 及 $f'(x^*)\neq 0$，则存在 $\delta>0$，当 $x_0\in[x_0-\delta, x_0+\delta]$ 时，Newton 法是收敛的，且收敛阶至少是 2 阶（即至少是平方收敛的）。

证明　不难发现，Newton 法本质相当于迭代函数为

$$\varphi(x)=x-\frac{f(x)}{f'(x)}$$

的迭代法。于是迭代函数的导数是

$$\varphi'(x)=1-\frac{[f'(x)]^2-f(x)f''(x)}{[f'(x)]^2}=\frac{f(x)f''(x)}{[f'(x)]^2}$$

由题设 $f(x^*)=0$ 及 $f'(x^*)\neq 0$，可得 $\varphi'(x^*)=0$，从而由定理 6.3 可知，存在 $\delta>0$，当 $x_0\in N(x^*,\delta)$ 时，Newton 法收敛。由于 $f(x^*)=0$，所以当 $f(x^*)\neq 0$ 时，$\varphi'(x^*)=0$，Newton 法至少是二阶收敛的，即 Newton 法在单根附近至少是二阶收敛的。

Newton 法也可以求重根的近似解，但在重根附近是线性收敛的，这意味着对重根收敛较慢。通过下列两种方法可以改善重根时的收敛速度。

方法 Ⅰ　当根的重数 $m\geqslant 2$ 时，将迭代函数改写为

$$\varphi(x)=x-\frac{mf(x)}{f'(x)}$$

容易验证由上面定义的 $\varphi(x)$ 满足 $\varphi'(x^*)=0$，因此迭代公式

$$x_{n+1}=x_n-\frac{mf(x_n)}{f'(x_n)},\ n=0,1,\cdots \tag{6.11}$$

至少是二阶收敛的。

值得注意的是，因为事先并不知道根的重数 m，故上述方法只具有理论上的意义。方法Ⅱ是求重根时比较实用的加速方法。

方法Ⅱ　若 x^* 是 $f(x)=0$ 的 m 重根，则必为 $\eta(x)=\dfrac{f(x)}{f'(x)}$ 的单根。基于此，可将 Newton 迭代函数改写为

$$\varphi(x)=x-\frac{\eta(x)}{\eta'(x)}=x-\frac{f(x)f'(x)}{[f'(x)]^2-f(x)f''(x)}$$

利用定理 6.4，可知关于 Newton 法的迭代公式

$$x_{n+1}=x_n-\frac{f(x_n)f'(x_n)}{[f'(x_n)]^2-f(x_n)f''(x_n)},\quad n=0,1,\cdots \tag{6.12}$$

至少是二阶收敛的。上述公式称为求重根的 Newton 加速公式。

例 6.6　对于给定的正数 P，用 Newton 法建立求平方根 $\sqrt{P}$ 的收敛迭代公式。

解　令 $f(x)=x^2-P\quad(x>0)$，则 $f(x)=0$ 的正根是 $\sqrt{P}$。利用 Newton 法构造的迭代公式如下：

$$x_{n+1}=x_n-\frac{x_n^2-P}{2x_n}=\frac{1}{2}\left(x_n+\frac{P}{x_n}\right),\quad n=0,1,\cdots$$

由于当 $x>0$ 时，$f'(x)=2x>0$，$f''(x)=2>0$，由收敛性定理 6.4 可知，对于任意满足条件的初值，由上述迭代公式产生的迭代序列比收敛于平方根 $\sqrt{P}$。

例 6.7　取初始点为 $x_0=1.5$，分别用 Newton 法和 Newton 加速公式(6.12)计算方程 $x^3-x^2-x+1=0$ 的根。

解　容易发现 $x=1$ 是方程的二重根。利用 Newton 法的迭代公式为

$$x_{n+1}=x_n-\frac{x_n^2-1}{3x_n+1} \tag{6.13}$$

而利用 Newton 加速法的迭代公式为

$$x_{n+1}=\frac{x_n^2+6x_n+1}{3x_n^2+2x_n+3} \tag{6.14}$$

利用式(6.13)，迭代 13 次得近似解为 $x_{13}=1.0001$。而利用公式(6.14)迭代 3 次结果分别是 $x_1=0.960\,78$，$x_2=0.9996$，$x_3=1.0000$。由此可见，Newton 迭代加速公式(6.12)是有效的。

6.3.3　Newton 二阶导数法

下面简单介绍一下 Newton 二阶导数法，但对其几何意义及收敛性不作详细的叙述，读者可仿照 Newton 法进行讨论。Newton 二阶导数法的基本思想是：

将 $f(x)$ 在 x_0 处展开 Taylor 级数：

$$f(x)=f(x_0)+f'(x_0)(x-x_0)+\frac{1}{2!}f''(x_0)(x-x_0)^2+\cdots$$

取右端前三项近似代替 $f(x)$，于是得 $f(x)=0$ 的近似方程为

$$f(x_0)+f'(x_0)(x-x_0)+\frac{1}{2!}f''(x_0)(x-x_0)^2=0$$

也即

$$f(x_0)+(x-x_0)\left[f'(x_0)+\frac{1}{2!}f''(x_0)(x-x_0)\right]=0 \tag{6.15}$$

设其解为 x_1。利用一阶 Newton 法中的结果，$x_1-x_0=\frac{f(x_0)}{f'(x_0)}$，代入式(6.15)中，则得

$$f(x_0)+(x_1-x_0)\left[f'(x_0)+\frac{1}{2}f''(x_0)\frac{f(x_0)}{f'(x_0)}\right]=0$$

于是解出 x_1，得

$$x_1=x_0-\frac{f(x_0)}{f'(x_0)-\dfrac{f''(x_0)f(x_0)}{2f'(x_0)}}$$

重复以上过程，得

$$x_{n+1}=x_n-\frac{f(x_n)}{f'(x_n)-\dfrac{f''(x_n)f(x_n)}{2f'(x_n)}}$$

于是得 Newton 二阶导数法的迭代公式为

$$x_{n+1}=x_n-\frac{2f(x_n)f'(x_n)}{2[f'(x_n)]^2-f''(x_n)f(x_n)},\quad n=0,1,2,\cdots \tag{6.16}$$

与 Newton 法迭代公式(6.10)相比，利用式(6.16)求根收敛更快，迭代次数更少。其缺点是要求 $f(x)$ 的二阶导数存在。

6.4 弦 截 法

1. 基本原理

用 Newton 法求解非线性方程 $f(x)=0$ 根的优点是收敛速度快。但在每步迭代中，除了需计算函数 $f(x_n)$，还需计算导数 $f'(x_n)$ 的值，如果 $f(x)$ 比较复杂，计算 $f'(x_n)$ 就可能十分麻烦，尤其是当 $|f'(x_n)|$ 很小时，计算需十分精确，否则会产生较大的误差。

为避开计算导数，可以改用一阶向后差商代替导数，即

$$f'(x_n)=\frac{f(x_n)-f(x_{n-1})}{x_n-x_{n-1}}$$

进而可得 Newton 迭代法的离散化形式：

$$x_{n+1}=x_n-\frac{f(x_n)}{f(x_n)-f(x_{n-1})}(x_n-x_{n-1}) \tag{6.17}$$

迭代公式（6.17）称为离散 Newton 法或弦截法。

2. 弦截法的几何意义

用弦截法（见图 6.5）求根 x^* 的近似值，在几何上相当于过点 $A(x_k, f(x_k))$ 和点 $B(x_k, f(x_{k-1}))$ 作直线 AB，其方程为

$$\frac{y-f(x_k)}{x-x_k}=\frac{f(x_k)-f(x_{k-1})}{x_k-x_{k-1}}$$

然后用弦 AB 与 x 轴的交点的横坐标

$$x_{k+1}=x_k-\frac{x_k-x_{k-1}}{f(x_k)-f(x_{k-1})}f(x_k)$$

作为 $f(k)=0$ 的新的近似值。

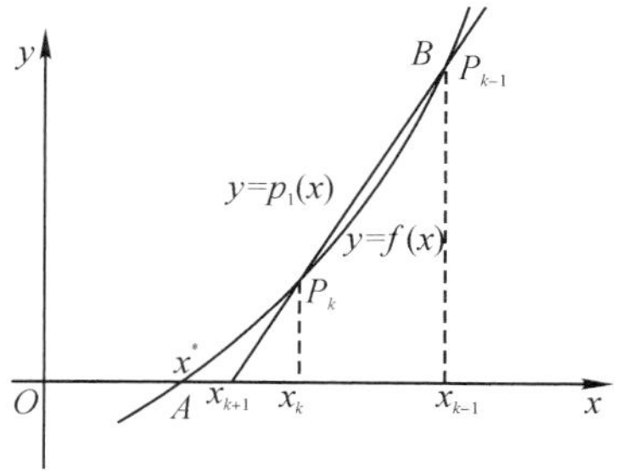

图 6.5　弦截法示意图

3. 算法与收敛性

弦截法的算法可设计如下：

算法 6.5（弦截法）

1 取初始点 x_0, x_1，最大迭代次数 N 和精度要求 ε，置 $k := 0$

2 计算 $f(x_n)$ 及 $f(x_{n-1})$

3 迭代计算，即

$$x_{n+1}\leftarrow x_n-\frac{f(x_n)}{f(x_n)-f(x_{n-1})}(x_n-x_{n-1})$$

4 若 $|x_{n+1}-x_n|<\varepsilon$，则停止

5 若 $n=N$，则停止，否则，进行赋值 $x_{n-1}\leftarrow x_n$，$x_n\leftarrow x_{n+1}$，$k\leftarrow k+1$，并转第 2 步

弦截法的收敛性可由下面的定理给出。

定理 6.5　设函数 $f(x)$ 在其零点 x^* 的某个邻域 $D=\{x \mid |x-x^*|\leqslant\delta\}$ 内有二阶连续导数，且对任意 $x\in D$，有 $f'(x)\neq 0$，则当 $\delta>0$ 充分小时，对 D 中任意 x_0, x_1，由弦截法的迭代公式（6.13）产生的序列 $\{x_n\}$ 收敛到方程 $f(x)=0$ 的根 x^*，且具有超线性收敛速度，其收敛阶 $p\approx 1.618$。

证明从略。

由于弦截法不需要计算导数，虽然收敛阶低于 Newton 法，但高于一般迭代法。因此，弦截法在非线性方程的求解中有着广泛的应用，也是工程计算中的常用方法之一。

例 6.8　利用弦截法求 $x=e^{-x}$ 在 $x=0.5$ 附近的根，要求误差小于 10^{-8}。

解　取 $x_0=0.5$，$x_1=0.6$，按公式(6.17)迭代的计算结果列于表 6.6。

表 6.6　弦截法计算结果

n	0	1	2	3	4	5
x_n	0.5	0.6	0.567 544 58	0.567 148 21	0.567 143 35	0.567 143 29

可以看到，弦截法的收敛速度也是较快的。Python 程序如下：

```
#程序 ch6p3.py
#弦截法求根
import numpy as np
x0 = 0.5   #区间下限
x1 = 0.6   #区间上限
x_list = [x1]
i = 1
def f(x):
    f = x-np.exp(-x)
    return f
while True:
    x2 = x1 - f(x1)*(x1-x0)/(f(x1)-f(x0))
    print(f'迭代第{i}次后，迭代值是{x2}')
    x1 = x2
    x_list.append(x2)
    iflen(x_list) > 1:
        i += 1
        error = abs((x_list[-1] - x_list[-2]) / x_list[-1])
        if error < 10**(-6):
            print(f'迭代第{i}次后，误差小于 10^-6')
            break
    else:
        pass
print(f'所求方程式的根为{x_list[-1]}')
```

运行结果是：

```
迭代第 1 次后，迭代值是 0.5675445848373014
迭代第 2 次后，迭代值是 0.5671482153978246
迭代第 3 次后，迭代值是 0.5671433508565156
迭代第 4 次后，误差小于 10^-6
所求方程式的根为 0.567143291151676
```

课外拓展：秦九韶与“正负开方术”

《九章算术》的卷 4 中有“开方术”和“开立方术”的介绍，而这些算法后来逐步推广到开更高次方的情形，并且在宋元时代发展为一般高次多项式方程的数值方法。秦九韶是这方面的集大成者。秦九韶(1208—1268)，南宋数学家。他在 1247 年写成《数书九章》18 卷。全书共81道题，分为9大类。这是一部划时代的巨著，在世界数学史上占有很高的地位。他在《数书九章》一书中给出了高次多项式方程数值解的完整算法，即他所称的“正负开方术”。其基本思路如下：

对于任意给定的方程

$$f(x)=a_0x^n+a_1x^{n-1}+\cdots+a_{n-2}x^2+a_{n-1}x+a_n=0$$

其中，$a_0\neq 0$，$a_n<0$。算法的目的是要求上式的一个正根。首先估计根的最高位数字，连同其位数一起称为“首商”，记作d，则根$x=d+h$，代入$f(x)=0$，按h的幂次合并同类项即得到关于h的方程，得

$$f(d+h)=a_0(d+h)^n+a_1(d+h)^{n-1}+\cdots+a_{n-1}(d+h)+a_n$$

将上式展开并按h的幂进行整理，就会得到一个关于h的多项式，写成

$$f(d+h)=c_0h^n+c_1h^{n-1}+\cdots+c_{n-1}h+c_n$$

于是又可估计满足上述方程的根的最高位数字，如此进行下去，若某个新得到方程的常数项为0，则求得的根是有理数；否则上述过程可继续下去，按所需精度求得根的近似值。

秦九韶给出了一个规格化的程序，他在《数书九章》中用这一算法解决了各种可以归结为代数方程的实际问题，其中涉及的方程最高次数达到10次，秦九韶解这些问题的算法整齐划一，步骤分明，堪称是中国古代数学算法倾向的典范。

习 题 6

一、理论习题

1. 方程$x^3-x^2-1=0$在$x=1.5$附近有根，将方程写成三种不同的等价形式：

(1) $x=1+\dfrac{1}{x^2}$，对应迭代公式$x_{k+1}=1+\dfrac{1}{x_k^2}$；

(2) $x^3=x^2+1$，对应迭代公式$x_{k+1}=\sqrt[3]{1+x_k^2}$；

(3) $x^2=\dfrac{1}{x-1}$，对应迭代公式$x_{k+1}=\sqrt{\dfrac{1}{x_k-1}}$。

判断以上三种迭代公式在$x_0=1.5$的收敛性，选一种收敛公式求出$x_0=1.5$附近的根并精确到4位有效数字。

2. 对于迭代函数$\varphi(x)=x+c(x^2-3)$，试讨论：

(1) 当c为何值时，$x_{k+1}=\varphi(x_k)$产生的序列$\{x_k\}$收敛于$\sqrt{3}$；

(2) c取何值时收敛速度最快？

(3) 取$c=-\dfrac{1}{2},-\dfrac{1}{2\sqrt{3}}$时，分别计算$\varphi(x)$的不动点$\sqrt{3}$，要求$|x_{k+1}-x_k|<10^{-5}$。

3. 已知$x=\varphi(x)$在$[a,b]$内有一根x^*，$\varphi(x)$在$[a,b]$上一阶可微，且$\forall x\in[a,b]$，$|\varphi'(x)-3|<1$，试构造一个局部收敛于x^*的迭代公式。

4. 已知$\varphi(x)=x+\alpha(x^2-4)$，要使迭代法$x_{k+1}=\varphi(x_k)$局部收敛到$x^*=2$，则$\alpha$的取值范围是什么？

5. 设 $\varphi(x)=x^2-2x+2$，问初值 x_0 取何值时，由 $x_{k+1}=\varphi(x_k)$ 产生的序列 $\{x_k\}$ 收敛到 $\varphi(x)$ 的不动点？并给出图形解释。

6. 对方程 $x-\cos x=0$，$3x^2-e^x=0$，确定 $[a,b]$ 及 φ，使 $x_{k+1}=\varphi(x_k)$ 对任意 $x_0\in[a,b]$ 均收敛，并求出方程的各个根，误差不超过 10^{-3}。

7. 试确定常数 p,q,r，使迭代公式

$$x_{k+1}=px_k+q\frac{a}{x_k^2}+r\frac{a^2}{x_k^5}$$

产生的序列 $\{x_k\}$ 收敛到 $\sqrt[3]{a}$，并使其收敛阶尽可能高。

8. 试证用 Newton 法求方程 $(x-2)^2(x+3)=0$ 在 $[1,3]$ 内的根 $x^*=2$ 是线性收敛的。

9. 设 $f(x)=0$ 有单根 x^*，$x=\varphi(x)$ 是 $f(x)=0$ 的等价方程，若 $\varphi(x)=x-m(x)f(x)$，试证明当 $m(x^*)\neq\frac{1}{f(x^*)}$ 时，$x_{k+1}=\varphi(x_k)$ 至多是一阶收敛的；当 $m(x^*)=\frac{1}{f(x^*)}$ 时，$x_{k+1}=\varphi(x_k)$ 至少是二阶收敛的。

10. 设 $\{x_k\}$ 是由 Newton 迭代法 $x_{k+1}=x_k-\frac{f(x_k)}{f'(x_k)}(k=0,1,2,\cdots)$ 产生的迭代序列，x^* 为 $f(x)=0$ 的 m 重根 $(m\geqslant 2)$，记 $\lambda_k=\frac{x_k-x_{k-1}}{x_{k-1}-x_{k-2}}$。试证：

(1) $\lim\limits_{k\to\infty}\frac{x_{k+1}-x^*}{x_k-x^*}=1-\frac{1}{m}$；

(2) $\lim\limits_{k\to\infty}\lambda_k=1-\frac{1}{m}$。

二、上机实验

1. 利用逐步搜索法，编写 Python 程序，求方程 $x^3-3.2x^2+1.9x+0.8=0$ 的有根区间。

2. 利用二分法求方程 $1-x-\sin x=0$ 在区间上的误差小于 10^{-4} 的一个根，并记录对分区间的次数。

3. 利用不动点迭代法求解方程 $x-\ln x=2(x>1)$，要求相对误差限是 10^{-8}。

4. 利用 Newton 法求方程 $x^3-x-1=0$ 在区间 $[-3,3]$ 上误差不大于 10^{-5} 的根，分别取初值 $x_0=1.5$，$x_0=0$，$x_0=-1$ 进行计算。

5. 试用 Newton 法求解方程 $(x-1)^m=0$，$m=3,6,12$，观察迭代序列的收敛情况，分析所发生的现象，能否改造 Newton 法使其收敛更快？

6. 利用弦截法求方程 $4\cos x=e^x$ 的根，取 $x_0=\frac{\pi}{4}$，计算结果保留四位有效数字，要求输出迭代次数以及每一步的计算结果。

参 考 文 献

[1] 李庆扬. 数值分析. 北京：清华大学出版社，2008.
[2] 冯象初，王卫卫，任春丽，等. 应用数值分析. 西安：西安电子科技大学出版社，2020.
[3] 喻文健. 数值分析与算法. 3 版. 北京：清华大学出版社，2020.
[4] 肖筱南，赵来军，党林立. 现代数值计算方法. 北京：北京大学出版社，2003.
[5] 白峰杉. 数值计算引论. 北京：高等教育出版社，2010.
[6] 陈公宁，沈嘉冀. 计算方法. 北京：高等教育出版社，2005.
[7] 阿特金森. 数值分析导论. 韩渭敏，王国荣，徐兆亮，等译. 北京：人民邮电出版社，2009.
[8] GAUTSCHI W. Numerical analysis. 2nd. 北京：世界图书出版公司，2015.
[9] 邓建中，刘之行. 计算方法(第二版). 西安：西安交通大学出版社，2001.
[10] 徐树方，高立，张平文. 数值线性代数. 北京：北京大学出版社，2000.
[11] 陈宏盛，刘雨. 计算方法. 长沙：国防科技大学出版社，2001.
[12] 王能超. 数值分析简明教程. 北京：高等教育出版社，1995.
[13] 胡健伟，汤怀民. 微分方程数值解法. 北京：科学出版社，2000.
[14] 封建湖，车刚明. 计算方法典型题分析解集. 西安：西北工业大学出版社，2003.
[15] 司守奎，孙玺菁. Python 数学实验与建模. 北京：科学出版社，2020.
[16] 薛燚. Python 3.8 编程快速入门. 北京：清华大学出版社，2020.
[17] 屈希峰. Python 数据可视化：基于 Bokeh 的可视化绘图. 北京：机械工业出版社，2020.
[18] 王学军，胡畅霞，韩艳峰. Python 程序设计. 北京：人民邮电出版社，2018.
[19] 吴喜之，张敏. Python：数据科学的手段. 北京：中国人民大学出版社，2021.